高等学校规划教材

概率论与数理统计

潘 斌　张明昕　赵晓颖　——　主编

化学工业出版社
·北京·

本书共分十章，前五章介绍了随机事件与概率、随机变量及其分布、多元随机变量及其分布、随机变量的数字特征以及大数定律与中心极限定理的内容；第六章至第九章介绍了数理统计学的相关内容，主要包括数理统计的基本概念与抽样分布、参数估计、假设检验、方差分析等内容；最后一章介绍了 SPSS 软件的应用。为便于学习，书后附有习题参考答案以及常用分布表。

本书内容叙述简明扼要，层次清晰，例题和习题覆盖面广，既可作为本科公共数学"概率论和数理统计"课程的教材，也可作为考研复习的指导书，还可以作为相关专业人员和广大教师的参考用书。

图书在版编目（CIP）数据

概率论与数理统计/潘斌，张明昕，赵晓颖主编. —北京：化学工业出版社，2019.9（2024.8重印）
高等学校规划教材
ISBN 978-7-122-34749-7

Ⅰ.①概⋯ Ⅱ.①潘⋯②张⋯③赵⋯ Ⅲ.①概率论-高等学校-教材②数理统计-高等学校-教材 Ⅳ.①O21

中国版本图书馆 CIP 数据核字（2019）第 124561 号

责任编辑：郝英华 唐旭华　　　装帧设计：史利平
责任校对：王素芹

出版发行：化学工业出版社（北京市东城区青年湖南街13号　邮政编码100011）
印　　装：大厂聚鑫印刷有限责任公司
710mm×1000mm　1/16　印张 12¾　字数 256 千字　2024 年 8 月北京第 1 版第 7 次印刷

购书咨询：010-64518888　　　　　售后服务：010-64518899
网　　址：http://www.cip.com.cn
凡购买本书，如有缺损质量问题，本社销售中心负责调换。

定　价：32.00元　　　　　　　　　　　　　　　　版权所有　违者必究

前言

随着科学技术的发展,概率论与数理统计得到越来越广泛的应用,已成为高等学校大部分专业必修的一门基础课程,通过本课程的学习,使学生掌握研究随机现象的基本思想和方法,并且具备一定的分析问题和解决问题的应用和创新能力。

本书是根据教育部高等学校工科数学教学指导委员会制订的《高等学校概率论与数理统计课程教学基本要求》,并考虑到近几年理工科院校教学改革要求和考研需求而编写的,可满足理工科和经管类各专业培养应用型人才的概率论与数理统计课程的教学需要。本书内容以介绍概率论和数理统计的基本知识和方法为主,同时注意其直观背景和实际意义的阐述,力求做到理论与实际相结合,理论与应用相结合。

为了丰富工科数学的教学内容,使学生对近代统计学的发展成果有所了解,提高学生的创新能力和计算机的实际应用能力,本书纳入了方差分析的基本内容,同时增加了 SPSS 软件的应用部分,为读者运用这些统计方法提供一个入门引导,有条件的学校可以选讲。

本书内容分十章,每章配有必要的例题和习题,书末附有习题参考答案。第一章至第五章是概率论的基础知识,第六章至第九章是数理统计的基本内容,第十章是 SPSS 软件应用。

本书由潘斌、张明昕、赵晓颖主编,李阳、祝丹梅、魏晓丽、姜凤利、于晶贤、范传强、牛宏、陈丽、盛浩参与编写。

本书的出版,得到化学工业出版社和同行的帮助与支持,在此深表感谢。限于水平,书中难免存在不足之处,恳请广大读者批评指正。

编者

2019 年 6 月

目 录

第一章　随机事件与概率　　1
第一节　随机事件及其运算　　1
第二节　概率的定义及其性质　　5
第三节　等可能概型　　7
第四节　条件概率与事件的相互独立性　　8
第五节　全概率公式与贝叶斯公式　　12
习题一　　15

第二章　随机变量及其分布　　18
第一节　随机变量的定义及其分布函数　　18
第二节　离散型随机变量及其分布律　　22
第三节　连续型随机变量及其概率密度　　28
第四节　随机变量函数的分布　　35
习题二　　40

第三章　多维随机变量及其分布　　43
第一节　二维随机变量及其联合分布　　43
第二节　边缘分布　　47
第三节　条件分布　　51
第四节　相互独立的随机变量　　55
第五节　两个随机变量的函数的分布　　58
习题三　　64

第四章　随机变量的数字特征　　68
第一节　数学期望　　68
第二节　方差和标准差　　75

	第三节 协方差和相关系数	80
	第四节 其他数字特征	83
	习题四	85

第五章　大数定律与中心极限定理　89

	第一节 大数定律	89
	第二节 中心极限定理	93
	习题五	97

第六章　样本及抽样分布　99

	第一节 简单随机样本与统计量	99
	第二节 抽样分布与三大统计分布	102
	习题六	108

第七章　参数估计　111

	第一节 点估计	111
	第二节 点估计的评判标准	117
	第三节 区间估计	120
	第四节 单个正态总体下未知参数的置信区间	122
	第五节 两个正态总体下未知参数的置信区间	124
	习题七	127

第八章　假设检验　130

	第一节 假设检验的一般问题	130
	第二节 正态总体的参数检验	134
	习题八	142

第九章　方差分析　146

	第一节 单因素方差分析	146
	第二节 双因素方差分析	151
	习题九	157

第十章　SPSS在概率统计计算中的应用　160

| | 第一节 分布律、概率密度函数和分布函数的计算 | 160 |
| | 第二节 分布律和概率密度函数的绘制 | 163 |

第三节　上侧分位点的计算 …………………………………………… 166
第四节　数据的描述性统计分析 ………………………………………… 167
第五节　相关系数的计算 ………………………………………………… 169
第六节　正态总体均值的假设检验 ……………………………………… 171

习题参考答案　　　　　　　　　　　　　　　　　　　176

附录　常用数理统计表　　　　　　　　　　　　　　190

第一章　随机事件与概率

16 世纪，意大利数学家卡尔达诺的数学著作《游戏机遇学说》中给了赌徒很多建议，例如：《谁，在什么时候，应该赌博？》《为什么亚里士多德谴责赌博？》《那些教别人赌博的人是否也擅长赌博呢？》，体现了人类对赌博随机性的直觉认识，以及作者这种"赌博中赢家只能是庄家而赌徒只能是输家"悲天悯人的情怀。

物理里面很多事情都是随机的，比如，一些原子由于自身原子核不稳定，会衰变成别的原子，原子衰变在单位时间内有固定的概率的，即所谓的"半衰期"；中微子有 3 种形态，即电中微子、μ 中微子和 τ 中微子，这三种中微子有同样概率转化为另外两种中微子，保证了宇宙中三种中微子数量总是大致相等的。

第一节　随机事件及其运算

一、随机现象和随机试验

1. 随机现象

概率论与数理统计研究的一类自然现象或社会现象有这样的特点：就个别的试验或者观察而言，时而出现这样的结果，时而出现那样的结果，呈现一种偶然性。例子可以举出很多，例如同一仪器测量同一物体的体积，所得的结果总是略有差异，这是由于测量仪器受重力、大气、温度等周围环境因素的变化造成的。在基本条件不变情况下，一系列试验或观察会得到不同结果。这种现象在概率论与数理统计这门课里面称之为随机现象。

2. 随机试验

定义 1.1　满足以下 3 条的，称为随机试验：
（1）在相同的条件下，此试验可独立重复进行；
（2）每次试验只有一个结果（即试验不能没有结果，也不能出现两个或两个以上的结果）；
（3）该试验的全部结果已知，但下一次试验出现哪个结果不确定。

随机试验是概率论的一个基本概念,随机试验通常用 E 表示.

【例 1.1】 随机试验的例子:

(1) E_1:抛一枚一元硬币,有可能国徽面朝上,也有可能国徽面朝下;

(2) E_2:掷一颗骰子,可能出现的不同点数;

(3) E_3:某地某天某时刻不同的温度.

二、样本空间

一个随机试验中每一可能出现的结果称为样本点(sample point),而随机试验所有可能结果的集合称为样本空间(sample space). 为建立概率这一数学模型,现在我们就引进"有确切定义"的符号:

ω——表示样本点;

S——表示样本空间. 显然,每一随机试验都唯一对应一个样本空间 S.

【例 1.2】 写出下列随机现象的样本空间:

(1) 抛一枚硬币的样本空间为:$S_1 = \{\omega_1, \omega_2\}$,其中 ω_1 表示国徽面朝上,ω_2 表示国徽面朝下;

(2) 掷一颗骰子的样本空间为:$S_2 = \{\omega_1, \omega_2, \cdots, \omega_6\}$,其中 ω_i 表示出现 i 点,$i = 1, 2, \cdots, 6$,也可更直接明了地记此样本空间为:$S_2 = \{1, 2, \cdots, 6\}$;

(3) 一天内进入某商场的顾客数的样本空间为:$S_3 = \{0, 1, 2, \cdots, 10, \cdots, 100, \cdots, 10000, \cdots\}$.

注意:样本点为有限个或者可列个的空间为离散样本空间;样本点为无限个或不可列个的空间为连续样本空间.

三、随机事件

在一个特定的随机试验中,某些样本点组成的集合称为随机事件(简称事件). 随机事件是样本空间的子集. 随机事件可能发生也可能不发生.

不包含任何样本点的事件,称为不可能事件,可以用 $\emptyset$ 表示.

包含所有样本点,在试验中此事件一定发生,称为必然事件. 必然事件实质就是样本空间本身,可以用 S 表示.

随机事件是样本空间的子集,因此不可能事件、必然事件也是随机事件.

事件可用大写英文字母,如 $A, B, C, \cdots$ 表示. 如在掷一颗骰子中,$A =$ "出现奇数点"是一个事件,即 $A = \{1, 3, 5\}$.

【例 1.3】 在连续掷两次骰子的随机试验中,试指出下列事件是什么类型的事件.

事件 $A_1 =$ "掷两次骰子的点数之和小于 20".

事件 $A_2 =$ "掷两次骰子的点数之和等于 1".

事件 $A_3 =$ "掷两次骰子的点数之和等于 3".

分析：用 X，Y 分别表示第一次和第二次出现的点数，X 和 Y 可以取值 1，2，3，4，5，6，每一点 (X, Y) 表示一个样本点，因而基本事件空间包含 36 个样本点．样本空间含有的子集数量是 2^{36} 个，对应 2^{36} 个不同事件．

事件 $A_1=$ "掷两次骰子的点数之和小于 20"，掷两次骰子的点数之和总是小于 13 的，因此 A_1 是必然事件．

事件 $A_2=$ "掷两次骰子的点数之和等于 1"，掷两次骰子的点数之和总是大于 1 的，因此 A_2 是不可能事件．

事件 $A_3=$ "掷两次骰子的点数之和等于 3"，$A_3=\{(1,2)(2,1)\}$，因此 A_3 可能发生也可能不发生，A_3 是随机事件．

四、随机事件间的关系与运算

1. 随机事件间的关系

两个随机事件之间可以有各种各样的关系．下面的讨论总是假设在同一个样本空间 S 中进行，事件间的关系与集合间关系一样有以下几种．

(1) 包含关系．如果事件 A 的样本点都属于 B，则称 B 包含 A，记为 $A \subset B$ 或 $B \supset A$，用概率论的语言描述：事件 A 发生必然导致事件 B 发生．

又如设电视机的寿命为 T，则 $A=\{T \mid 0<T<1000\}$ 和 $B=\{T \mid 0<T<2000\}$，它们的关系为 $A \subset B$．

对任一事件 A，必有 $\emptyset \subset A \subset S$．

(2) 相等关系．如果事件 A 与事件 B 满足：$A \subset B$ 且 $A \supset B$，则 $A=B$．

从集合论观点看，两个事件相等就意味着这两事件是同一个集合，但有时不同语言描述的事件也可能是同一事件．

例如掷一颗骰子，$A=$ "出现偶数点" $=\{2, 4, 6\}$．

(3) 互不相容关系（互斥）．如果 A 与 B 没有相同的样本点，则称 A 与 B 互不相容．用概率论的语言描述：A 与 B 互不相容就是事件 A 与事件 B 不可能同时发生．

(4) 事件 A 与 B 的并，记为 $A \cup B$ 或 $A+B$．其含义为"由事件 A 与 B 中所有的样本点（相同的只计入一次）组成的新事件"，或用概率论的语言描述："事件 A 发生或事件 B 发生或它们二者都发生"，也即表示"事件 A 与 B 中至少有一个发生"．

如在掷一颗骰子的试验中，记事件 $A=$ "出现奇数点" $=\{1, 3, 5\}$，记事件 $B=$ "出现的点数不超过 3" $=\{1, 2, 3\}$，则 A 与 B 的并为 $A \cup B=\{1, 2, 3, 5\}$．

(5) 事件 A 与 B 的交，记为 $A \cap B$，或简记为 AB．其含义为"由事件 A 与 B 中所有相同的样本点组成的事件"，或用概率论的语言描述："事件 A 发生且事件

B 发生"或"事件 A 与 B 同时发生".

事件的并与交运算可以推广到有限个或可列个事件,譬如有事件 A_1,A_2,…,A_n,…,则称 $\bigcup_{i=1}^{n} A_i$ 为有限并,$\bigcup_{i=1}^{+\infty} A_i$ 为可列并,$\bigcap_{i=1}^{n} A_i$ 为有限交,$\bigcap_{i=1}^{+\infty} A_i$ 为可列交.

(6) 事件 A 对 B 的差,记为 $A-B$. 其含义为"由事件 A 中且不属于 B 中的样本点组成的新事件",即 $A-B=A\bar{B}=A-AB$. 或用概率论的语言描述:"事件 A 发生而 B 不发生".

如在掷一颗骰子的试验中,记事件 $A=$ "出现奇数点" $=\{1,3,5\}$,记事件 $B=$ "出现的点数不超过 3" $=\{1,2,3\}$,则 A 对 B 的差为 $A-B=\{5\}$.

(7) 对立事件. A 与 B 互为对立事件满足两个条件:① A 与 B 互不相容,即 $A\cap B=\emptyset$,② A 与 B 的并为整个样本空间,即 $A\cup B=S$. 显然,对立事件一定是互不相容事件,但反之未必成立.

事件 A 的对立事件,记为 $\bar{A}$,即"由 S 中而不属于 A 中的样本点组成的新事件",或用概率论的语言说:"A 不发生",即 $\bar{A}=S-A$,注意,对立事件是相互的,即 A 的对立事件是 $\bar{A}$,而 $\bar{A}$ 的对立事件是 A. 即 $\bar{A}\cup A=S$,为必然事件 S,而 $\bar{A}\cap A$ 为不可能事件 $\emptyset$.

故 A 与 B 互为对立事件的充要条件为 $A\cap B=\emptyset$,且 $A\cup B=S$.

【例 1.4】 设 A、B、C 是某个随机现象的三个事件,则

(1) 事件"A 与 B 发生,C 不发生"可表示为:$AB\bar{C}$.

(2) 事件"A、B、C 中至少有一个发生"可表示为:$A\cup B\cup C$.

(3) 事件"A、B、C 中至少有两个发生"可表示为:$AB\cup BC\cup AC$.

(4) 事件"A、B、C 中恰好有两个发生"可表示为:$AB\bar{C}\cup A\bar{B}C\cup \bar{A}BC$.

(5) 事件"A、B、C 同时发生"可表示为:ABC.

(6) 事件"A、B、C 都不发生"可表示为:$\bar{A}\cap\bar{B}\cap\bar{C}$.

(7) 事件"A、B、C 不全发生"可表示为:$\bar{A}\cup\bar{B}\cup\bar{C}$.

2. 随机事件间的运算性质

(1) 交换律: $\qquad A\cup B=B\cup A, AB=BA$ \hfill (1.1)

(2) 结合律: $\qquad (A\cup B)\cup C=A\cup(B\cup C)$ \hfill (1.2)

$\qquad\qquad\qquad (AB)C=A(BC)$ \hfill (1.3)

(3) 分配律: $\qquad (A\cup B)\cap C=AC\cup BC$ \hfill (1.4)

$\qquad\qquad\qquad (A\cap B)\cup C=(A\cup C)\cap(B\cup C)$ \hfill (1.5)

(4) 对偶律(德莫根公式)

事件并的对立等于对立的交:$\overline{A\cup B}=\bar{A}\cap\bar{B}$ \hfill (1.6)

事件交的对立等于对立的并:$\overline{A\cap B}=\bar{A}\cup\bar{B}$ \hfill (1.7)

第二节 概率的定义及其性质

1933 年俄国数学家 Kolmogorov 提出了概率的公理化定义,Kolmogorov 给出的这个定义既概括了历史上几种概率定义中的共同特性,又避免了各自的局限性和含混之处. 从那以后,只有满足概率定义中的 3 条公理的数学量,才说它是概率,是概率论发展史上的一项奠基成就. 有了这个公理化定义后,概率论中各种分支理论迅速发展起来了.

一、频率

假设我们通过在同样条件下,重复进行 n 次同样的随机试验,n_A 表示事件 A 发生的频数.

则事件 A 发生的频率(frequency)为 $\quad f_n(A)=\dfrac{n_A}{n}\quad$ (1.8)

可以证明,随机事件发生的频率具有稳定性,即随着试验重复次数 n 的大量增加,频率 $f_n(A)$ 就会逐渐稳定于某一常数——即事件 A(发生)的概率(probability).

由频率的定义很容易证明下列基本性质.

(1) $\qquad\qquad 0\leqslant f_n(A)\leqslant 1 \qquad\qquad$ (1.9)

(2) $\qquad\qquad f_n(\emptyset)=0 \quad f_n(S)=1 \qquad\qquad$ (1.10)

(3) 若 A 与 B 互不相容,则 $\quad f_n(A\cup B)=f_n(A)+f_n(B)\quad$ (1.11)

二、概率的定义

假设我们想通过在同样条件下,重复进行 n 次同样的随机试验,考察随机事件 A 发生的概率 $P(A)$,随着 n 增大,我们得到关于随机试验次数 n 的一个频率数列 $\{f_n(A)\}$,对这个数列取极限,则我们有 $\lim\limits_{n\to\infty}f_n(A)=P(A)$. 由于取极限的保号性,前面关于频率 $f_n(A)$ 的特征得到的结论也可以推广到概率 $P(A)$ 上,对应得:

(1) $0\leqslant P(A)\leqslant 1$;

(2) $P(\emptyset)=0$,$P(S)=1$;

(3) 当可列个随机事件 $A_1,A_2,\cdots,A_m,\cdots$ 互不相容时,有 $P(\bigcup\limits_{k=1}^{m}A_k)=\sum\limits_{k=1}^{m}P(A_k)$ 及至 $P(\bigcup\limits_{k=1}^{+\infty}A_k)=\sum\limits_{k=1}^{+\infty}P(A_k)$. (1.12)

由此,我们引出概率的公理化定义如下.

定义 1.2 设 S 是随机试验 E 的样本空间,对于 E 的每一个事件 A,定义一

个实值函数 $P(A)$，它满足：

(1) 非负性公理：$\quad\quad\quad\quad P(A) \geqslant 0 \quad\quad\quad\quad\quad\quad\quad$ (1.13)

(2) 正则性公理：$\quad\quad\quad\quad P(S) = 1 \quad\quad\quad\quad\quad\quad\quad$ (1.14)

(3) 可列可加性公理：当可列个随机事件 $A_1, A_2, \cdots, A_m, \cdots$ 互不相容时，有 $P(\bigcup_{k=1}^{m} A_k) = \sum_{k=1}^{m} P(A_k)$ 及至 $P(\bigcup_{k=1}^{+\infty} A_k) = \sum_{k=1}^{+\infty} P(A_k)$，则称 $P(A)$ 为事件 A 的概率. $\quad\quad\quad\quad\quad\quad\quad\quad\quad\quad\quad\quad\quad\quad\quad\quad\quad\quad\quad\quad$ (1.15)

在这一节中，我们给出了概率的公理化定义及其确定方法，这是概率论中最基本的一个问题，简单而直观的说法就是：概率是随机事件发生的可能性大小。

三、概率的性质

由概率的定义可以推得概率的一些重要性质，此处省略部分简单的理论证明，有兴趣的读者可参考其他材料.

性质 1：$\quad\quad\quad\quad 0 \leqslant P(A) \leqslant 1, \quad P(\emptyset) = 0 \quad\quad\quad\quad$ (1.16)

性质 2：对于同一试验条件下产生的任意事件 A, B，有
$$P(B - A) = P(B) - P(AB)$$
特别地，当 $A \subset B$ 时，$P(B - A) = P(B) - P(A)$，且
$$P(A) \leqslant P(B) \quad\quad\quad\quad\quad\quad (1.17)$$

性质 3：$\quad\quad\quad\quad P(\overline{A}) = 1 - P(A) \quad\quad\quad\quad\quad\quad$ (1.18)

性质 4：对于同一试验条件下产生的任意事件 A, B，有
$$P(A \cup B) = P(A) + P(B) - P(AB) \quad\quad\quad\quad (1.19)$$

证明 易知 $A \cup B = A \cup (B - AB)$ 且 $A(B - AB) = \emptyset$，$AB \subset B$. 可得
$$P(A \cup B) = P(A) + P(B - AB) = P(A) + P(B) - P(AB)$$

特别地，当 A 与 B 互不相容时，$P(A \cup B) = P(A) + P(B)$

由性质 4 可推广得到以下推论.

推论 1：对于同一试验条件下产生的事件 A, B, C 有
$$P(A \cup B \cup C) = P(A) + P(B) + P(C) - P(AB) - P(AC) - P(BC) + P(ABC)$$
$\quad\quad\quad\quad\quad\quad\quad\quad\quad\quad\quad\quad\quad\quad\quad\quad\quad\quad\quad\quad\quad\quad\quad\quad\quad\quad\quad\quad\quad\quad\quad\quad$ (1.20)

推论 2：同一试验条件下产生的事件 $A_1, A_2, \cdots, A_n$，且 $A_1, A_2, \cdots, A_n$ 互不相容（任意 i, j，$1 \leqslant i < j \leqslant n$，$A_i A_j = \emptyset$），有 $P(\bigcup_{k=1}^{n} A_k) = \sum_{k=1}^{n} P(A_k)$，其中 n 为正整数 $\quad\quad\quad\quad\quad\quad\quad\quad\quad\quad\quad\quad\quad\quad\quad\quad\quad\quad\quad\quad$ (1.21)

推论 3：$P(A \cup B) \leqslant P(A) + P(B)$ （布尔不等式） $\quad\quad\quad\quad$ (1.22)

推论 4：$P(A \cap B) \geqslant P(A) + P(B) - 1$ （Bonferroni 不等式） $\quad\quad$ (1.23)

【例 1.5】 已经知 12 件产品中有 2 件次品，从中任意抽取 4 件产品，求至少取得 1 件次品（记为 A）的概率.

解：设 B 表示"未抽到次品"，则 $B=\overline{A}$，可得

$$P(B)=\frac{C_{10}^4}{C_{12}^4}=\frac{14}{33}, \quad 则 P(A)=1-P(\overline{A})=1-P(B)=\frac{19}{33}$$

【**例 1.6**】 设 A，B 为同一试验条件下产生的两个随机事件，$P(A)=0.5$，$P(A\cup B)=0.8$，$P(AB)=0.3$，求 $P(B)$.

解：由 $P(A\cup B)=P(A)+P(B)-P(AB)$，得

$$P(B)=P(A\cup B)-P(A)+P(AB)=0.8-0.5+0.3=0.6$$

【**例 1.7**】 设 A，B 为同一试验条件下产生的两个随机事件，$P(A)=0.8$，$P(AB)=0.5$，求 $P(A\overline{B})$.

解：

$$P(A\overline{B})=P(A)-P(AB)=0.8-0.5=0.3$$

【**例 1.8**】 设 A 与 B 为同一试验条件下产生的两个事件，且互不相容，$P(A)=0.5$，$P(B)=0.3$，求 $P(\overline{A}\cap\overline{B})$.

解：

$$P(\overline{A}\cap\overline{B})=P(\overline{A\cup B})=1-P(A\cup B)=1-[P(A)+P(B)]$$
$$=1-(0.5+0.3)=0.2$$

第三节　等可能概型

古典概型是概率论历史上最先开始研究的模型，最直观和最简单，不需要做大量重复试验，而是在经验事实的基础上，对被考察事件发生的可能性进行逻辑分析后得出该事件的概率. 古典概型也叫传统概率、等可能概型.

判断一个概率模型是否是古典概型，只需要判断两点：
- 试验中所有可能出现的基本事件只有有限个；
- 试验中每个基本事件出现的可能性相等.

具有以上两个特点的概率模型是大量存在的.

古典方法的基本思想如下：

(1) 所涉及的随机现象只有有限个样本点，譬如为几个；

(2) 每个样本点发生的可能性相等（称为等可能性），例如掷一枚均匀的骰子出现点 1 到点 6 的可能性相等；从一副扑克牌中任取一张，每张牌被取到的可能性相等；

(3) 若事件 A 含有 k 个样本点，则事件 A 的概率为

$$P(A)=\frac{事件 A 含有样本点个数}{S 含有样本点个数}=\frac{k}{n} \tag{1.24}$$

容易验证，由上式确定的概率满足公理化定义，它的非负性与正则性是显然的；而满足可加性的理由与频率方法类似：当 A 与 B 互不相容时，计算 $A\cup B$ 的

样本点个数可以分别计算 A 的样本点个数和 B 的样本点个数，然后再相加，从而有可加性

$$P(A \cup B) = P(A) + P(B) \tag{1.25}$$

在古典方法中，求事件 A 的概率主要是计算 A 中含有的样本点的个数和 S 中含有的样本点的个数，所以在计算中经常用到排列组合工具.

思考： 向一个圆面内随机地投一个点，如果该点落在圆内任意一点都是等可能的，你认为这是古典概型吗？为什么？

解： 这不是古典概型. 古典概型除了要求所有样本点等可能外，还要求样本空间含有的样本数有限. 一个圆里面的点，由实数在任一开区间上的稠密性易知，点（样本数）是无穷多的.

【例 1.9】（不放回抽样问题） 某空调公司生产一批空调产品共有 N 个，其中 M 个是不合格品，$N-M$ 个是合格品，从中随机取出 n 个，试求事件 $A_m=$ "取出的 n 个产品中有 m 个不合格品" 的概率.

解： 先计算样本空间 S 中样本点的个数：从 N 个产品中任取 n 个，因为不讲次序，所以样本点的总数为 C_N^n，又因为是随机抽取的，所以这 C_N^n 个样本点是等可能的.

根据乘法原理，事件 A_m 含有 $C_M^m C_{N-M}^{n-m}$ 个样本点，由此得事件 A_m 的概率为

$$P(A_m) = \frac{C_M^m C_{N-M}^{n-m}}{C_N^n} \quad m=0,1,2,\cdots,r, r=\min(n,M)$$

【例 1.10】 把 10 本书随机放在书架的一排上，求指定的 3 本书放在一起的概率.

解： 样本空间 $S=$（把 10 本书随机放在书架的一排上）含有 P_{10}^{10} 个不同排法（样本点）. 每种排法等可能，此题归为古典概型. 指定的 3 本书放在一起情况下随机摆放 10 本书可以采取下列排法：

第一步，把 3 本书随机排列排法数是 P_3^3；

第二步，把排好的 3 本书当作 1 本书与其他 7 本书一起进行随机排列，排法数是 P_8^8，则 P（指定的 3 本书放在一起）$= \dfrac{P_3^3 P_8^8}{P_{10}^{10}}$.

第四节　条件概率与事件的相互独立性

一、条件概率

1. 条件概率

条件概率（conditional probability），是概率论中的一个既重要又实用的概念.

哲学告诉我们世界是普遍联系着的，人类的活动中有许多事情是相互联系的，人们对未知事件或现象发生结果的估计有时还要参考已经发生的事件或现象，也就是说先验经验会改变人类对事件或现象的认知。在概率论中，对于事件 A，除了要计算它发生的概率 $P(A)$ 外，常常还要考虑在事件 B 发生条件下事件 A 发生的概率 $P(A|B)$，一般而言，这两个概率是不等的。我们先看下列条件概率的定义。

定义 1.3　设 A、B 是样本空间 S 中的两个事件，若 $P(B)>0$，则称

$$P(A|B)=\frac{P(AB)}{P(B)} \tag{1.26}$$

为"在事件 B 发生下事件 A 的条件概率"，简称条件概率。

注意：这个定义既是一个定义，又是计算条件概率的一个重要公式。

看图 1.1，从直观上来理解一下若图 1.1(a) 中矩形面积为 1 [即为 $P(S)=1$]，则 $P(A)$ 的大小为阴影部分，即事件 A 的面积；而 $P(A|B)$ 表示在事件 B 发生的条件下，事件 A 发生的可能性大小（即其概率），见图 1.1(b)，在事件 B 发生的条件下，我们考虑的样本空间就不是原先的 S 了，而是事件 B，此时 $P(B)=1$，即此时图中阴影部分的样本点才有可能发生，白色区域的样本点根本不可能发生，因此能使事件 A 发生的样本点只在 $A\cap B$ 的部分；事件 A 发生可能性大小为图中 $A\cap B$ 的"面积"与事件 B 的"面积"之比，易知这两个面积分别是 $P(AB)$ 与 $P(B)$，故应有 $P(A|B)=\dfrac{P(AB)}{P(B)}$，这个关系具有一般性。

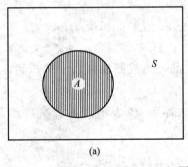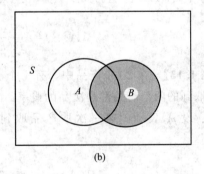

图 1.1

【**例 1.11**】 考察有两个小孩的家庭，其样本空间为 $S=\{$男女，男男，女女，女男$\}$，其中"男女"代表大的是男孩，小的是女孩，其余样本点类似，假设在 S 中 4 个样本点（即基本事件）等可能情况下，求如下两个事件的概率：

(1) 事件 $A=$ "家中不少于一个女孩"的概率。

(2) 在事件 $B=$ "家中至少有一个男孩"发生的条件下，事件 A 发生的概率。

解：(1)(考虑不相容事件)：由样本空间 S 有 4 个样本点，有限；各样本点等可能。符合古典概型，至少有一个女孩的样本点有 3 个，因此 $P(A)=0.75$。

(2) 直接用条件概率公式，$P(A|B) = \dfrac{P(AB)}{P(B)} = \dfrac{P(\text{"有男孩,也有女孩"})}{1-P(\text{"全为女孩"})} = \dfrac{2}{3}$.

在样本空间 S 结构简单的情况下，可用类似于穷举法的直观方法来解决，可以绕过条件概率定义中的公式 $P(A|B) = \dfrac{P(AB)}{P(B)}$ 来计算．需要注意的是，并不是每个条件概率都可以直接算，仍需用定义并参考事件的实际背景来求解．

2. 乘法公式

若 $P(A) > 0$，$P(B) > 0$，则 $P(AB) = P(A)P(B|A) = P(B)P(A|B)$，此式称为概率的乘法公式．

这一公式由条件概率的定义直接得到．

乘法公式还可以推广到 n 个事件上去：

(1) 设 $P(AB) > 0$，则

$$P(ABC) = P(A)P(B|A)P(C|AB) \qquad (1.27)$$

读者可考虑在条件 $P(AC) > 0$ 或 $P(BC) > 0$ 之下的乘法公式．

(2) 一般地，事件 $A_1, A_2, \cdots, A_n$，$P(A_1 A_2 \cdots A_n) > 0$，则

$$P(A_1 A_2 \cdots A_n) = P(A_1)P(A_2|A_1) \cdots P(A_n|A_1 A_2 \cdots A_{n-1}) \qquad (1.28)$$

注意：在实际运用中，重点是 2 个事件和 3 个事件概率计算时的乘法公式．

【例 1.12】 设 $P(A) = 0.6$，$P(B) = 0.9$，$P(B|A) = 0.3$，求 $P(A|B)$．

解：$P(AB) = P(A)P(B|A) = 0.6 \times 0.3 = 0.18$，则

$$P(A|B) = \dfrac{P(AB)}{P(B)} = \dfrac{0.18}{0.9} = 0.2$$

【例 1.13】 在 20 个产品中，有 4 个次品，不放回地抽取 2 次产品，每次取 1 个，求取到的两个产品都是次品的概率．

解：设 A 表示"第一次取产品取到次品"，B 表示"第二次取产品取到次品"，则

$$P(A) = \dfrac{4}{20} = 0.2, \quad P(B|A) = \dfrac{3}{19}$$

故

$$P(AB) = P(A)P(B|A) = \dfrac{1}{5} \times \dfrac{3}{19} = \dfrac{3}{95}$$

【例 1.14】 盒中有 5 个白球 2 个黑球，连续不放回地在其中取 3 次球，求第三次才取到黑球的概率．

解：设 $A_i (i=1, 2, 3)$ 表示"第 i 次取到黑球"，于是所求概率为

$$P(\overline{A_1} \cap \overline{A_2} \cap A_3) = P(\overline{A_1}) P(\overline{A_2}|\overline{A_1}) P(A_3|\overline{A_1} \cap \overline{A_2}) = \dfrac{5}{7} \times \dfrac{4}{6} \times \dfrac{2}{5} = \dfrac{4}{21}$$

二、事件的相互独立性

1. 两个事件的相互独立性

独立性是概率论中又一个重要概念，利用独立性可以简化概率的计算，下面先讨论两个事件之间的独立性，然后讨论多个事件之间的相互独立性.

定义 1.4 设 A，B 是两事件，如果满足等式 $P(AB)=P(A)P(B)$，则称事件 A，B 相互独立，简称 A，B 独立.

【例 1.15】 事件独立的例子.

(1) 袋中有两个白球，一个黑球，今有放回地从袋中取球，每次取一个，记 $A_1=$ "第一次取到白球"，$B_2=$ "第二次取到黑球"，求 $P(A_1B_2)$.

解： 由题设，显然有 A_1，B_2 相互独立，从而

$$P(A_1B_2)=P(A_1)P(B_2)=\frac{2}{3}\times\frac{1}{3}=\frac{2}{9}$$

(2) 从一副 52 张的扑克牌中任取 1 张，记事件 $A=$ "取到♠"，事件 $B=$ "取到 K"，则因为 $P(A)=1/4$，$P(B)=4/52=1/13$，而 AB 表示"取到♠K"，故 $P(AB)=1/52$，因为 $P(AB)=P(A)P(B)$，所以根据定义 A 与 B 相互独立.

性质 1.1 若事件 A 与 B 独立，则 A 与 $\overline{B}$ 独立；$\overline{A}$ 与 B 独立；$\overline{A}$ 与 $\overline{B}$ 独立.

注意： 事件 A 与 B 独立，说明事件 A 与 B 是没有联系的. 而事件 A 与 B 互斥，事件 A 与 B 是有联系的，两者并不一样.

2. 多个事件的相互独立性

首先研究三个事件的相互独立性

定义 1.5 设 A，B，C 是三个事件，如果有

$$\begin{cases} P(AB)=P(A)P(B) \\ P(AC)=P(A)P(C) \\ P(BC)=P(B)P(C) \end{cases} \quad (1.29)$$

则称 A，B，C 两两独立，若还有

$$P(ABC)=P(A\cap B)P(C)=P(A)P(B)P(C) \quad (1.30)$$

则称 A，B，C 相互独立.

由此我们可以定义三个以上事件的相互独立性.

定义 1.6 设有 n 个事件 A_1，A_2，$\cdots$，A_n，对任意的 $1\leqslant i<j<k\leqslant n$，如果以下等式均成立

$$\begin{cases} P(A_iA_j)=P(A_i)P(A_j) \\ P(A_iA_jA_k)=P(A_i)P(A_j)P(A_k) \\ \vdots \\ P(A_iA_j\cdots A_k)=P(A_i)P(A_j)\cdots P(A_k) \end{cases} \tag{1.31}$$

则称此 n 个事件 A_1，A_2，$\cdots$，A_n 相互独立.

从上述定义可以看出，n 个相互独立的事件中的任意一部分事件仍是相互独立的，而且任意一部分事件与另一部分事件也是独立的，可以证明：将相互独立事件中的任一部分换为独立事件，所得的诸事件仍为相互独立的.

【例 1.16】 甲，乙两射手分别在不同靶位向各自靶点射击，设甲击中靶点的概率为 0.9，乙击中靶点的概率为 0.8，求甲，乙两射手至少一人射中靶点的概率是多少（两人各射一次，求靶位被击中的概率）.

解： 记 A 为事件"甲击中靶位"，B 为事件"乙击中靶位"，AB 事件独立.

注意到事件"靶位被击中"$=A\cup B$，故
$$P(A\cup B)=P(A)+P(B)-P(AB)=0.9+0.8-0.9\times 0.8=0.98$$

【例 1.17】 系统由多个元件组成，且所有元件都独立地工作，设每个元件正常工作的概率都为 $p=0.9$，试求以下系统正常工作的概率.

(1) 串联系统 S_1：

(2) 并联系统 S_2：

解： 设事件 $S_i=$"第 i 个系统正常工作"，事件 $A_i=$"第 i 个元件正常工作".

(1) 对串联系统 S_1 来说，事件"串联系统 S_1 正常运行"等价于"所有元件都正常运行"，即 $S_1=A_1A_2$，所以
$$P(S_1)=P(A_1A_2)=P(A_1)P(A_2)=p^2=0.81$$

(2) 对并联系统 S_2 来说，"并联系统 S_2 正常运行"相当于"至少一个元件正常运行"，即 $S_2=A_1\cup A_2$，所以
$$P(S_2)=P(A_1\cup A_2)=P(A_1)+P(A_2)-P(A_1A_2)$$
$$=p+p-p^2=0.99$$

事件的独立性在概率论的理论分析以及实际应用中都很重要．但在实际应用中，我们需要根据事件的实际背景而不是独立性的定义来判断事件的独立性.

第五节 全概率公式与贝叶斯公式

一、全概率公式

全概率公式是概率论中的一个重要公式，它提供了计算复杂事件概率的一条有

效途径,使一个复杂事件的概率计算问题化繁为简.在讲全概率公式之前先给它下一个定义.

定义 1.7 样本空间 S 的划分

设事件 A_1,A_2,$\cdots$,A_n 满足如下两个条件:
(1) A_1,A_2,$\cdots$,A_n 两两不相容,且 $P(A_i)>0$,$i=0$,1,2,$\cdots$,n;
(2) $A_1 \cup A_2 \cup \cdots \cup A_n = S$,即 A_1,A_2,$\cdots$,A_n 至少有一个发生,则 A_1,A_2,$\cdots$,A_n 称为样本空间 S 的一个划分.

(假设把样本空间 S 看成一张 A4 纸,用剪刀把样本空间 S 剪成碎片,剪成的碎片上写上 A_1,A_2,$\cdots$,A_n,则碎片 A_1,A_2,$\cdots$,A_n 为样本空间 S 的一个划分.)

定义 1.8 全概率公式

设随机试验对应的样本空间为 S,设 A_1,A_2,$\cdots$,A_n 是样本空间的一个划分,B 是任意一个事件,则

$$P(B) = \sum_{i=1}^{n} P(A_i)P(B|A_i) \tag{1.32}$$

此公式称为全概率公式.

证明: $$B = BS = B\{\bigcup_{i=1}^{n}(A_i)\} = \bigcup_{i=1}^{n}(A_iB)$$

由于 A_1,A_2,$\cdots$,A_n 互不相容,而 $BA_i \subset A_i$,故 A_1B,A_2B,$\cdots$,A_nB 也互不相容,则

$$P(B) = P\{\bigcup_{i=1}^{n}(A_iB)\} = \sum_{i=1}^{n} P(A_iB) = \sum_{i=1}^{n} P(A_i)P(B|A_i)$$

最后一步用到乘法公式.

注意: 当 $0<P(A)<1$ 时,A 与 $\bar{A}$ 就是 S 的一个划分,又设 B 为任一事件,则全概率公式的最简单形式为 $P(B)=P(A)P(B|A)+P(\bar{A})P(B|\bar{A})$.

【例 1.18】 盒中有 5 个白球 3 个黑球,连续不放回地从中取两次球,每次取一个,求第二次取球取到白球的概率.

解: 设事件 A="第一次取球取到白球",事件 B="第二次取球取到白球".
则 $P(A)=\dfrac{5}{8}$,$P(\bar{A})=\dfrac{3}{8}$,$P(B|A)=\dfrac{4}{7}$,$P(B|\bar{A})=\dfrac{5}{7}$.由全概率公式得

$$P(B)=P(A)P(B|A)+P(\bar{A})P(B|\bar{A})=\frac{5}{8}\times\frac{4}{7}+\frac{3}{8}\times\frac{5}{7}=\frac{5}{8}$$

【例 1.19】 M 公司某车间有甲、乙、丙 3 个工人,组装同一型号的 M 手机,他们的工作量各占总工作量的 30%,35%,35%,并且各自生产的 M 手机需要返修比例分别为 5%,4%,3%,求从该车间组装的 M 手机任取一件需要返修的概率.

解：设事件 A_1 表示"从该车间组装的 M 手机任取一件是工人甲所生产的"，事件 A_2 表示"从该车间组装的 M 手机任取一件是工人乙所生产的"，事件 A_3 表示"从该车间组装的 M 手机任取一件是工人丙所生产的"，事件 B 表示"从该车间组装的 M 手机任取一件需要返修"，则 $P(A_1)=30\%$，$P(A_2)=35\%$，$P(A_3)=35\%$，$P(B|A_1)=5\%$，$P(B|A_2)=4\%$，$P(B|A_3)=3\%$，由全概率公式得

$$P(B)=\sum_{i=1}^{3}P(A_i)P(B|A_i)=30\%\times5\%+35\%\times4\%+35\%\times3\%=3.95\%$$

二、贝叶斯公式

设 $A_1,A_2,\cdots,A_n$ 是样本空间 S 的一个划分，B 是任一事件，且 $P(B)>0$，则

$$P(A_i|B)=\frac{P(A_i)P(B|A_i)}{P(B)}=\frac{P(A_i)P(B|A_i)}{\sum_{i=1}^{n}P(A_i)P(B|A_i)}, \quad i=0,1,2,\cdots,n \quad (1.33)$$

式(1.33)称为贝叶斯公式。在使用贝叶斯公式时，往往先利用全概率公式求出 $P(B)$。

【例 1.20】 在盒中有 5 个白球 3 个黑球，连续不放回地从中取两次球，若第二次取到白球，求第一次取到黑球的概率。

解：设事件 $A=$"第一次取球取到白球"，事件 $B=$"第二次取球取到白球"。所求概率为 $P(\overline{A}|B)$。

$$P(B)=P(A)P(B|A)+P(\overline{A})P(B|\overline{A})=\frac{5}{8}$$

由贝叶斯公式可得

$$P(\overline{A}|B)=\frac{P(\overline{A})P(B|\overline{A})}{P(B)}=\frac{\frac{3}{8}\times\frac{5}{7}}{\frac{5}{8}}=\frac{3}{7}$$

【例 1.21】 M 公司某车间有甲、乙、丙 3 个工人，组装同一型号的 M 手机，他们的工作量各占总工作量的 30%，35%，35%，并且各自生产的 M 手机需要返修比例分别为 5%，4%，3%，若任取一件手机需要返修，分别求它是甲、乙、丙生产的概率。

解：设事件 A_1 表示"从该车间组装的 M 手机任取一件是工人甲所生产的"，事件 A_2 表示"从该车间组装的 M 手机任取一件是工人乙所生产的"，事件 A_3 表示"从该车间组装的 M 手机任取一件是工人丙所生产的"，事件 B 表示"从该车间组装的 M 手机任取一件需要返修"，

由贝叶斯公式：

$$P(A_1|B) = \frac{P(A_1)P(B|A_1)}{P(B)} = \frac{30\% \times 5\%}{3.95\%} = \frac{30}{79} = 38\%$$

$$P(A_2|B) = \frac{P(A_2)P(B|A_2)}{P(B)} = \frac{35\% \times 4\%}{3.95\%} = \frac{28}{79} = 35.44\%$$

$$P(A_3|B) = \frac{P(A_3)P(B|A_3)}{P(B)} = \frac{35\% \times 3\%}{3.95\%} = \frac{21}{79} = 26.58\%$$

习 题 一

1. 给定 $p = P(A)$，$q = P(B)$，$r = P(A \cup B)$，则 $P(AB) =$ _____，$P(\bar{A} \cap \bar{B}) =$ _____，$P(A\bar{B}) =$ _____。

2. 在某校学生任选一个同学，以事件 A 表示"选到的是女生"，事件 B 表示"选到的是一年级的同学"，事件 C 表示"选到的人戴眼镜"。
(1) 说明 $AB\bar{C}$，$A\bar{B}C$ 所描述的学生的特征。
(2) 什么条件下 $ABC = A$？
(3) 什么条件下 $A \subset \bar{C}$？
(4) 什么条件下 $A = B$，$\bar{A} = C$ 同时成立？

3. 若 A，B，C 是随机事件，说明下列关系式的概率意义：
(1) $ABC = A$；(2) $A \cup B \cup C = A$；(3) $AB \subset C$；(4) $A \subset \bar{B}\bar{C}$。

4. 已知 $P(AB) = 0.5$，$P(C) = 0.2$，$P(AB\bar{C}) = 0.4$，求 $P(AB \cup C) =$ _____。

5. 在某城市中共发行 3 种报纸：甲、乙、丙。在这个城市的居民中，订甲报的有 45%，订乙报的有 35%，订丙报的有 30%，同时订甲乙两报的有 10%，同时订甲丙两报的人有 8%，同时订乙丙两报的有 5%，同时订三种报纸的有 3%，求下列事件的概率：
(1) 只订丙报纸；
(2) 只订乙、丙报纸；
(3) 同时订两种报纸；
(4) 只订一种报纸；
(5) 不订阅任何报纸。

6. 已知 $P(A) = P(B) = P(C) = \frac{1}{4}$，$P(AB) = 0$，$P(AC) = P(BC) = \frac{1}{16}$，则 A，B，C 至少发生一个的概率是多少？A，B，C 都不发生的概率是多少？

7. 设 $P(A) = P(B) = P(C) = 0.25$，$P(AB) = P(BC) = 0$，$P(AC) = 0.125$，求事件 A，B，C，至少有一个发生的概率。

8. 有两名选手比赛射击，轮流射击同一目标，甲每枪命中的概率为 a，乙每枪

命中的概率为 β，甲先射，谁先击中谁获胜，则甲乙获胜的概率各是多少？

9. 两个射手独立射击同一目标，甲乙击中的概率分别为 0.9 和 0.8，求目标被击中的概率.

10. 一共有 36 只灯泡，4 只为 60W 的，32 只为 40W 的，任取 3 只，求至少一只为 60W 的灯泡的概率.

11. （生日问题）50 个人的生日各不相同的概率 p 是多少？

12. 在全部产品中有 4% 是次品，40% 为一等品，现从中任取一件，发现为合格品，求它是一等品的概率.

13. 某边境城市有若干辆卡车，车牌号从 1 到 N，有一个间谍想去该城市刺探经济情况，把遇到的 n 辆车子的车牌号抄下来（有可能抄到某些重复车牌号），求抄到最大号码正好为 k 的概率（$1 \leqslant k \leqslant N$）.

14. 口袋中有白球 5 只，黑球 6 只，陆续取出 3 球，求顺序为黑白黑的概率.

15. 在一个装有 n 只白球，n 只黑球，n 只红球的袋中，任取 m 只球，求其中白、黑、红球分别有 m_1，m_2，m_3（$m_1+m_2+m_3=m$）只的概率.

16. 从组成英文单词"availableprocessors"这 19 个字母中任取 4 个排成一行，求正好能组成单词"love"的概率.

17. 扑克比赛中，4 人从 52 张牌中各分得 13 张，求 4 张 Q 集中在 1 人手中的概率.

18. 已知：$P(AB)=P(A)P(B)$，$C \supset AB$，$\overline{C} \supset \overline{A} \cap \overline{B}$，证明：
$$P(AC) \geqslant P(A)P(C)$$

19. 甲、乙、丙三人按下面规则进行比赛：第一局比赛由甲、乙参加而丙轮空，第二局比赛由第一局比赛的优胜者与丙进行，而失败者则轮空，比赛用这种方式一直进行到其中一个人连胜两局为止，连胜两局者成为整场比赛的优胜者，注意"连胜两局者"不是指累计两局胜利者. 若甲、乙、丙胜每局的概率各为 1/2，则

(1) 打满 3 局比赛还未停止的概率是多少？

(2) 甲、乙、丙成为整场比赛优胜者的概率各是多少？

20. 甲国航母上发射一枚反舰导弹，攻击乙国一条巡洋舰，假设该巡洋舰上的防空系统已经提前观测到该反舰导弹，并集中了 20 门高射机枪进行拦截，设一门高射机枪击中的概率为 0.06，求该反舰导弹被拦截的概率.

21. 某电器举行砸蛋活动，台面上的 20 个金蛋，其中有 4 个有奖 16 个无奖，何瑾买了洗衣机后获得了两次砸蛋机会，第二次砸的金蛋有奖的情况下，第一次砸的金蛋有奖的概率.

22. 用 4 个元器件组成如图 1.2 所示的系统. 如果每个元件能否正常工作是独立的，每个元件能正常工作的概率为 p，那么此系统的可靠度（系统或元件能正常工作的概率称为系统或元件可靠度）为 ＿＿＿＿＿＿.

A. $p+2p^2-3p^3+p^4$　　B. $p^3(2-p)$　　C. $p(1-p)^2$　　D. $1-2p^2+p^3$

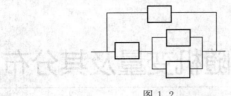

图 1.2

23. 用 4 个元器件组成如图 1.3 所示的系统. 如果每个元器件能否正常工作是独立的, 每个元件能正常工作的概率为 p, 那么此系统的可靠度(系统或元件能正常工作的概率称为系统或元件可靠度)为_____.

A. $p^2(1-p)$ B. $p(2-p)^2$ C. $(2-p)^2(1-p)^2$ D. $(2-p)^2p^2$

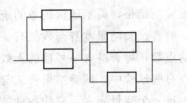

图 1.3

24. 针对某种疾病进行一种化验, 患该病的人有 90% 呈阳性反应, 而未患该病的人中有 5% 呈阳性反应, 设人群中有 1% 的人患这种病, 若某人做这种化验呈阳性反应, 则他患这种疾病的概率是多少?

25. 布袋中有 5 个白球、8 个黑球, 现在进行不放回抽样, A_1, A_2, A_3 分别表示第 1, 2, 3 次取到一个白球, 则在不知道事件 A_1, A_2 是否发生的情况下, 求事件 A_3 发生的概率.

26. 二毛的铅笔盒中有 3 支削好的铅笔, 2 支新铅笔. 大毛、二毛先后从铅笔盒中取出一支铅笔用来写作业, 如果取出的铅笔没有削好会立即削好.

(1) 求二毛取的铅笔已经削好了的概率.

(2) 求二毛取出的铅笔没削好的情况下, 大毛取的铅笔已经削好了的概率.

第二章　随机变量及其分布

第一节　随机变量的定义及其分布函数

为了全面地研究随机试验的结果，揭示随机现象的统计规律性，我们将随机试验的结果与实数对应起来，有些试验结果本身与数值有关（本身就是一个数）．例如，掷一颗骰子面上出现的点数；每天进入一号楼的人数；昆虫的产卵数；四月份哈尔滨的最高温度等．但在有些试验中，试验结果看来与数值无关，人们就难以对其描述和研究，我们可以引进一个变量来表示它的各种结果．也就是说，把试验结果数值化．例如，裁判员在运动场上不叫运动员的名字而叫号码一样，二者之间建立了一种对应关系，从而引入了随机变量的概念．

一、随机变量的定义

【例 2.1】 袋中有 3 只黑球，2 只白球．从中任意取出 3 只球，观察其中的黑球的个数．我们将 3 只黑球分别记作 1，2，3 号，2 只白球分别记作 4，5 号，则该随机试验的样本空间为

$$S = \begin{Bmatrix} (1,2,3),(1,2,4),(1,2,5) \\ (1,3,4),(1,3,5),(1,4,5) \\ (2,3,4),(2,3,5),(2,4,5) \\ (3,4,5) \end{Bmatrix}$$

我们记取出黑球数为 X，则 X 的可能取值为 1，2，3，因此 X 是一个变量．但是 X 取什么值依赖于试验结果，即 X 的取值带有随机性，所以 X 称为随机变量．X 的取值情况由表 2.1 给出．

表 2.1

样本点	黑球数 X	样本点	黑球数 X
(1,2,3)	3	(1,4,5)	1
(1,2,4)	2	(2,3,4)	2
(1,2,5)	2	(2,3,5)	2
(1,3,4)	2	(2,4,5)	1
(1,3,5)	2	(3,4,5)	1

由表 2.1 可以看出，该随机试验的每一个结果都对应着变量 X 的一个确定的取值，因此变量 X 是样本空间 S 上的函数：
$$X=X(e) \quad (e\in S)$$
一般有如下的定义.

定义 2.1　设随机试验的样本空间为 $S=\{e\}$，$X=X(e)$ 是定义在样本空间 S 上的实值单值函数，称 $X=X(e)$ 为随机变量.

图 2.1 描述了样本点 e 与变量 $X(e)$ 的对应关系.

本书中通常用英文大写字母 X,Y,Z 或希腊字母 ξ,η 等表示随机变量，而以小写字母 x,y,z 等表示随机变量的取值.

随机变量与一般的变量有着本质的区别，主要表现在：

（1）取值的随机性——X 取哪个值在试验之前无法知道，但在试验之前 X 的所有可能取值是已知的.

（2）取值的统计规律性——X 取某个值或在某个区间内取值的概率是完全确定的.

由定义 2.1 可知，随机变量 $X(e)$ 是以样本空间 S 为定义域的一个单值实值函数.

随机变量的取值随试验结果而定，而试验的各个结果出现有一定的概率，因而随机变量的取值有一定的概率. 定义了随机变量后，就可以用随机变量的取值情况来描述随机事件. 例如，$\{e：X(e)=2\}\xlongequal{\text{记作}}\{X=2\}$ 表示取出 2 只黑球这一随机事件，而 $\{e：X(e)\geqslant 2\}\xlongequal{\text{记作}}\{X\geqslant 2\}$ 表示至少取出 2 只黑球这一随机事件.

许多随机事件都可以通过形如 $\{X\leqslant x\}$ 的事件来表示：

$$\{X<x\}=\bigcup_{k=1}^{\infty}\left\{X\leqslant x-\frac{1}{k}\right\} \tag{2.1}$$

$$\{X=x\}=\{X\leqslant x\}-\{X<x\} \tag{2.2}$$

$$\{x_1<X\leqslant x_2\}=\{X\leqslant x_2\}-\{X\leqslant x_1\} \tag{2.3}$$

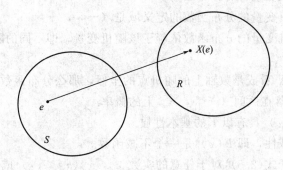

图 2.1

随机变量的引入，使得随机试验中的各种事件可通过随机变量的关系式表达出来．由此可见，随机事件这个概念实际上是包容在随机变量这个更广的概念内．也可以说，随机事件是从静态的观点来研究随机现象，而随机变量则以动态的观点来研究，其关系类似高等数学中常量与变量的关系．

随机变量的引入，使我们能用其来描述各种随机现象，使我们有可能利用数学分析的方法对随机试验的结果进行深入广泛的研究和讨论．在实际中，常用的随机变量有如下两类：

(1) 离散型随机变量．这类随机变量的主要特征是它们可能取的值是有限个或可列无限个．

(2) 非离散型随机变量．除了离散型随机变量以外的随机变量．

非离散型随机变量中最常用的是连续型随机变量．这类随机变量的主要特征是它们可能的取值充满了某个有限或无限的区间．本书中只研究离散型与连续型随机变量．

二、随机变量的分布函数

当我们要描述一个随机变量时，不仅要说明它能够取哪些值，而且还要指出它取这些值的概率．只有这样，才能真正完整地刻画一个随机变量，为此，我们引入随机变量的分布函数的概念．

定义 2.2 设 X 是一个随机变量，x 是任意实数，函数

$$F(x)=P\{X\leqslant x\}, \quad -\infty<x<+\infty \tag{2.4}$$

称为 X 的分布函数．

对于任意的实数 x_1，x_2，有

$$P\{x_1<X\leqslant x_2\}=P\{X\leqslant x_2\}-P\{X\leqslant x_1\}=F(x_2)-F(x_1) \tag{2.5}$$

因此，若已知 X 的分布函数，我们就知道 X 落在任一区间 $(x_1, x_2]$ 上的概率，从这个意义上说，分布函数完整地描述了随机变量的统计规律性．

关于分布函数的几点说明：

(1) 任何随机变量都有分布函数；

(2) 任何随机变量的分布函数的定义域是 $(-\infty, +\infty)$；

(3) 一个随机变量的分布函数依赖于该随机变量，即不同的随机变量可能有不同的分布函数；

(4) 如果将 X 看成是数轴上的随机点的坐标，那么分布函数 $F(x)$ 在 x 处的函数值就表示 X 落在区间 $(-\infty, x]$ 上的概率．

分布函数 $F(x)$ 具有以下的基本性质．

(1) 单调不减性，即 $F(x)$ 是一个不减函数．

事实上，由于式(2.5) 对于任意的实数 x_1，$x_2(x_1<x_2)$ 成立，有

$$F(x_2)-F(x_1)=P\{x_1<X\leqslant x_2\}\geqslant 0.$$

(2) 非负有界性，$0\leqslant F(x)\leqslant 1$，且

$$F(-\infty)=\lim_{x\to-\infty}F(x)=0, \quad F(\infty)=\lim_{x\to+\infty}F(x)=1.$$

(3) 右连续，$F(x+0)=F(x)$，即 $F(x)$ 是右连续的.

反之，具有上述三个性质的实函数，必是某个随机变量的分布函数，故该三个性质是分布函数的充分必要性质.

尽管随机变量 X 的分布函数 $F(x)=P\{X\leqslant x\}$ 是一特殊事件的概率，但是我们还可以利用它来计算许多事件的概率. 首先我们可以证明以下分布函数的一条重要的性质.

设 $F(x)$ 是随机变量 X 的分布函数，对任意的实数 x 有 $P\{X<x\}=F(x-0)$

证明：因为 $\{X<x\}=\bigcup_{n=1}^{\infty}\left\{X\leqslant x-\dfrac{1}{n}\right\}$，并且

$$\{X\leqslant x-1\}\subset\left\{X\leqslant x-\dfrac{1}{2}\right\}\subset\cdots\subset\left\{X\leqslant x-\dfrac{1}{n}\right\}\subset\left\{X\leqslant x-\dfrac{1}{n+1}\right\}\subset\cdots$$

因此，由概率的连续性，我们有

$$P\{X<x\}=P\left(\bigcup_{n=1}^{\infty}\left\{X\leqslant x-\dfrac{1}{n}\right\}\right)$$
$$=\lim_{n\to\infty}P\left\{X\leqslant x-\dfrac{1}{n}\right\}=\lim_{n\to\infty}F\left(x-\dfrac{1}{n}\right)=F(x-0)$$

上面最后一个等号是由于分布函数 $F(x)$ 单调不减的缘故.

因此，设 $F(x)$ 是随机变量 X 的分布函数，则对任意的实数 $a<b$，有
$$P\{X=a\}=P\{X\leqslant a\}-P\{X<a\}=F(a)-F(a-0)$$
$$P\{a<X\leqslant b\}=P\{X\leqslant b\}-P\{X\leqslant a\}=F(b)-F(a)$$
$$P\{X>b\}=1-P\{X\leqslant b\}=1-F(b)$$
$$P\{X\geqslant b\}=1-P\{X<b\}=1-F(b-0)$$

通过以上公式，我们可以用随机变量的分布函数来计算随机变量落在各种区间的概率.

【例 2.2】 设随机变量 X 的分布函数为

$$F(x)=\begin{cases}0, & x<0 \\ \dfrac{x}{2}, & 0\leqslant x<1 \\ \dfrac{2}{3}, & 1\leqslant x<2 \\ \dfrac{11}{12}, & 2\leqslant x<3 \\ 1, & x\geqslant 3\end{cases}$$

试求：(1) $P\{X\leqslant 3\}$；(2) $P\{X<3\}$；(3) $P\{X=1\}$；(4) $P\left\{X>\dfrac{1}{2}\right\}$；
(5) $P\{2<X<4\}$；(6) $P\{1\leqslant X<3\}$.

解：(1) $P\{X \leqslant 3\} = F(3) = 1$

(2) $P\{X < 3\} = F(3-0) = \dfrac{11}{12}$

(3) $P\{X = 1\} = F(1) - F(1-0) = \dfrac{2}{3} - \dfrac{1}{2} = \dfrac{1}{6}$

(4) $P\left\{X > \dfrac{1}{2}\right\} = 1 - F\left(\dfrac{1}{2}\right) = 1 - \dfrac{1}{4} = \dfrac{3}{4}$

(5) $P\{2 < X < 4\} = F(4-0) - F(2) = 1 - \dfrac{11}{12} = \dfrac{1}{12}$

(6) $P\{1 \leqslant X < 3\} = F(3-0) - F(1-0) = \dfrac{11}{12} - \dfrac{1}{2} = \dfrac{5}{12}$

第二节 离散型随机变量及其分布律

一、离散型随机变量的定义及其分布律

有些随机变量，它全部可能取到的值是有限个或可列无限多个，这种随机变量为**离散型随机变量**．为了全面地描述离散型随机变量 X，我们不仅要知道它可能取的值是哪一些，而且还要知道它取这些值的概率是多少．只有这样，才能确切地掌握离散型随机变量 X 的统计规律性．

设离散型随机变量 X 的所有可能取值为 $x_k (k=1,2,\cdots)$，X 取各个可能值的概率，即事件 $\{X = x_i\}$ 的概率为

$$P\{X = x_k\} = p_k, \quad k = 1, 2, \cdots \tag{2.6}$$

由概率的定义，p_k 满足如下两个条件：

(1) $$p_k \geqslant 0, \quad k = 1, 2, \cdots \tag{2.7}$$

(2) $$\sum_{k=1}^{+\infty} p_k = 1 \tag{2.8}$$

式(2.8) 是由于 $\{X = x_1\} \cup \{X = x_2\} \cup \cdots$ 是必然事件，且 $\{X = x_j\} \cap \{X = x_k\} = \varnothing, k \neq j$，故 $1 = P\left[\bigcup\limits_{k=1}^{+\infty} \{X = x_k\}\right] = \sum\limits_{k=1}^{+\infty} P\{X = x_k\}$，即 $\sum\limits_{k=1}^{+\infty} p_k = 1$．

我们称式(2.6) 为离散型随机变量 X 的概率分布或分布律．

常用表格形式来表示 X 的概率分布：

X	x_1	x_2	$\cdots$	x_n	$\cdots$
p_i	p_1	p_2	$\cdots$	p_n	$\cdots$

(2.9)

式(2.9) 直观地表示了随机变量 X 取各个值的概率的规律．X 取各个值各占一些概率，这些概率合起来就是 1，可以想象成：概率 1 以一定的概率分布在各个

可能值上,这就是式(2.9)称为分布律的缘故.

【例 2.3】 一箱中装有 6 个产品,其中有 2 个是二等品,现从中随机地取出 3 个,试求取出的二等品个数 X 的概率分布.

解:随机变量 X 的可能取值是 0,1,2,在 6 个产品中任取 3 个,共 $C_6^3 = 20$ 种取法,故

$$P\{X=0\} = \frac{C_4^3}{C_6^3} = \frac{1}{5}, \quad P\{X=1\} = \frac{C_4^2 C_2^1}{C_6^3} = \frac{3}{5}, \quad P\{X=2\} = \frac{C_4^1 C_2^2}{C_6^3} = \frac{1}{5}.$$

所以,X 的概率分布为

X	0	1	2
p_k	1/5	3/5	1/5

二、常见离散型随机变量

下面介绍三种重要的离散型随机变量.

1. (0−1)分布

随机变量 X 只可能取 0 与 1 两个值,它的分布律是

$$P\{X=k\} = p^k(1-p)^{1-k} \quad (k=0,1, 0<p<1) \tag{2.10}$$

则称 X 服从以 p 为参数的 (0−1) 分布或两点分布.

(0−1) 分布的分布律也可写成

X	0	1
p_k	p	$1-p$

对于一个随机试验,如果它的样本空间只包含两个元素,即 $S=\{e_1, e_2\}$,我们总能在 S 上定义一个服从 (0−1) 分布的随机变量

$$X = X(e) = \begin{cases} 0, & e=e_1 \\ 1, & e=e_2 \end{cases} \tag{2.11}$$

来描述这个随机试验的结果. 例如,对新生儿的性别进行登记,检查产品的质量是否合格,某车间的电力消耗是否超过负荷以及前面多次讨论过的"抛硬币"试验等都可以用 (0−1) 分布的随机变量来描述.(0−1) 分布是经常用到的一种分布.

2. 伯努利试验、二项分布

设试验 E 只有两个可能的结果:A 及 $\overline{A}$,则称 E 为**伯努利(Bernoulli)试验**. 设 $P(A)=p(0<p<1)$,此时 $P(\overline{A})=1-p$. 将 E 独立重复进行 n 次,则称这一串重复的独立试验为 n **重伯努利试验**.

这里的"重复"是指在每次的试验中 $P(A)=p$ 保持不变;"独立"是指各次试验的结果互不影响,即若以 C_i 记第 i 次试验的结果,C_i 为 A 或 $\overline{A}$,$i=1,2,\cdots$,

n. 因各次试验"独立",故

$$P(C_1 C_2 \cdots C_n) = P(C_1) P(C_2) \cdots P(C_n) \tag{2.12}$$

n 重伯努利试验是一种很重要的数学模型,它有广泛的应用,是研究最多的模型之一.

例如,设 E 是抛一枚硬币观察得到正面或反面的试验. A 表示正面,这是一个一重伯努利试验. 如将硬币抛 n 次,观察正反面出现的次数,那么这是一个 n 重伯努利试验. 又如在袋中装有 a 只白球, b 只黑球. 试验 E 是在袋中任取一只球,观察其颜色. 以 A 表示"取到白球", $P(A) = a/(a+b)$. 若连续取球 n 次作放回抽样,这就是 n 重伯努利试验. 然而作不放回抽样,虽则每次试验都有 $P(A) = a/(a+b)$,但是各次试验不再相互独立,因而不再是 n 重伯努利试验了.

以 X 表示 n 重伯努利试验中事件 A 发生的次数, X 是一个随机变量,我们来求它的分布律. X 所有可能取值为 $0, 1, 2, \cdots, n$. 由于各次试验是相互独立的,因此事件 A 在指定的 $k(0 \leqslant k \leqslant n)$ 次试验中发生,在其他 $n-k$ 次试验中 A 不发生(例如,在前 k 次试验中 A 发生,而后 $n-k$ 次试验中 A 不发生)的概率为

$$\underbrace{p \cdot p \cdots p}_{k\text{个}} \cdot \underbrace{(1-p) \cdot (1-p) \cdots (1-p)}_{k\text{个}} = p^k (1-p)^{n-k} \tag{2.13}$$

这种指定的方式共 $\binom{n}{k}$ 种,它们是两两互不相容的,故在 n 次试验中 A 发生 k 次的概率为 $\binom{n}{k} p^k (1-p)^{n-k}$,记 $q = 1-p$,即有

$$P\{X = k\} = \binom{n}{k} p^k q^{n-k}, \quad k = 0, 1, 2, \cdots, n \tag{2.14}$$

显然

$$P\{X = k\} \geqslant 0, k = 0, 1, 2, \cdots, n \tag{2.15}$$

$$\sum_{k=0}^{n} P\{X = k\} = \sum_{k=0}^{n} \binom{n}{k} p^k q^{n-k} = (p+q)^n = 1 \tag{2.16}$$

即 $P\{X = k\}$ 满足条件式(2.7)、式(2.8). 注意 $\binom{n}{k} p^k q^{n-k}$ 刚好是二项式 $(p+q)^n$ 的展开式中出现 p^k 的那一项,我们称随机变量 X 服从参数为 n, p 的二项分布,并记为 $X \sim B(n, p)$.

特别,当 $n = 1$ 时二项分布式(2.14)化为

$$P\{X = k\} = p^k q^{1-k}, \quad k = 0, 1 \tag{2.17}$$

这就是 (0-1) 分布.

【例2.4】 按规定,某种型号电子元件的使用寿命超过1500小时的为一级品. 已知某一大批产品的一级品率为0.2,现在从中随机地抽查20只. 问20只元件中恰有 k 只 ($k = 0, 1, \cdots, 20$) 为一级品的概率是多少.

解:这是不放回抽样. 但由于这批元件的总数很大,且抽查的元件的数量相对

于元件总数来说又很小,因此可以当作放回抽样来处理,这样做会有一些误差,但误差不大. 我们将检查一只元件看它是否为一级品看成是一次试验,检查20只元件相当于做20重伯努利试验. 以 X 记20只元件中一级品的只数,那么 X 是一个随机变量,且有 $X \sim B(20, 0.2)$. 由式(2.14)即得所求概率为

$$P\{X=k\}=\binom{20}{k}(0.2)^k(0.8)^{20-k}, k=0,1,2,\cdots,20$$

表 2.2

$P\{X=0\}=0.012$	$P\{X=4\}=0.218$	$P\{X=8\}=0.022$
$P\{X=1\}=0.058$	$P\{X=5\}=0.175$	$P\{X=9\}=0.007$
$P\{X=2\}=0.137$	$P\{X=6\}=0.109$	$P\{X=10\}=0.002$
$P\{X=3\}=0.205$	$P\{X=7\}=0.055$	当 $k \geq 11$ 时, $P\{X=k\}<0.001$

表2.2给出了概率 $P\{X=k\}$ 的分布,为了对本题的结果有一个直观的了解,我们作出表2.2的图形,如图2.2所示,从图中可以看出,当 k 增加时,概率 $P\{X=k\}$ 先是随之增加,直至达到最大值(本例中当 $k=4$ 时取得最大值),随后单调减少. 我们指出,一般对于固定的 n 及 p,二项分布 $B(n, p)$ 都具有这一性质.

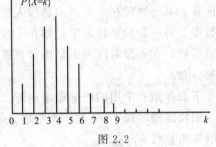

图 2.2

【例 2.5】 某人进行射击,设每次射击的命中率为0.02,问至少必须进行多少次独立射击,才能使至少击中一次的概率不少于0.9.

解:将一次射击看成一次试验,设 X 为 n 次射击中射中的次数,则

$$P\{X=k\}=C_n^k \cdot 0.02^k \cdot 0.98^{n-k}, k=0,1,2,\cdots,n$$

由于 $P\{X \geq 1\} \geq 0.9$,因此有 $1-P\{X=0\} \geq 0.9$,即

$$1-C_n^0 \cdot 0.02^0 \cdot 0.98^{n-0} \geq 0.9, \quad 0.98^n \leq 0.1$$

$$n\ln(0.98) \leq \ln(0.1), n \geq \frac{\ln(0.1)}{\ln(0.98)} \approx 114$$

【例 2.6】 某厂需从外地购买12只集成电路. 已知该型号集成电路的不合格率为0.1,问至少需要购买几只才能以99%的把握保证其中合格的集成电路不少于12只.

解:设需要购买 n 只,X 表示这 n 只集成电路中合格品的个数,则 $X \sim B(n, 0.9)$,按题意,要求事件"$X \geq 12$"的概率不小于0.99,即

$$P\{X \geq 12\}=\sum_{k=12}^{n} C_n^k (0.9)^k (0.1)^{n-k} \geq 0.99$$

可算出至少需要购买17只集成电路,才能以99%的把握保证其中合格品不少于12只.

3. 泊松分布

设随机变量 X 的所有可能的取值为 $0,1,2,\cdots$，而取各个值的概率为

$$P\{X=k\}=\frac{\lambda^k}{k!}\mathrm{e}^{-\lambda}, \quad k=0,1,2,\cdots \tag{2.18}$$

式中，$\lambda>0$ 是常数，则称 X 服从参数为 λ 的泊松分布记为 $X\sim\pi(\lambda)$.

易知，$P\{X=k\}\geqslant 0$，$k=0,1,2\cdots$，且有

$$\sum_{k=0}^{+\infty}P\{X=k\}=\sum_{k=0}^{+\infty}\frac{\lambda^k}{k!}\mathrm{e}^{-\lambda}=\mathrm{e}^{-\lambda}\sum_{k=0}^{+\infty}\frac{\lambda^k}{k!}=\mathrm{e}^{-\lambda}\mathrm{e}^{\lambda}=1 \tag{2.19}$$

有关泊松分布的随机变量的数学模型将在后面的章节中讨论.

泊松分布是概率论中最重要的几个分布之一. 自然界及工程技术中的许多随机指标都服从泊松分布，在现实生活中也有许多随机现象服从泊松分布，这种情况特别集中在两个领域中，一是社会生活中的服务领域，如电话交换台在一段时间内接到的呼叫数；公共汽车站在一段时间内来到的乘客数；某地区在一天内邮递遗失的信件数；某一医院在一天内的急诊人数；某一地区在一段时间间隔内发生的交通事故数等. 另一领域是物理学，如在一段时间内由放射性物质发出的、落在某区域内的质点数；在一段时间内由显微镜观察得到的落在某区域内血球数等. 它们都服从泊松分布.

下面介绍一个用泊松分布来逼近二项分布的定理.

泊松定理 设 $\lambda>0$ 是一个常数，n 是任意正整数，设 $np_n=\lambda$，则对于任一固定的非负整数 k，有

$$\lim_{n\to+\infty}\binom{n}{k}p_n^k(1-p_n)^{n-k}=\frac{\lambda^k}{k!}\mathrm{e}^{-\lambda} \tag{2.20}$$

证：由 $p_n=\frac{\lambda}{n}$，有

$$\binom{n}{k}p_n^k(1-p_n)^{n-k}=\frac{n(n-1)(n-2)\cdots(n-k+1)}{k!}\left(\frac{\lambda}{n}\right)^k\left(1-\frac{\lambda}{n}\right)^{n-k}$$

$$=\frac{\lambda^k}{k!}\left[1\cdot\left(1-\frac{1}{n}\right)\cdot\left(1-\frac{2}{n}\right)\cdot\cdots\cdot\left(1-\frac{k-1}{n}\right)\right]\left(1-\frac{\lambda}{n}\right)^n\left(1-\frac{\lambda}{n}\right)^{-k} \tag{2.21}$$

对于任意固定的 k，当 $n\to+\infty$ 时，

$$1\cdot\left(1-\frac{1}{n}\right)\cdot\left(1-\frac{2}{n}\right)\cdot\cdots\cdot\left(1-\frac{k-1}{n}\right)\to 1, \left(1-\frac{\lambda}{n}\right)^n\to\mathrm{e}^{-\lambda}, \left(1-\frac{\lambda}{n}\right)^{-k}\to 1 \tag{2.22}$$

故有

$$\lim_{n\to+\infty}\binom{n}{k}p_n^k(1-p_n)^{n-k}=\frac{\lambda^k}{k!}\mathrm{e}^{-\lambda} \tag{2.23}$$

定理的条件 $np_n=\lambda$（常数）意味着当 n 很大时 p_n 必定很小，因此上述定理表明当 n 很大时 p 很小（$np=\lambda$）时有以下的近似式

$$P(X=k)=\binom{n}{k}p^k(1-p)^{n-k}\approx\frac{\lambda^k}{k!}e^{-\lambda} \tag{2.24}$$

此时二项分布的概率值与泊松分布的概率值近似．上式可用来作二项分布概率的近似计算．

【**例 2.7**】 有 2500 名同一年龄和同社会阶层的人参加了保险公司的人寿保险．在一年中每个人死亡的概率为 0.002，每个参加保险的人在 1 月 1 日须交 12 元保险费，而在死亡时家属可从保险公司领取 2000 元赔偿金．求：

(1) 保险公司亏本的概率；
(2) 保险公司获利分别不少于 10000 元、20000 元的概率．

解：以"年"为单位来考虑．

(1) 在 1 月 1 日，保险公司总收入为 $2500\times12=30000$（元）．

设 1 年中死亡人数为 X，则 $X\sim B(2500,0.002)$，则所求概率为

$$P\{2000X>30000\}=P\{X>15\}=1-P\{X\leqslant15\}$$

由于 n 很大，p 很小，$\lambda=np=5$，故用泊松定理近似计算，有

$$P\{X>15\}\approx1-\sum_{k=0}^{14}\frac{e^{-5}5^k}{k!}\approx0.000069$$

(2) $P\{\text{保险公司获利不少于}10000\}=P\{30000-2000X\geqslant10000\}=P\{X\leqslant10\}$

$$\approx\sum_{k=0}^{10}\frac{e^{-5}5^k}{k!}\approx0.986305$$

即保险公司获利不少于 10000 元的概率在 98% 以上．

显然利用式（2.18）的计算更为方便，一般当 $n\geqslant20$，$p\leqslant0.05$ 时用 $\frac{\lambda^k}{k!}e^{-\lambda}$（$\lambda=np$）作为 $\binom{n}{k}p^k(1-p)^{n-k}$ 的近似值效果颇佳．

【**例 2.8**】 为保证设备正常工作，需要配备一些维修工，如果各台设备发生故障是相互独立的，且每台设备发生故障的概率都是 0.01．试在以下各情况下，求设备发生故障而不能及时维修的概率．

(1) 1 名维修工负责 20 台设备；
(2) 3 名维修工负责 90 台设备．

解：(1) 以 X 表示 20 台设备中同时发生故障的台数，则 $X\sim B(20,0.01)$．以 $\lambda=np=20\times0.01=0.2$ 为参数的泊松分布作近似计算，得

$$P\{X>1\}=1-P\{X\leqslant1\}\approx1-\sum_{k=0}^{1}\frac{0.2^k e^{-0.2}}{k!}=0.0175$$

(2) 以 Y 表示 90 台设备中同时发生故障的台数，则 $Y\sim B(90,0.01)$．以参数 $\lambda=np=90\times0.01=0.9$ 的泊松分布作近似计算，得所求概率为

$$P\{Y>3\}=1-P\{Y\leqslant 3\}\approx 1-\sum_{k=0}^{3}\frac{0.9^k e^{-0.9}}{k!}=0.0135$$

第三节 连续型随机变量及其概率密度

一、连续型随机变量的定义及其概率密度

定义 2.3 如果对随机变量 X 的分布函数 $F(x)$，存在非负函数 $f(x)$，使得对于任意实数 x 有 $F(x)=P\{X\leqslant x\}=\int_{-\infty}^{x}f(t)\mathrm{d}t$，则称 X 为连续型随机变量，称 $f(x)$ 为 X 的概率密度函数，简称为概率密度或密度函数．如图 2.3 所示．

概率密度 $f(x)$ 具有以下性质：

(1) $f(x)\geqslant 0$；

(2) $\int_{-\infty}^{+\infty}f(x)\mathrm{d}x=1$；

(3) $P\{x_1<X\leqslant x_2\}=F(x_2)-F(x_1)=\int_{x_1}^{x_2}f(x)\mathrm{d}x\,(x_1\leqslant x_2)$，如图 2.4 所示；

(4) 若 $f(x)$ 在点 x 处连续，则有 $F'(x)=f(x)$．

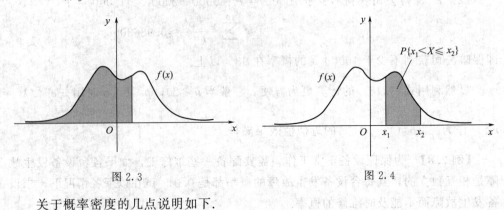

图 2.3　　　　　　　　　　　图 2.4

关于概率密度的几点说明如下．

(1) 对一个连续型随机变量 X，若已知其密度函数 $f(x)$，则根据定义，可求得其分布函数 $F(x)$，同时，还可求得 X 的取值落在任意区间 $(a,b]$ 上的概率：

$$P\{a<X\leqslant b\}=F(b)-F(a)=\int_{a}^{b}f(x)\mathrm{d}x \tag{2.25}$$

(2) 连续型随机变量 X 取任一指定值 $x_0\,(x_0\in\mathbf{R})$ 的概率为 0，即 $P\{X=x_0\}=0$．

因 $P\{X=x_0\}=\lim_{\Delta x\to 0}P\{x_0-\Delta x<X\leqslant x_0\}=\lim_{\Delta x\to 0}\int_{x_0-\Delta x}^{x_0}f(x)\mathrm{d}x=0$． (2.26)

注意： 概率为 0 的事件不一定是不可能事件．同样，概率为 1 的事件也不一定是必然事件．

从而
$$P\{a<X<b\}=P\{a\leqslant X<b\}=P\{a<X\leqslant b\}=P\{a\leqslant X\leqslant b\}=\int_a^b f(x)\mathrm{d}x.$$

【例 2.9】 设连续型随机变量 X 具有概率密度
$$f(x)=\begin{cases} kx+1, & 0\leqslant x\leqslant 2 \\ 0, & \text{其他} \end{cases}$$

(1) 确定常数 k；(2) 求 X 的分布函数 $F(x)$；(3) $P\left\{\dfrac{3}{2}\leqslant X\leqslant \dfrac{5}{2}\right\}$．

解： (1) 由 $\int_{-\infty}^{+\infty}f(x)\mathrm{d}x=1$，得 $\int_0^2(kx+1)\mathrm{d}x=1$，解得 $k=-\dfrac{1}{2}$，X 的概率密度为
$$f(x)=\begin{cases} -\dfrac{1}{2}x+1, & 0\leqslant x\leqslant 2 \\ 0, & \text{其他} \end{cases}$$

(2) X 的分布函数
$$F(x)=\int_{-\infty}^x f(t)\mathrm{d}t=\begin{cases} \int_{-\infty}^x 0\mathrm{d}t=0, & x<0 \\ \int_{-\infty}^0 0\mathrm{d}t+\int_0^x\left(-\dfrac{1}{2}t+1\right)\mathrm{d}t=-\dfrac{1}{4}x^2+x, & 0\leqslant x\leqslant 2 \\ 1, & x>2 \end{cases}$$

(3) $P\left\{\dfrac{3}{2}\leqslant X\leqslant \dfrac{5}{2}\right\}=F\left(\dfrac{5}{2}\right)-F\left(\dfrac{3}{2}\right)=1-\left[-\dfrac{1}{4}\cdot\left(\dfrac{3}{2}\right)^2+\dfrac{3}{2}\right]=\dfrac{1}{16}$

二、一些常用的连续型随机变量的分布

1. 均匀分布

定义 2.4 若连续型随机变量 X 的概率密度为
$$f(x)=\begin{cases} \dfrac{1}{b-a}, & a<x<b \\ 0, & \text{其他} \end{cases} \tag{2.27}$$

则称 X 在区间 (a,b) 上服从均匀分布，$X\sim U(a,b)$．

均匀分布的密度函数满足如下性质．

(1) $f(x)\geqslant 0$

(2) $\int_{-\infty}^{+\infty}f(x)\mathrm{d}x=\int_a^b\dfrac{1}{b-a}\mathrm{d}x=1$

若随机变量 X 服从在 $[a,b]$ 上的均匀分布，则分布函数为

$$F(x) = \begin{cases} 0, & x < a \\ \dfrac{x-a}{b-a}, & a \leqslant x \leqslant b \\ 1, & b < x \end{cases} \tag{2.28}$$

$f(x)$ 及 $F(x)$ 的图形分别如图 2.5、图 2.6 所示.

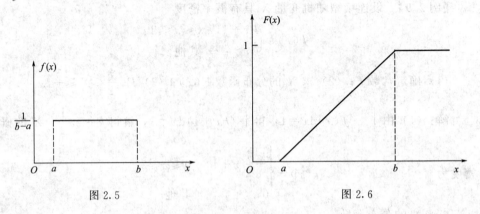

图 2.5　　　　　　　　　　图 2.6

【例 2.10】 已知乘客在某公共汽车站等车的时间 X（min）服从区间 $(0, 10)$ 上的均匀分布, 求乘客等车时间不超过 5 (min) 的概率.

解: 由于 $X \sim U(0, 10)$, 所以 X 的概率密度为 $f(x) = \begin{cases} \dfrac{1}{10}, & 0 < x < 10 \\ 0, & \text{其他} \end{cases}$, 故等车时间不超过 5 (min) 的概率为

$$P\{X \leqslant 5\} = \int_{-\infty}^{5} f(x) dx = \int_{0}^{5} \frac{1}{10} dx = 0.5$$

【例 2.11】 某公共汽车站每隔 5min 有一辆车通过, 可将车站上候车的乘客全部运走. 设乘客在两趟车之间的任何时刻到站都是等可能的, 求乘客候车时间不超过 3min 的概率.

解: 设乘客到达汽车站的时刻为 X, 他到站前最后离去的公共汽车的到站时刻为 t_0, 将要来到的下一辆车的到站时刻为 $t_0 + 5$. 据题意, X 服从 $[t_0, t_0+5]$ 上的均匀分布, 其密度函数为

$$f(x) = \begin{cases} \dfrac{1}{5}, & t_0 \leqslant x \leqslant t_0 + 5 \\ 0, & \text{其他} \end{cases}$$

乘客候车时间不超过 3min 的概率, 即 X 落在区间 $[t_0 + 2, t_0 + 5]$ 内的概率

$$P\{t_0 + 2 \leqslant X \leqslant t_0 + 5\} = \int_{t_0+2}^{t_0+5} \frac{1}{5} dx = \frac{3}{5} = 0.6$$

2. 指数分布

定义 2.5 若随机变量 X 的概率密度为 $f(x)=\begin{cases}\lambda e^{-\lambda x}, & x>0 \\ 0, & \text{其他}\end{cases}$，其中 $\lambda>0$，则称 X 服从参数为 λ 的**指数分布**. 简记为 $X\sim e(\lambda)$.

若随机变量 X 服从参数 λ 指数分布，则 X 的分布函数为

$$F(x)=\begin{cases}0, & x\leqslant 0 \\ 1-e^{-\lambda x}, & x>0\end{cases} \tag{2.29}$$

指数分布的概率密度及分布函数分别如图 2.7、图 2.8 所示.

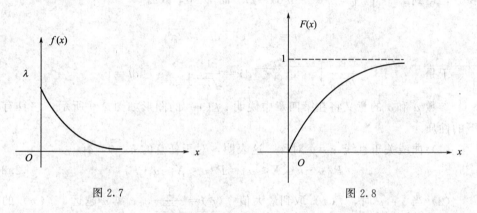

图 2.7　　　　　　　　　图 2.8

【例 2.12】 某元件的寿命 X 服从指数分布，已知其参数 $\lambda=\dfrac{1}{1000}$，求至少有 1 个元件寿命低于 1000h 的概率.

解：由题设知，X 的分布函数为

$$F(x)=\begin{cases}1-e^{-\frac{x}{1000}}, & x\geqslant 0 \\ 0, & x<0\end{cases}$$

由此得到 $P\{X>1000\}=1-P\{X\leqslant 1000\}=1-F(1000)=e^{-1}$.

各元件的寿命是否超过 1000h 是独立的，用 Y 表示三个元件中使用 1000h 损坏的元件数，则 $Y\sim B(3,1-e^{-1})$.

所求概率为

$$P\{Y\geqslant 1\}=1-P\{Y=0\}=1-C_3^0(1-e^{-1})^0(e^{-1})^3=1-e^{-3}$$

3. 正态分布

定义 2.6 若随机变量 X 的概率密度为

$$f(x)=\dfrac{1}{\sqrt{2\pi}\sigma}e^{-\frac{(x-\mu)^2}{2\sigma^2}},\ -\infty<x<\infty \tag{2.30}$$

式中，μ 和 $\sigma(\sigma>0)$ 都是常数，则称 X 服从参数为 μ 和 σ^2 的**正态分布**. 记为

$X \sim N(\mu, \sigma^2)$.

显然 $f(x) \geqslant 0$, 下面来证明 $\int_{-\infty}^{+\infty} f(x) dx = 1$.

令 $t = \dfrac{x-\mu}{\sigma}$, 得到

$$\int_{-\infty}^{+\infty} f(x) dx = \dfrac{1}{\sqrt{2\pi}\sigma} \int_{-\infty}^{+\infty} e^{-\frac{(x-\mu)^2}{2\sigma^2}} dx = \dfrac{1}{\sqrt{2\pi}} \int_{-\infty}^{+\infty} e^{-\frac{t^2}{2}} dt$$

记 $I = \int_{-\infty}^{+\infty} e^{-\frac{t^2}{2}} dt$, 则有 $I^2 = \int_{-\infty}^{+\infty} \int_{-\infty}^{+\infty} e^{-\frac{t^2+u^2}{2}} dt du$, 利用极坐标将它化为累次积分, 得到 $I^2 = \int_0^{2\pi} \int_0^{+\infty} r e^{-\frac{r^2}{2}} dr d\theta = 2\pi$. 而 $I > 0$, 故有

$$I = \int_{-\infty}^{+\infty} e^{-\frac{t^2}{2}} dt = \sqrt{2\pi}$$

于是

$$\dfrac{1}{\sqrt{2\pi}\sigma} \int_{-\infty}^{+\infty} e^{-\frac{(x-\mu)^2}{2\sigma^2}} dx = \dfrac{1}{\sqrt{2\pi}} \int_{-\infty}^{+\infty} e^{-\frac{t^2}{2}} dt = 1$$

参数 μ 和 σ 的意义将在第四章中说明. $f(x)$ 的图形如图 2.9 所示, 它具有以下的性质.

(1) 曲线关于直线 $x = \mu$ 对称, 这表明, 对于任意的 $h > 0$, 有
$$P\{\mu - h < X \leqslant \mu\} = P\{\mu < X \leqslant \mu + h\} \tag{2.31}$$

(2) 当 $x = \mu$ 时, $f(x)$ 取到最大值 $f(\mu) = \dfrac{1}{\sqrt{2\pi}\sigma}$, x 离 μ 越远, $f(x)$ 的值就越小, 这表明, 对于同样长度的区间, 当区间离 μ 越远时, 随机变量 X 落在该区间中的概率越小.

(3) 曲线 $y = f(x)$ 在 $x = \mu \pm \sigma$ 处有拐点; 曲线 $y = f(x)$ 以 Ox 为渐近线.

(4) 若 σ 固定, 而改变 μ 的值, 则 $f(x)$ 的图形沿着 x 轴平行移动, 但不改变其形状. 因此 $y = f(x)$ 图形的位置完全由参数 μ 所确定.

(5) 若 μ 固定, 而改变 σ 的值, 由于 $f(x)$ 的最大值为 $f(\mu) = \dfrac{1}{\sqrt{2\pi}\sigma}$ 可知: 当 σ 越小时, $y = f(x)$ 的图形越陡, 因而 X 落在 μ 附近的概率越大;

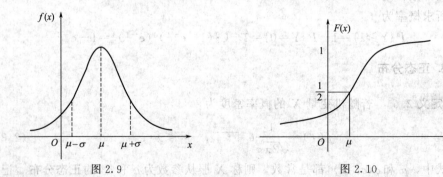

图 2.9

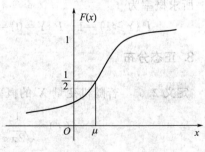

图 2.10

当 σ 越大时，$y=f(x)$ 的图形越平坦，这表明 X 的取值越分散.

由定义得正态分布的分布函数：

$$F(x)=\frac{1}{\sqrt{2\pi}\sigma}\int_{-\infty}^{x}e^{-\frac{(t-\mu)^2}{2\sigma^2}}dt \tag{2.32}$$

如图 2.10 所示.

注意：正态分布是概率论中最重要的连续型分布，在 19 世纪前叶由高斯加以推广，故又常称为高斯分布. 一般来说，一个随机变量如果受到许多随机因素的影响，而其中每一个因素都不起主导作用（作用微小），则它服从正态分布. 这是正态分布在实践中得以广泛应用的原因. 例如，产品的质量指标，元件的尺寸，某地区成年男子的身高、体重，测量误差，射击目标的水平或垂直偏差，信号噪声、农作物的产量等，都服从或近似服从正态分布.

特别当 $\mu=0$，$\sigma=1$ 时称为**标准正态分布**，此时，其密度函数和分布函数常用 $\varphi(x)$ 和 $\Phi(x)$ 表示：

$$\varphi(x)=\frac{1}{\sqrt{2\pi}}e^{-\frac{x^2}{2}} \tag{2.33}$$

$$\Phi(x)=\frac{1}{\sqrt{2\pi}}\int_{-\infty}^{x}e^{-\frac{t^2}{2}}dt \tag{2.34}$$

易知 $\Phi(-x)=1-\Phi(x)$

标准正态分布的重要性在于，任何一个一般的正态分布都可以通过线性变换转化为标准正态分布.

定理 2.1 设 $X\sim N(\mu,\sigma^2)$，则 $Y=\dfrac{X-\mu}{\sigma}\sim N(0,1)$.

证：$F(y)=P\{Y\leqslant y\}=P\left\{\dfrac{X-\mu}{\sigma}\leqslant y\right\}=P\{X\leqslant \mu+\sigma y\}$

$$=\frac{1}{\sqrt{2\pi}\sigma}\int_{-\infty}^{\mu+\sigma y}e^{-\frac{(t-\mu)^2}{2\sigma^2}}dt$$

作变换 $u=\dfrac{t-\mu}{\sigma}$，则 $du=\dfrac{dt}{\sigma}$，代入上式得

$$F(y)=\frac{1}{\sqrt{2\pi}}\int_{-\infty}^{y}e^{-\frac{u^2}{2}}du=\Phi(y),$$

$$Y=\frac{X-\mu}{\sigma}\sim N(0,1)$$

定理 2.2 如果 $X\sim N(\mu,\sigma^2)$，分布函数 $F(x)=\Phi\left(\dfrac{x-\mu}{\sigma}\right)$，对任意区间 $[a,b]$ 有

$$P(a\leqslant X\leqslant b)=\Phi\left(\frac{b-\mu}{\sigma}\right)-\Phi\left(\frac{a-\mu}{\sigma}\right)$$

人们已经编制了 $\Phi(x)$ 的函数表，可供查用.

于是，若 $X \sim N(\mu, \sigma^2)$，则它的分布函数 $F(x)$ 可写成

$$F(x)=P\{X\leqslant x\}=P\left\{\frac{X-\mu}{\sigma}\leqslant\frac{x-\mu}{\sigma}\right\}=\Phi\left(\frac{x-\mu}{\sigma}\right)$$

例如，设 $X \sim N(1, 4)$，查表得

$$P\{0<X\leqslant 1.6\}=\Phi\left(\frac{1.6-1}{2}\right)-\Phi\left(\frac{0-1}{2}\right)$$
$$=\Phi(0.3)-\Phi(-0.5)=0.6179-[1-\Phi(0.5)]$$
$$=0.6179-1+0.6915=0.3094$$

【例 2.13】 设 $X \sim N(1, 4)$，求 (1) $P\{0\leqslant X<1.6\}$；(2) $P\{|X-1|\leqslant 2\}$；(3) $P\{X\geqslant 2.3\}$.

解： 这里 $\mu=1$，$\sigma=2$，故

$$P\{0\leqslant X<1.6\}=\Phi\left(\frac{1.6-1}{2}\right)-\Phi\left(\frac{0-1}{2}\right)=\Phi(0.3)-\Phi(-0.5)$$
$$=0.6179-[1-\Phi(0.5)]=0.6179-(1-0.6915)=0.3094$$

$$P\{|X-1|\leqslant 2\}=P\{-1\leqslant X\leqslant 3\}=\Phi\left(\frac{3-1}{2}\right)-\Phi\left(\frac{-1-1}{2}\right)$$
$$=\Phi(1)-\Phi(-1)=2\Phi(1)-1=2\times 0.8413-1=0.6826$$

$$P\{X\geqslant 2.3\}=1-P\{X<2.3\}=1-\Phi\left(\frac{2.3-1}{2}\right)$$
$$=1-\Phi(0.65)=1-0.7422=0.2587$$

【例 2.14】 设 $X \sim N(\mu, \sigma^2)$ 求 $P\{\mu-k\sigma<X<\mu+k\sigma\}$，$k=1,2,3$.

解： $P\{\mu-k\sigma<X<\mu+k\sigma\}=P\left\{-k<\frac{X-\mu}{\sigma}<k\right\}=\Phi(k)-\Phi(-k)=2\Phi(k)-1$

$$P\{|X-\mu|<\sigma\}=2\Phi(1)-1=0.6826$$
$$P\{|X-\mu|<2\sigma\}=2\Phi(2)-1=0.9544$$
$$P\{|X-\mu|<3\sigma\}=2\Phi(3)-1=0.9974$$

则有 $P\{|X-\mu|\geqslant 3\sigma\}=1-P\{|X-\mu|<3\sigma\}=0.0026<0.003$

X 落在 $(\mu-3\sigma, \mu+3\sigma)$ 以外的概率小于 0.003，在实际问题中常认为它不会发生.

X 的取值几乎都落入以 μ 为中心，以 3σ 为半径的区域内．称为 3σ 准则（图 2.11）.

【例 2.15】 公共汽车门的高度是按男子与车门顶碰头的机会在 0.01 以下设计的，设男子身高 X（单位：cm）服从正态分布 $N(170, 6^2)$，问车门高度应为多少.

解： 设公共汽车门的高度为 h cm，由题设要求 $P\{X>h\}<0.01$. 而

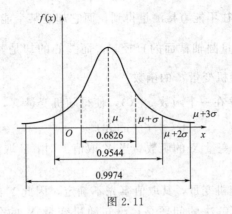

图 2.11

$$P\{X>h\}=1-P\{X\leqslant h\}=1-\Phi\left(\frac{h-170}{6}\right)<0.01$$

查泊松分布表得 $\Phi(2.33)=0.9901>0.99$,故 $\frac{h-170}{6}>2.33$,即 $h>183.98$.

故车门的高度超过 183.98cm 时,男子与车门碰头的机会小于 0.01.

【例 2.16】 将一温度调节器放置在储存着某种液体的容器内,调节器定在 d℃,液体的温度 X(以℃计)是一个随机变量,且 $X\sim N(d,0.5^2)$.

(1) 若 $d=90$℃,求 X 小于 89℃ 的概率;

(2) 若要求保持液体的温度至少为 80℃ 的概率不低于 0.99,问 d 至少为多少.

解:(1) 所求概率为

$$P\{X<89\}=P\left\{\frac{X-90}{0.5}<\frac{89-90}{0.5}\right\}=\Phi\left(\frac{89-90}{0.5}\right)$$
$$=\Phi(-2)=1-\Phi(2)=1-0.9772=0.0228$$

(2) 按题意需求 d 满足

$$0.99\leqslant P\{X\geqslant 80\}=P\left\{\frac{X-d}{0.5}\geqslant\frac{80-d}{0.5}\right\}=1-P\left\{\frac{X-d}{0.5}<\frac{80-d}{0.5}\right\}$$
$$=1-\Phi\left(\frac{80-d}{0.5}\right)$$

即 $\Phi\left(\frac{80-d}{0.5}\right)\leqslant 1-0.99=1-\Phi(2.325)=\Phi(-2.325)$

亦即 $\frac{80-d}{0.5}\leqslant-2.325$,故需 $d\geqslant 81.1635$.

第四节 随机变量函数的分布

一、随机变量的函数

在实际中,我们常对某些随机变量的函数更感兴趣.例如,在一些试验中,人们所关心的随机变量往往不能直接测量得到,而它却是某个能直接测量的随机变量的函数. 比如我们能测量圆轴截面的直径 d,而关心的却是截面面积 $A=\frac{1}{4}\pi d^2$. 这里,随机变量 A 是随机变量 d 的函数.

定义 2.7 如果存在一个函数 $g(X)$,使得随机变量 X,Y 满足:

$$Y=g(X) \tag{2.35}$$

则称随机变量 Y 是随机变量 X 的函数. 当 X 取值 x 时,Y 取值

$$y=g(x) \tag{2.36}$$

注意:由于 X 是随机变量,其取值事先不确定,因此 Y 的取值也不确定,也是随机变量. 本节主要解决的问题是,已知随机变量 X 的分布,求其函数 $Y=g(X)$ 的分布,这里 $g(\cdot)$ 是已知的连续函数. 这样随机变量 X 与 Y 的函数关系确定,为从 X 的分布出发导出 Y 的分布提供了可能.

二、离散型随机变量的函数的分布

【例 2.17】 设随机变量 X 的概率分布为 $\dfrac{X \mid -1 \ 0 \ 1 \ 2}{p_i \mid 0.2 \ 0.3 \ 0.1 \ 0.4}$,试求 $Y=(X-1)^2$ 的分布律.

解:Y 有可能取的值为 0, 1, 4.

$$P\{Y=0\}=P\{(X-1)^2=0\}=P\{X=1\}=0.1$$
$$P\{Y=1\}=P\{X=0\}+P\{X=2\}=0.7$$
$$P\{Y=4\}=P\{X=-1\}=0.2$$

所以,$Y=(X-1)^2$ 的分布律为 $\dfrac{Y \mid 0 \ 1 \ 4}{p_i \mid 0.1 \ 0.7 \ 0.2}$

求离散型随机变量函数的分布的一种方法:记 Y 的所有可能取值为 y_i,$i=1,2,\cdots$,对每个 y_i 来说至少有一个 x_k,使 $y_i=g(x_k)$ 成立,将所有满足 $y_i=g(x_k)$ 式子中的 x_k 对应的概率 p_k 求和,作为事件 $\{Y=y_i\}$,$i=1,2,\cdots$ 的概率.

上例也可用列表形式求解为

X	-1	0	1	2
$Y=(X-1)^2$	4	1	0	1
p_k	0.2	0.3	0.1	0.4

Y 的概率分布为

Y	0	1	4
p_k	0.1	0.7	0.2

三、连续型随机变量的函数的分布

设已知 X 的分布函数 $F_X(x)$ 或概率密度函数 $f_X(x)$，则随机变量函数 $Y=g(X)$ 的分布函数可按如下方法求得.

(1) 先求 $Y=g(X)$ 的分布函数

$$F_Y(y)=P\{Y\leqslant y\}=P\{g(X)\leqslant y\}=\int_{g(x)\leqslant y} f_X(x)\mathrm{d}x \qquad (2.37)$$

(2) 利用 $Y=g(X)$ 的分布函数与密度函数之间的关系，求 $Y=g(X)$ 的密度函数

$$f_Y(y)=F_Y'(y) \qquad (2.38)$$

【例 2.18】 设随机变量 $X \sim N(\mu, \sigma^2)$，证明 X 的线性函数 $Y=aX+b$ $(a\neq 0)$ 也服从正态分布.

证明： 记 X，Y 的分布函数为 $F_X(x)$，$F_Y(y)$，若 $a>0$，

$$F_Y(y)=P\{Y\leqslant y\}=P\{aX+b\leqslant y\}=P\left\{X\leqslant \frac{y-b}{a}\right\}=F_X\left(\frac{y-b}{a}\right)$$

将 $F_Y(y)$ 对 y 求导，得 $Y=aX+b$ 的概率密度为

$$f_Y(y)=f_X\left(\frac{y-b}{a}\right)\cdot\left(\frac{y-b}{a}\right)'=\frac{1}{a}f_X\left(\frac{y-b}{a}\right)$$

又因为 X 的概率密度为 $f_X(x)=\dfrac{1}{\sqrt{2\pi}\sigma}\mathrm{e}^{-\frac{(x-\mu)^2}{2\sigma^2}}$，$-\infty<x<+\infty$

所以 $f_Y(y)=\dfrac{1}{a}\dfrac{1}{\sqrt{2\pi}\sigma}\mathrm{e}^{-\frac{\left(\frac{y-b}{a}-\mu\right)^2}{2\sigma^2}}=\dfrac{1}{\sqrt{2\pi}(a\sigma)}\mathrm{e}^{-\frac{[y-(a\mu+b)]^2}{2(a\sigma)^2}}$，$-\infty<y<+\infty$

若 $a<0$，

$$F_Y(y)=P\{Y\leqslant y\}=P\{aX+Y\leqslant y\}=P\left\{X\geqslant\frac{y-b}{a}\right\}$$

$$=1-P\left\{X<\frac{y-b}{a}\right\}=1-F_X\left(\frac{y-b}{a}\right)$$

对 y 求导，得 $Y=aX+b$ 的概率密度为

$$f_Y(y)=-f_X\left(\frac{y-b}{a}\right)\cdot\frac{1}{a}=-\frac{1}{a}f_X\left(\frac{y-b}{a}\right)=-\frac{1}{a}\frac{1}{\sqrt{2\pi}\sigma}\mathrm{e}^{-\frac{\left(\frac{y-b}{a}-\mu\right)^2}{2\sigma^2}}$$

$$=\frac{1}{\sqrt{2\pi}(-a\sigma)}\mathrm{e}^{-\frac{[y-(a\mu+b)]^2}{2(a\sigma)^2}}=\frac{1}{\sqrt{2\pi}|a|\sigma}\mathrm{e}^{-\frac{[y-(a\mu+b)]^2}{2(a\sigma)^2}},\ -\infty<y<+\infty$$

故 $Y=aX+b\sim N(a\mu+b,(a\sigma)^2)$

即服从正态分布的随机变量的线性函数仍服从正态分布.

特别上例中 $a=\dfrac{1}{\sigma}$，$b=-\dfrac{\mu}{\sigma}$，则得 $Y=\dfrac{X-\mu}{\sigma}\sim N(0,1)$.

【例 2.19】 设随机变量 X 具有概率密度 $f_X(x)$，$-\infty < x < \infty$，求 $Y = X^2$ 的概率密度.

解：分别记 X，Y 的分布函数为 $F_X(x)$，$F_Y(y)$.

(1) 先求 $Y = X^2$ 的分布函数 $F_Y(y)$.

① 由于 $Y = X^2 \geqslant 0$，故当 $y \leqslant 0$ 时 $F_Y(y) = 0$.

② 当 $y > 0$ 时，

$$F_Y(y) = P\{Y \leqslant y\} = P\{X^2 \leqslant y\} = P\{-\sqrt{y} \leqslant X \leqslant \sqrt{y}\} = \int_{-\sqrt{y}}^{\sqrt{y}} f_X(x) \mathrm{d}x$$

(2) 利用 $F_Y'(y) = f_Y(y)$ 及变限定积分求导公式得：

$$f_Y(y) = \begin{cases} \dfrac{1}{2\sqrt{y}}[f_X(\sqrt{y}) + f_X(-\sqrt{y})], & y > 0 \\ 0, & y \leqslant 0 \end{cases}$$

例如，设 $X \sim N(0, 1)$，其概率密度为 $\varphi(x) = \dfrac{1}{\sqrt{2\pi}} e^{-\frac{x^2}{2}}$，$-\infty < x < \infty$，则 $Y = X^2$ 的概率密度为：

$$f_Y(y) = \begin{cases} \dfrac{1}{\sqrt{2\pi}} y^{-\frac{1}{2}} e^{-\frac{y}{2}}, & y > 0 \\ 0, & y \leqslant 0 \end{cases}$$

此时称 Y 服从自由度为 1 的 χ^2 分布.

定理 2.3 设随机变量 X 具有概率密度 $f_X(x)$，$x \in (-\infty, +\infty)$，又设 $y = g(x)$ 处处可导且恒有 $g'(x) > 0$（或恒有 $g'(x) < 0$），则 $Y = g(X)$ 是一个连续型随机变量，其概率密度为

$$f_Y(y) = \begin{cases} f_X[h(y)]|h'(y)|, & \alpha < y < \beta \\ 0, & \text{其他} \end{cases} \tag{2.39}$$

式中，$x = h(y)$ 是 $y = g(x)$ 的反函数，且

$$\alpha = \min(g(-\infty), g(+\infty)), \quad \beta = \max(g(-\infty), g(+\infty))$$

证明：先考虑 $g'(x) > 0$ 的情况. 此时 $g(x)$ 在 $(-\infty, +\infty)$ 严格单调增加，它的反函数 $h(y)$ 存在且在 (α, β) 严格单调增加，可导. 分别记 X，Y 的分布函数为 $F_X(x)$，$F_Y(y)$.

由于 $Y = g(x)$ 在 (α, β) 取值，故当 $y \leqslant \alpha$ 时，$F_Y(y) = 0$；当 $y \geqslant \beta$ 时，$F_Y(y) = 1$.

当 $\alpha < y < \beta$ 时
$$F_Y(y) = P\{Y \leqslant y\} = P\{g(X) \leqslant y\}$$
$$= P\{X \leqslant h(y)\} = F_X[h(y)] \tag{2.40}$$

将 $F_Y(y)$ 关于 y 求导，即得 Y 的概率密度

$$f_Y(y) = \begin{cases} f_X[h(y)]h'(y), & \alpha < y < \beta \\ 0, & \text{其他} \end{cases} \tag{2.41}$$

再考虑 $g'(x)<0$ 的情况，同样的有

$$f_Y(y)=\begin{cases}f_X[h(y)][-h'(y)],& \alpha<y<\beta\\ 0,& \text{其他}\end{cases} \quad (2.42)$$

合并以上两式，命题得证．

【例 2.20】 设随机变量 X 在（0，1）上服从均匀分布，求 $Y=\mathrm{e}^X$ 的概率密度函数．

解： 在区间（0，1）上，函数 $y=g(x)=\mathrm{e}^x$ 的导数 $g'(x)=\mathrm{e}^x>0$，故 $g(x)$ 严格单调增加，且 $g(x)$ 具有反函数 $x=h(y)=\ln y$．

又 $h'(y)=\dfrac{1}{y}$，$g(0)=1$，$g(1)=\mathrm{e}$，故 $Y=\mathrm{e}^X$ 的概率密度函数

$$f_Y(y)=\begin{cases}f_X(\ln y)\cdot\left|\dfrac{1}{y}\right|,& 1<y<\mathrm{e}\\ 0,& \text{其他}\end{cases}$$

由已知 X 在（0，1）上服从均匀分布

$$f_X(x)=\begin{cases}1,& 0<x<1,\\ 0,& \text{其他}\end{cases}$$

代入 $f_Y(y)$ 的表达式中

$$f_Y(y)=\begin{cases}\dfrac{1}{y},& 1<y<\mathrm{e}\\ 0,& \text{其他}\end{cases}$$

【例 2.21】 设随机变量 X 的概率密度为 $f_X(x)=\begin{cases}\dfrac{x}{8},& 0<x<4\\ 0,& \text{其他}\end{cases}$，求 $Y=2X+8$ 的概率密度．

解：（1）先求 $Y=2X+8$ 的分布函数 $F_Y(y)$：

$$F_Y(y)=P\{Y\leqslant y\}=P\{2X+8\leqslant y\}=P\left\{X\leqslant\dfrac{y-8}{2}\right\}=\int_{-\infty}^{\frac{y-8}{2}}f_X(x)\mathrm{d}x.$$

（2）利用 $F_Y'(y)=f_Y(y)$ 可以求得：

$$f_Y(y)=f_X\left(\dfrac{y-8}{2}\right)\left(\dfrac{y-8}{2}\right)'=\begin{cases}\dfrac{1}{8}\left(\dfrac{y-8}{2}\right)\cdot\dfrac{1}{2},& 0<\dfrac{y-8}{2}<4\\ 0,& \text{其他}\end{cases}$$

整理得 $Y=2X+8$ 的概率密度为：$f_Y(y)=\begin{cases}\dfrac{y-8}{32},& 8<y<16\\ 0,& \text{其他}\end{cases}$

【例 2.22】 设随机变量 X 在（0，1）上服从均匀分布，求 $Y=-2\ln X$ 的概率密度．

解：在区间 (0，1) 上，函数 $\ln x<0$，故 $Y=-2\ln X>0$，$y'=-\dfrac{2}{x}<0$，于是 $Y=-2\ln X$ 在区间 (0，1) 上单调下降，有反函数 $x=h(y)=e^{-y/2}$.

由前述定理，得 $f_Y(y)=\begin{cases} f_X(e^{-y/2})\left|\dfrac{d(e^{-y/2})}{dy}\right|, & 0<e^{-y/2}<1 \\ 0, & \text{其他} \end{cases}$

已知 X 在 (0，1) 上服从均匀分布，$f_X(x)=\begin{cases} 1, & 0<x<1 \\ 0, & \text{其他} \end{cases}$.

代入 $f_Y(y)$ 的表达式中 $f_Y(y)=\begin{cases} f_X(e^{-y/2})\left|\dfrac{d(e^{-y/2})}{dy}\right|, & 0<e^{-y/2}<1 \\ 0, & \text{其他} \end{cases}$

$f_Y(y)=\begin{cases} \dfrac{1}{2}e^{-y/2}, & y>0 \\ 0, & \text{其他} \end{cases}$，即 Y 服从参数为 $\dfrac{1}{2}$ 的指数分布.

习 题 二

1. 设随机变量 X 的分布函数为 $F(x)=\begin{cases} a+be^{-x}, & x>0 \\ 0, & x\leqslant 0 \end{cases}$，求常数 a，b 及概率 $P\{|X|<2\}$.

2. 一袋中装有 5 只球，编号为 1，2，3，4，5. 在袋中同时取 3 只，以 X 表示取出的 3 只球中的最大号码，写出 X 的分布律.

3. 在五件产品中有两件次品，从中任取出两件. 用随机变量 X 表示其中的次品数，求 X 的分布律和分布函数. 并画出其图形.

4. 某人进行射击，每次射击的命中率为 0.02，独立射击 400 次，试求至少击中两次的概率.

5. 从某大学到火车站途中有 6 个交通岗，假设在各个交通岗是否遇到红灯相互独立，并且遇到红灯的概率都是 1/3. (1) 设 X 为汽车行驶途中遇到的红灯数，求 X 的分布律；(2) 求汽车行驶途中至少遇到 5 次红灯的概率.

6. 某人进行射击，每次射击的命中率为 0.001，独立射击 5000 次，求命中一次以上的概率.

7. 一张考卷上有 5 道选择题，每道题列出 4 个可能答案，其中只有一个答案是正确的. 某学生靠猜测至少能答对 4 道题的概率是多少？

8. 某一城市每天发生火灾的次数 X 服从参数 $\lambda=0.8$ 的泊松分布，求该城市一天内发生 3 次或 3 次以上火灾的概率.

9. 设随机变量 X 服从参数为 λ 的泊松分布，且已知 $P\{X=1\}=P\{X=2\}$，试

求 $P\{X=4\}$.

10. 为了保证设备正常工作，需配备适量的维修工人，现有同类型设备 300 台，各台设备的工作是相互独立的，发生故障的概率都是 0.01. 在通常情况下，一台设备的故障可由一人来处理. 问至少需配备多少工人，才能保证当设备发生故障但不能及时维修的概率小于 0.01.

11. 已知随机变量 X 的密度函数为
$$f(x)=A\mathrm{e}^{-|x|}, \infty<x<+\infty$$
求：(1) A 值；(2) $P\{0<X<1\}$；(3) $F(x)$.

12. 设某种仪器内装有三只同样的电子管，电子管使用寿命 X 的密度函数为
$$f(x)=\begin{cases}\dfrac{100}{x^2}, & x\geqslant 100 \\ 0, & x<100\end{cases}$$

求：(1) 在开始 150h 内没有电子管损坏的概率；
(2) 在这段时间内有一只电子管损坏的概率；
(3) $F(x)$.

13. 设随机变量 X 在 $[2,5]$ 上服从均匀分布. 现对 X 进行三次独立观测，求至少有两次的观测值大于 3 的概率.

14. 假设某种热水器首次发生故障的时间 X（单位：h）服从指数分布 $e(0.002)$，则该热水器在 100h 内需要维修的概率是多少？

15. 设 $X\sim N(0,1)$，求 $P\{X\leqslant 2.35\}$ 和 $P\{|X|<1.54\}$.

16. 设随机变量 $X\sim N(10, 2^2)$，求 $P\{8<X<14\}$.

17. 设某项竞赛成绩 $X\sim N(65, 100)$，若按参赛人数的 10% 发奖，问获奖分数线应定为多少.

18. 设 $X\sim N(0, 1)$，
(1) 求 $Y=\mathrm{e}^X$ 的概率密度；
(2) 求 $Y=2X^2+1$ 的概率密度；
(3) 求 $Y=|X|$ 的概率密度.

19. 设随机变量 $X\sim U(0, 1)$，试求：
(1) $Y=\mathrm{e}^X$ 的分布函数及密度函数；
(2) $Z=-2\ln X$ 的分布函数及密度函数.

20. 设随机变量 X 的密度函数为
$$f(x)=\begin{cases}\dfrac{2x}{\pi^2}, & 0<x<\pi \\ 0, & \text{其他}\end{cases}$$

试求 $Y=\sin X$ 的密度函数.

21. 设随机变量 X 在区间 $(1, 2)$ 上服从均匀分布，试求随机变量 $Y=\mathrm{e}^{2X}$ 的

概率密度 $f_Y(y)$.

22. 设随机变量 X 的密度函数为

$$f_X(x)=\begin{cases}e^{-x}, & x\geqslant 0\\ 0, & x<0\end{cases}$$

求随机变量 $Y=e^X$ 的密度函数 $f_Y(y)$.

第三章 多维随机变量及其分布

在很多随机现象中,对一个随机试验需要同时考察几个随机变量,例如发射一枚炮弹,需要同时研究弹着点的几个坐标;研究市场供给模型时,需要同时考虑商品供给量、消费者收入和市场价格等因素.

一般来说,在实际问题中,对于某些随机试验的结果需要同时用两个或两个以上的随机变量来描述,这些随机变量之间存在着某种联系,因而需要把它们作为一个整体来研究,这就产生了多维随机变量问题. 设 E 是一个随机试验,它的样本空间是 $S=\{e\}$,$X_1=X_1(e)$,$X_2=X_2(e)$,$\cdots$,$X_n=X_n(e)$ 是定义在 S 上的随机变量,由它们构成的一个 n 维随机向量 $(X_1, X_2, \cdots, X_n)$ 叫做 n 维随机向量或 n 维随机变量 (n-dimensional random variable). 当 $n \geqslant 2$ 时,统称为多维随机变量. 本章我们着重研究二维随机变量情形,其中大部分结果可以推广到 n 维情形.

第一节 二维随机变量及其联合分布

一、二维随机变量

定义 3.1 设 E 是一个随机试验,它的样本空间是 $S=\{e\}$,设 $X=X(e)$,$Y=Y(e)$ 是定义在 S 上的随机变量,由它们构成的一个向量 (X,Y) 叫做二维随机向量或二维随机变量.

注意,定义中的 X 和 Y 是定义在同一个样本空间 S 上的两个随机变量.

类似于一维随机变量,我们也借助分布函数来研究二维随机变量.

定义 3.2 设 (X,Y) 是二维随机变量,对任意实数 x,y,二元函数
$$F(x,y)=P\{(X\leqslant x)\cap(Y\leqslant y)\}=P\{X\leqslant x,Y\leqslant y\}$$
称为二维随机变量 (X,Y) 的(联合)分布函数.

如果将二维随机变量 (X,Y) 看成是平面上随机点的坐标,那么分布函数 $F(x,y)=P\{X\leqslant x,Y\leqslant y\}$[其中$(x,y)\in R^2$] 表示随机点 (X,Y) 落在以点 (x,y) 为顶点而位于该点左下方的无穷矩形域内的概率,如图 3.1 所示.

有了分布函数,通过图 3.2 很容易算出随机变量 (X,Y) 落在矩形区域 $I=$

$\{(x,y) | x_1 < x \leq x_2, y_1 < y \leq y_2\}$ 的概率为
$$P\{(X,Y) \in I\} = F(x_2,y_2) - F(x_2,y_1) + F(x_1,y_1) - F(x_1,y_2) \quad (3.1)$$

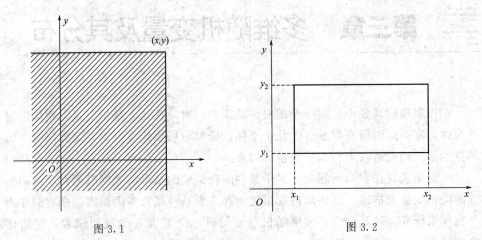

图 3.1　　　　　　　　　　图 3.2

二元联合分布函数有与一元分布函数类似的性质.

(1) $F(x,y)$ 是 x, y 的单调不减函数, 即对任意固定的 y, 当 $x_2 > x_1$, $F(x_2,y) \geq F(x_1,y)$; 对任意固定的 x, 当 $y_2 > y_1$, $F(x,y_2) \geq F(x,y_1)$.

(2) $F(x,y)$ 关于 x, y 都是右连续的, 即
$$F(x,y) = F(x+0,y), F(x,y) = F(x,y+0)$$

(3) 对任意的 x, y, 有 $0 \leq F(x,y) \leq 1$. 且
$$F(x,-\infty) = \lim_{y \to -\infty} F(x,y) = 0$$
$$F(-\infty,y) = \lim_{x \to -\infty} F(x,y) = 0$$
$$F(-\infty,-\infty) = \lim_{\substack{x \to -\infty \\ y \to -\infty}} F(x,y) = 0$$
$$F(-\infty,+\infty) = \lim_{\substack{x \to +\infty \\ y \to +\infty}} F(x,y) = 1$$

(4) 对于任意 (x_1, y_1) 和 (x_2, y_2), 其中实数 $x_1 < x_2$, $y_1 < y_2$, 有
$$F(x_2,y_2) - F(x_1,y_2) - F(x_2,y_1) + F(x_1,y_1) \geq 0$$

二、二维离散型随机变量

若二维随机变量 (X,Y) 所有可能取的值是有限对或可列无限多对, 则称 (X,Y) 为离散型二维随机变量.

定义 3.3 设 (X,Y) 为二维离散型随机变量, 所有可能取值为 (x_i, y_j), $i,j = 1,2,\cdots$, 令
$$p_{ij} = P\{X = x_i, Y = y_j\}, i,j = 1,2,\cdots$$
则称 $p_{ij}(i,j=1,2,\cdots)$ 为 (X,Y) 的分布律, 或称为 X 和 Y 的联合分布律.

(X, Y) 的分布律也可用表 3.1 的形式给出.

表 3.1

Y \ X	x_1	x_2	…	x_i	…
y_1	p_{11}	p_{21}	…	p_{i1}	…
y_2	p_{12}	p_{22}	…	p_{i2}	…
…	…	…	…	…	…
y_j	p_{1j}	p_{2j}	…	p_{ij}	…
…	…	…	…	…	…

由概率的定义可知，$0 \leqslant p_{ij} \leqslant 1, i,j=1,2,\cdots, \sum_i \sum_j p_{ij}=1$.

【例 3.1】 假设在装有 3 个红球、2 个黄球、1 个黑球的口袋中，任取 3 球，用 X，Y 分别表示任取的 3 球中所含的红球、黄球数. 试求：

(1) 随机变量 (X，Y) 的联合分布律；(2) $P\{X=Y\}$，$P\{Y<X\}$，$P\{X\leqslant 2\}$.

解：(1) 按题设中的取球模式，随机变量 X 的可能取值为 0，1，2，3；Y 的可能取值为 0，1，2. 于是 (X，Y) 的联合分布律为

$$P\{X=x_i, Y=y_j\} = \frac{C_3^i C_2^j C_1^{3-i-j}}{C_6^3}, i=0,1,2,3; j=0,1,2; 2 \leqslant i+j \leqslant 3$$

即

Y \ X	0	1	2	3
0	0	0	3/20	1/20
1	0	6/20	6/20	0
2	1/20	3/20	0	0

(2) $P\{X=Y\} = P\{X=Y=0\} + P\{X=Y=1\} + P\{X=Y=2\} = 0 + \frac{6}{20} + 0 = \frac{3}{10}$

$P\{Y<X\} = P\{X=1,Y=0\} + P\{X=2,Y=0\} + P\{X=2,Y=1\} +$
$\qquad P\{X=3,Y=0\} + P\{X=3,Y=1\} + P\{X=3,Y=2\}$
$\qquad = 0 + \frac{3}{20} + \frac{6}{20} + \frac{1}{20} + 0 + 0 = \frac{1}{2}$

$P\{X \leqslant 2\} = \frac{19}{20}$

将 (X，Y) 看成一个随机点的坐标，由图 3.1 可知，二维离散型随机变量 (X，Y) 的分布函数 $F(x, y)$ 为

$$F(x,y) = P\{X \leqslant x, Y \leqslant y\} = \sum_{x_i \leqslant x} \sum_{y_j \leqslant y} P\{X=x_i, Y=y_j\} = \sum_{x_i \leqslant x} \sum_{y_j \leqslant y} p_{ij} \quad (3.2)$$

三、二维连续型随机变量

与一维连续型随机变量的定义类似，给出二维连续型随机变量的定义如下.

定义 3.4 对于二维随机变量 (X, Y) 的分布函数 $F(x, y)$，如果存在非负的函数 $f(x, y)$，使对于任意 x, y，有

$$F(x,y) = \int_{-\infty}^{x} \int_{-\infty}^{y} f(s,t) \mathrm{d}s \mathrm{d}t$$

则称 (X, Y) 是连续型二维随机变量，函数 $f(x, y)$ 称为 (X, Y) 的（联合）概率密度。

由定义可知，二维连续型随机变量就是具有概率密度的二维随机变量。概率密度 $f(x, y)$ 相当于物理学中物质的面密度，而分布函数 $F(x, y)$ 相当于以 $f(x, y)$ 为密度分布在区域 $\{X \leqslant x\} \cap \{Y \leqslant y\}$ 中的物质的总质量。

(X, Y) 的概率密度 $f(x, y)$ 具有以下性质。

(1) $f(x, y) \geqslant 0$。

(2) $\int_{-\infty}^{+\infty} \int_{-\infty}^{+\infty} f(x,y) \mathrm{d}x \mathrm{d}y = 1$。

(3) 设 G 是 xOy 平面上的区域，点 (X, Y) 落在 G 内的概率

$$P\{(X,Y) \in G\} = \iint_G f(x,y) \mathrm{d}x \mathrm{d}y \tag{3.3}$$

(4) 若 $f(x, y)$ 在点 (x, y) 处连续，则有

$$\frac{\partial^2 F(x,y)}{\partial x \partial y} = f(x,y) \tag{3.4}$$

在几何上，$Z = f(x, y)$ 表示空间曲面。由性质（2）和（3）可知，介于它和 xOy 平面的空间区域的体积为 1，$P\{(X,Y) \in G\}$ 的值等于以 G 为底，以曲面 $z = f(x, y)$ 为顶面的柱体体积。

【例 3.2】 设随机变量 (X, Y) 的概率密度为

$$f(x,y) = \begin{cases} k(6-x-y), & 0 < x < 2; 2 < y < 4 \\ 0, & \text{其他} \end{cases}$$

(1) 确定常数 k；   (3) 求 $P\{X < 1.5\}$；

(2) 求 $P\{X < 1, Y < 3\}$； (4) 求 $P\{X + Y \leqslant 4\}$。

解：(1) 由 $\int_{-\infty}^{+\infty} \int_{-\infty}^{+\infty} f(x,y) \mathrm{d}x \mathrm{d}y = 1$ 有

$$\int_0^2 \mathrm{d}x \int_2^4 k(6-x-y) \mathrm{d}y = 8k = 1$$

故 $k = \frac{1}{8}$。

(2) $P\{X<1, Y<3\} = \int_{-\infty}^{1} \int_{-\infty}^{3} f(x,y) \mathrm{d}x \mathrm{d}y$

$$= \int_0^1 \mathrm{d}x \int_2^3 \frac{1}{8}(6-x-y) \mathrm{d}y = \frac{3}{8}$$

(3) $P\{X<1.5\} = P\{X<1.5, 2<Y<4\}$

$$= \int_0^{1.5} dx \int_2^4 \frac{1}{8}(6-x-y)dy = \frac{27}{32}$$

(4) $P\{X+Y \leqslant 4\} = \iint_D f(x,y)dxdy$

$$= \int_0^2 dx \int_2^{4-x} \frac{1}{8}(6-x-y)dy = \frac{2}{3}$$

特别地，若 (X,Y) 的概率密度函数为

$$f(x,y) = \begin{cases} \dfrac{1}{A}, & (x,y) \in G \\ 0, & \text{其他} \end{cases}$$

A 为区域 G 的面积，则称 (X,Y) 服从区域 G 上的均匀分布.

【例 3.3】 设二维随机变量 (X,Y) 的分布函数为

$$F(x,y) = A\left(B + \arctan\frac{x}{2}\right)\left(C + \arctan\frac{y}{3}\right)$$

(1) 求常数 A，B，C；(2) 求 (X,Y) 的概率密度 $f(x,y)$.

解：(1) 根据分布函数的性质，$F(+\infty,+\infty)=1$，$F(x,-\infty)=0$，$F(-\infty,y)=0$，于是有

$$\begin{cases} A\left(B+\dfrac{\pi}{2}\right)\left(C+\dfrac{\pi}{2}\right)=1 \\ A\left(B+\arctan\dfrac{x}{2}\right)\left(C-\dfrac{\pi}{2}\right)=0 \\ A\left(B-\dfrac{\pi}{2}\right)\left(C+\arctan\dfrac{y}{3}\right)=0 \end{cases}$$

可以解得 $A = \dfrac{1}{\pi^2}$，$B = \dfrac{\pi}{2}$，$C = \dfrac{\pi}{2}$.

$$f(x,y) = \frac{\partial^2 F(x,y)}{\partial x \partial y} = \frac{\partial^2}{\partial x \partial y}\left[\frac{1}{\pi^2}\left(\frac{\pi}{2}+\arctan\frac{x}{2}\right)\left(\frac{\pi}{2}+\arctan\frac{y}{3}\right)\right]$$

$$= \frac{6}{\pi^2(4+x^2)(9+y^2)}$$

以上关于二维随机变量的讨论，不难推广到 $n(n>2)$ 维随机变量的情况. 对于任意 n 个实数 x_1，x_2，$\cdots$，x_n，n 元函数

$$F(x_1,x_2,\cdots,x_n) = P\{X_1 \leqslant x_1, X_2 \leqslant x_2, \cdots, X_n \leqslant x_n\}$$

称为 n 维随机变量 $\{X_1, X_2, \cdots, X_n\}$ 的分布函数或联合分布函数. 它具有类似于二维随机变量的分布函数的性质.

第二节 边缘分布

二维随机变量 (X,Y) 除了有联合分布函数 $F(x,y)$ 外，因为 X，Y 各自

都是随机变量,所以它们也分别有自己的分布函数 $F_X(x)$,$F_Y(y)$,我们称其为 (X,Y) 的边缘分布函数(marginal distribution function).

定义 3.5 二维随机变量 (X,Y) 的边缘分布函数:

$$F_X(x)=P\{X\leqslant x\}=P\{X\leqslant x,Y<+\infty\}=F(x,+\infty)=\lim_{y\to+\infty}F(x,y) \quad (3.5)$$

$$F_Y(y)=P\{Y\leqslant y\}=P\{X<+\infty,Y\leqslant y\}=F(+\infty,y)=\lim_{x\to+\infty}F(x,y) \quad (3.6)$$

可以看出,有了 (X,Y) 的二维联合分布函数,就能确定 X,Y 的边缘分布函数.下面分别从离散型和连续型两个方面对二维随机变量 (X,Y) 的边缘分布进行讨论.

一、二维离散型随机变量的边缘分布

如果 (X,Y) 是离散型二维随机变量,则由 (X,Y) 的联合分布律可以确定 X,Y 各自的分布律,称为 (X,Y) 的边缘分布律.

定义 3.6 二维离散型随机变量 (X,Y) 的边缘分布律:

(X,Y) 关于 X 的边缘分布律: $p_{i\cdot}=\sum\limits_{j=1}^{\infty}p_{ij}=P\{X=x_i\},i=1,2,\cdots;$

(X,Y) 关于 Y 的边缘分布律: $p_{\cdot j}=\sum\limits_{i=1}^{\infty}p_{ij}=P\{Y=y_j\},j=1,2,\cdots.$ 分别称 $p_{i\cdot}(i=1,2,\cdots)$ 和 $p_{\cdot j}(j=1,2,\cdots)$ 为 (X,Y) 关于 X 和 Y 的边缘分布律.
二维离散型随机变量 (X,Y) 的分布律及边缘分布律可用表 3.2 表示.

表 3.2

Y \ X	x_1	x_2	$\cdots$	x_i	$\cdots$	$p_{\cdot j}$
y_1	p_{11}	p_{21}	$\cdots$	p_{i1}	$\cdots$	$p_{\cdot 1}$
y_2	p_{12}	p_{22}	$\cdots$	p_{i2}	$\cdots$	$p_{\cdot 2}$
$\cdots$	$\cdots$	$\cdots$		$\cdots$		$\cdots$
y_j	p_{1j}	p_{2j}	$\cdots$	p_{ij}	$\cdots$	$p_{\cdot j}$
$\cdots$	$\cdots$	$\cdots$		$\cdots$		
$p_{i\cdot}$	$p_{1\cdot}$	$p_{2\cdot}$	$\cdots$	$p_{i\cdot}$		1

表 3.2 的中间部分是 (X,Y) 的联合分布律,表中最后一行表示 (X,Y) 关于 X 的边缘分布律,最后一列表示 (X,Y) 关于 Y 的边缘分布律."边缘分布律"的来源是因为将边缘分布律写在联合分布律表格的边缘上.

【例 3.4】 设有 5 件产品,其中 2 件是次品,从中不放回地抽取两件,分别以 X 和 Y 表示第一次和第二次取到的次品数,求 (X,Y) 的联合分布律和边缘分布律.

解: $P\{X=0,Y=0\}=P\{X=0\}P\{Y=0|X=0\}=\dfrac{3}{5}\times\dfrac{2}{4}$

$$P\{X=0, Y=1\} = P\{X=0\}P\{Y=1|X=0\} = \frac{3}{5} \times \frac{2}{4}$$

同理： $P\{X=1, Y=0\} = \frac{2}{5} \times \frac{3}{4}, P\{X=1, Y=1\} = \frac{2}{5} \times \frac{1}{4}$

即得

Y \ X	0	1	$p._j$
0	$\frac{3}{10}$	$\frac{3}{10}$	$\frac{3}{5}$
1	$\frac{3}{10}$	$\frac{1}{10}$	$\frac{2}{5}$
$p_i.$	$\frac{3}{5}$	$\frac{2}{5}$	1

【例 3.5】 在上例中若将抽产品改为有放回抽取，则 (X, Y) 的联合分布律和边缘分布律会是什么？

解：若抽取产品为有放回抽样，则 (X, Y) 的联合分布和边缘分布为：

Y \ X	0	1	$p._j$
0	$\frac{3}{5} \times \frac{3}{5}$	$\frac{2}{5} \times \frac{3}{5}$	$\frac{3}{5}$
1	$\frac{3}{5} \times \frac{2}{5}$	$\frac{2}{5} \times \frac{2}{5}$	$\frac{2}{5}$
$p_i.$	$\frac{3}{5}$	$\frac{2}{5}$	1

上面两个例子，(X, Y) 的联合分布完全不同，但边缘分布却完全相同，可见边缘分布一般不能唯一确定联合分布．这说明在一般情况下，多维随机变量的性质不能由它们单个变量的个别性质来完全确定，还必须考虑各变量之间的关系．

二、二维连续型随机变量的边缘分布

与二维离散型随机变量相似，二维连续型随机变量也有边缘概率密度的概念．

如果 (X, Y) 是连续二维随机变量，则由 (X, Y) 的联合概率密度 $f(x, y)$ 可以确定 X, Y 各自的概率密度 $f_X(x), f_Y(y)$，

$$F_X(x) = F(x, +\infty) = \int_{-\infty}^{x} \int_{-\infty}^{+\infty} f(u,v) \mathrm{d}u \mathrm{d}v = \int_{-\infty}^{x} \left[\int_{-\infty}^{+\infty} f(u,v) \mathrm{d}v \right] \mathrm{d}u$$

(3.7)

从而可知，X 是连续型随机变量，且相应的概率密度为

$$f_X(x) = \int_{-\infty}^{+\infty} f(x, y) \mathrm{d}y$$

同理可知，Y 也是连续型随机变量，相应的概率密度为 $f_Y(y) = \int_{-\infty}^{+\infty} f(x,y)dx$. 称 $f_X(x)$，$f_Y(y)$ 为 (X, Y) 的边缘概率密度.

【例 3.6】 设二维随机变量 (X, Y) 的概率密度为 $f(x,y) = \begin{cases} Cx^2y, & x^2 \leqslant y \leqslant 1 \\ 0, & \text{其他} \end{cases}$.

(1) 试确定常数 C；
(2) 求边缘概率密度.

解：(1) 由 $x^2 \leqslant y \leqslant 1$，有 $0 \leqslant x^2 \leqslant y \leqslant 1$，从而 $-1 \leqslant x \leqslant 1$，$x^2 \leqslant y \leqslant 1$.

又由 $$\int_{-\infty}^{+\infty} \int_{-\infty}^{+\infty} f(x,y) dx dy = 1$$

有 $$\int_{-1}^{1} dx \int_{x^2}^{1} Cx^2 y \, dy = \int_{-1}^{1} \frac{1}{2} Cx^2 (1-x^4) dx = \frac{4}{21} C$$

故 $$C = \frac{21}{4}$$

(2) $f_X(x) = \int_{-\infty}^{+\infty} f(x,y) dy = \int_{x^2}^{1} \frac{21}{4} x^2 y \, dy = \frac{21}{4} x^2 \cdot \frac{1}{2}(1-x^4)$

故 $$f_X(x) = \begin{cases} \dfrac{21}{8} x^2 (1-x^4), & -1 \leqslant x \leqslant 1 \\ 0, & \text{其他} \end{cases}$$

$f_Y(y) = \int_{-\infty}^{+\infty} f(x,y) dx = \int_{-\sqrt{y}}^{\sqrt{y}} \frac{21}{4} x^2 y \, dx = \frac{21}{2} y \cdot \frac{1}{3}(\sqrt{y})^3$

故 $$f_Y(y) = \begin{cases} \dfrac{7}{2} y^{\frac{5}{2}}, & 0 \leqslant y \leqslant 1 \\ 0, & \text{其他} \end{cases}$$

【例 3.7】 设 (X, Y) 的概率密度为

$$f(x,y) = \frac{1}{2\pi\sigma_1\sigma_2\sqrt{1-\rho^2}} \exp\left\{-\frac{1}{2(1-\rho^2)}\left[\frac{(x-\mu_1)^2}{\sigma_1^2} - 2\rho\frac{(x-\mu_1)(y-\mu_2)}{\sigma_1\sigma_2} + \frac{(y-\mu_2)^2}{\sigma_2^2}\right]\right\}$$

式中，μ_1，μ_2，σ_1，σ_2，ρ 都是常数，且 $\sigma_1 > 0$，$\sigma_2 > 0$，$-1 < \rho < 1$.

则称 (X, Y) 服从参数为 μ_1，μ_2，σ_1，σ_2，ρ 的二维正态分布，记为 $(X,Y) \sim N(\mu_1, \mu_2, \sigma_1^2, \sigma_2^2, \rho)$，试求它的边缘概率密度.

解：由于 $\dfrac{(x-\mu_1)^2}{\sigma_1^2} - 2\rho \dfrac{(x-\mu_1)(y-\mu_2)}{\sigma_1\sigma_2} + \dfrac{(y-\mu_2)^2}{\sigma_2^2}$

$= \dfrac{(x-\mu_1)^2}{\sigma_1^2} - \rho^2 \dfrac{(x-\mu_1)^2}{\sigma_1^2} + \left(\dfrac{y-\mu_2}{\sigma_2} - \rho \dfrac{x-\mu_1}{\sigma_1}\right)^2$

$$= (1-\rho^2)\frac{(x-\mu_1)^2}{\sigma_1^2} + \left(\frac{y-\mu_2}{\sigma_2} - \rho\frac{x-\mu_1}{\sigma_1}\right)^2$$

因此

$$f_X(x) = \int_{-\infty}^{+\infty} f(x,y)\mathrm{d}y$$

$$= \frac{1}{2\pi\sigma_1\sigma_2\sqrt{1-\rho^2}} \mathrm{e}^{-\frac{(x-\mu_1)^2}{2\sigma_1^2}} \int_{-\infty}^{+\infty} \exp\left[-\frac{1}{2(1-\rho^2)}\left(\frac{y-\mu_2}{\sigma_2} - \rho\frac{x-\mu_1}{\sigma_1}\right)^2\right]\mathrm{d}y$$

令

$$t = \frac{1}{\sqrt{1-\rho^2}}\left(\frac{y-\mu_2}{\sigma_2} - \rho\frac{x-\mu_1}{\sigma_1}\right), \mathrm{d}t = \frac{1}{\sigma_2\sqrt{1-\rho^2}}\mathrm{d}y$$

$$f_X(x) = \frac{1}{\sqrt{2\pi}\sigma_1}\mathrm{e}^{-\frac{(x-\mu_1)^2}{2\sigma_1^2}}$$

于是 $X \sim N(\mu_1, \sigma_1^2)$. 同理或由 x, y 的对称性可得 $f_Y(y) = \frac{1}{\sqrt{2\pi}\sigma_2}\mathrm{e}^{-\frac{(y-\mu_2)^2}{2\sigma_2^2}}$.

这个例子说明：二维正态分布的两个边缘分布是一维正态分布，并且都不依赖于参数 ρ. 亦即对于给定的 μ_1, μ_2, σ_1, σ_2, 不同的 ρ 对应不同的二维正态分布，但它们的边缘分布却都是一样的，这一事实表明：单由关于 X 和 Y 的边缘分布，一般来说是不能确定随机变量 X 和 Y 的联合分布的.

上面讨论了二维随机变量的边缘分布，对 $n(n \geqslant 3)$ 维随机变量也可做类似的讨论. 我们以三维随机变量 (X_1, X_2, X_3) 为例加以简略说明. 设 (X_1, X_2, X_3) 的联合分布函数为 $F(x_1, x_2, x_3)$, 则由它可确定其中的低维（一维或二维）随机变量的分布函数.

X_1 的分布函数为 $F_1(x_1) = F(x_1, +\infty, +\infty)$.

(X_1, X_2) 的分布函数 $F_{12}(x_1, x_2) = F(x_1, x_2, +\infty)$.

类似地可以写出 X_2, X_3, (X_1, X_3), (X_2, X_3) 的分布函数. 这些低维随机变量的分布函数，都称为 (X_1, X_2, X_3) 的边缘分布函数.

如果 (X_1, X_2, X_3) 是连续型的，具有联合概率密度函数 $f(x_1, x_2, x_3)$, 则由它可确定其中的低维随机变量的概率密度.

X_1 的概率密度函数为 $f_1(x_1) = \int_{-\infty}^{+\infty}\int_{-\infty}^{+\infty} f(x_1, x_2, x_3)\mathrm{d}x_2\mathrm{d}x_3$.

(X_1, X_2) 的概率密度函数为 $f_{12}(x_1, x_2) = \int_{-\infty}^{+\infty} f(x_1, x_2, x_3)\mathrm{d}x_3$.

类似地可以写出 X_2, X_3, (X_1, X_3), (X_2, X_3) 的概率密度函数. 这些低维随机变量的概率密度函数，都称为 (X_1, X_2, X_3) 的边缘概率密度函数.

第三节　条件分布

我们知道，对于事件可以讨论条件概率，同样，对于随机变量也可以讨论条件概率分布. 下面仅对二维离散型和二维连续型随机变量进行讨论.

一、离散型随机变量的条件分布律

考察二维随机变量 (X, Y) 时，常常需要考虑已知其中一个随机变量取得某值的条件下，求另一个随机变量取值的概率. 这就是二维随机变量的条件分布问题.

设 (X, Y) 是一个二维离散型的随机变量，其分布律为
$$P\{X=x_i, Y=y_j\}=p_{ij} \quad (i,j=1,2,\cdots)$$

(X, Y) 关于 X 和 Y 的边缘分布律分别为
$$P\{X=x_i\}=p_{i\cdot}=\sum_{j=1}^{\infty}p_{ij} \quad (i=1,2,\cdots)$$
$$P\{Y=y_j\}=p_{\cdot j}=\sum_{i=1}^{\infty}p_{ij} \quad (j=1,2,\cdots)$$

由事件的条件概率给出条件概率分布的概念：对于固定的 j，若 $P\{Y=y_j\}>0$，则称
$$P\{X=x_i|Y=y_j\}=\frac{P\{X=x_i, Y=y_j\}}{P\{Y=y_j\}}=\frac{p_{ij}}{p_{\cdot j}} \quad (i=1,2,\cdots) \tag{3.8}$$

为在 $Y=y_j$ 条件下随机变量 X 的条件分布律.

同样，在给定条件 $X=x_i$ 下，随机变量 Y 的条件分布律为
$$P=\{Y=y_j|X=x_i\}=\frac{P\{X=x_i, Y=y_j\}}{P\{X=x_i\}}=\frac{p_{ij}}{p_{i\cdot}} \quad (j=1,2,\cdots) \tag{3.9}$$

【例 3.8】 设某工厂工人每天的工作时间 X 可分为 6h、8h、10h、12h，他们的工作效率 Y 可以按 50%，70%，90% 分为三类. 已知 (X, Y) 的概率分布律为

Y \ X	6	8	10	12
0.5	0.014	0.036	0.058	0.072
0.7	0.036	0.216	0.180	0.043
0.9	0.072	0.180	0.079	0.014

如果以工作效率不低于 70% 的概率越大越好作为评判标准，工人每天工作时间以几个小时为最好？

解： 先求 (X, Y) 的边缘分布

X	6	8	10	12
P	0.122	0.432	0.317	0.129

Y	0.5	0.7	0.9
P	0.18	0.475	0.345

下面分别考虑 X 等于 6，8，10，12 时 Y 的条件分布，即
$$P\{Y=y_j|X=x_i\}=\frac{P\{X=x_i, Y=y_j\}}{P\{X=x_i\}} \quad (x_i=6,8,10,12, y_j=0.5, 0.7, 0.9)$$

可得

Y	0.5	0.7	0.9
$P\{Y=y_j\mid X=6\}$	0.115	0.295	0.590
$P\{Y=y_j\mid X=8\}$	0.083	0.500	0.417
$P\{Y=y_j\mid X=10\}$	0.183	0.568	0.249
$P\{Y=y_j\mid X=12\}$	0.558	0.333	0.109

从上表可以看出 $P\{Y\geqslant 0.7\mid X=x_i\}$ 的值中，当 $x_i=8$ 时，概率为 $1-0.083=0.917$ 最大，即每天工作 8h，工作效率达到最优.

二、连续型随机变量的条件分布

对二维连续型随机变量，我们也想定义分布函数 $P\{X\leqslant x\mid Y=y\}$，但是，由于 $P\{Y=y\}=0$，故不能像离散型随机变量那样简单地定义了. 自然想到：设 A 为某一事件，Y 为随机变量，其分布函数为 $F_Y(y)$，如果 $P\{y<Y\leqslant y+\varepsilon\}>0$，则由条件概率公式可知：

$$P\{A\mid y<Y\leqslant y+\varepsilon\}=\frac{P\{A,y<Y\leqslant y+\varepsilon\}}{P\{y<Y\leqslant y+\varepsilon\}} \tag{3.10}$$

如果当 $\varepsilon\to 0$ 时，上式极限存在，则称为事件 A 在条件 $Y=y$ 之下的条件概率. 即

$$P\{A\mid Y=y\}=\lim_{\varepsilon\to 0^+}\frac{P\{A,y<Y\leqslant y+\varepsilon\}}{P\{y<Y\leqslant y+\varepsilon\}} \tag{3.11}$$

设 X 为随机变量，而取事件 A 为 $\{X\leqslant x\}$，则称 $P\{X\leqslant x\mid Y=y\}$ 为随机变量 X 在条件 $Y=y$ 之下的条件分布函数，记作 $F_{X\mid Y}(x\mid y)$.

设 (X,Y) 为二维连续型随机变量，分布函数为 $F(x,y)$，其概率密度函数为 $f(x,y)$ 且连续，则

$$F_{X\mid Y}(x\mid y)=\lim_{\varepsilon\to 0^+}P\{X\leqslant x\mid Y\leqslant y+\varepsilon\}=\lim_{\varepsilon\to 0^+}\frac{F(y,y+\varepsilon)-F(x,y)}{F_Y(y+\varepsilon)-F_Y(y)} \tag{3.12}$$

由中值定理，可知

$$F_{X\mid Y}(x\mid y)=\lim_{\varepsilon\to 0^+}\frac{F'_y(x,\xi)\cdot\varepsilon}{F'_Y(\eta)\cdot\varepsilon}\ (\xi,\eta\ \text{都在}\ y\ \text{与}\ y+\varepsilon\ \text{之间})$$

$$=\lim_{\varepsilon\to 0^+}\frac{F'_y(x,\xi)}{F'_Y(\eta)}=\frac{F'_y(x,y)}{F'_Y(y)}=\frac{\frac{\partial}{\partial y}\int_{-\infty}^{y}\int_{-\infty}^{x}f(u,v)\mathrm{d}u\mathrm{d}v}{f_Y(y)}$$

$$=\frac{\int_{-\infty}^{x}f(u,y)\mathrm{d}u}{f_Y(y)}=\int_{-\infty}^{x}\frac{f(u,y)}{f_Y(y)}\mathrm{d}u$$

上式就是在给定条件 $Y=y$ 之下，随机变量 X 的条件分布函数. 而 $\dfrac{f(x,y)}{f_Y(y)}$ 称为在给定条件 $Y=y$ 之下，X 的条件概率密度，记为 $f_{X\mid Y}(x\mid y)=\dfrac{f(x,y)}{f_Y(y)}$.

同样，可定义 $F_{Y|X}(y|x)=\int_{-\infty}^{y}\dfrac{f(x,u)}{f_X(x)}\mathrm{d}u$, $f_{Y|X}(y|x)=\dfrac{f(x,y)}{f_X(x)}$.

【例 3.9】 设二维随机变量 (X, Y) 服从区域 $x^2+y^2\leqslant R^2$ 上的均匀分布. 求条件概率密度 $f_{Y|X}(y|x)$.

解：如图 3.3 所示，(X, Y) 的联合概率密度为 $f(x,y)=\begin{cases}\dfrac{1}{\pi R^2}, & x^2+y^2\leqslant R^2 \\ 0, & 其他\end{cases}$

边缘密度 $f_X(x)=\int_{-\infty}^{+\infty}f(x,y)\mathrm{d}y=\begin{cases}\int_{-\sqrt{R^2-x^2}}^{\sqrt{R^2-x^2}}\dfrac{1}{\pi R^2}\mathrm{d}y, & -R\leqslant x\leqslant R \\ 0, & 其他\end{cases}$

$$=\begin{cases}\dfrac{2\sqrt{R^2-x^2}}{\pi R^2}, & -R\leqslant x\leqslant R \\ 0, & 其他\end{cases}$$

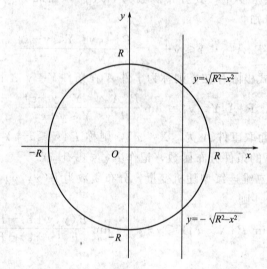

图 3.3

当 $-R<x<R$ 时，$f_X(x)>0$，于是有

$$f_Y(y|x)=\dfrac{f(x,y)}{f_X(x)}$$

$$=\begin{cases}\dfrac{1}{\pi R^2}\Big/\dfrac{2\sqrt{R^2-x^2}}{\pi R^2}, & -\sqrt{R^2-x^2}\leqslant y\leqslant\sqrt{R^2-x^2} \\ 0, & 其他\end{cases}$$

$$=\begin{cases}\dfrac{1}{2\sqrt{R^2-x^2}}, & -\sqrt{R^2-x^2}\leqslant y\leqslant\sqrt{R^2-x^2} \\ 0, & 其他\end{cases}$$

当 $|x|\geqslant R$ 时，因为 $f_X(x)=0$，所以 $f_Y(y|x)$ 不存在.

【例 3.10】 设随机变量 (X,Y) 的概率密度为

$$f(x,y)=\begin{cases}1, & |y|<x, 0<x<1 \\ 0, & \text{其他}\end{cases}$$

求条件概率密度 $f_{Y|X}(y|x)$，$f_{X|Y}(x|y)$.

解：
$$f_X(x)=\int_{-x}^{x}1\mathrm{d}y=2x, 0<x<1$$

$$f_Y(y)=\int_{|y|}^{1}1\mathrm{d}x=1-|y|, -1<y<1$$

故
$$f_{Y|X}(y|x)=f(x,y)/f_X(x)$$

即
$$f_{Y|X}(y|x)=\begin{cases}\dfrac{1}{2x}, & |y|<x<1 \\ 0, & \text{其他}\end{cases}$$

$$f_{X|Y}(x|y)=f(x,y)/f_Y(y)$$

即
$$f_{X|Y}(x|y)=\begin{cases}\dfrac{1}{1-|y|}, & |y|<x \\ 0, & \text{其他}\end{cases}$$

第四节 相互独立的随机变量

随机变量的独立性是概率论与数理统计中的一个很重要的概念，它是由随机事件的相互独立性引申而来的. 我们知道，两个事件 A，B 是相互独立的当且仅当它们满足条件 $P(AB)=P(A)P(B)$. 由此，可引出两个随机变量的相互独立性来.

设 X，Y 为两个随机事件，"$X\leqslant x$" "$Y\leqslant y$" 为两个事件，则两事件 "$X\leqslant x$" "$Y\leqslant y$" 相互独立，相当于下式成立：
$$P\{X\leqslant x, Y\leqslant y\}=P\{X\leqslant x\}\cdot P\{Y\leqslant y\}$$

或写成 $F(x,y)=F_X(x)\cdot F_Y(y)$. 因此有如下定义.

定义 3.7 设 $F(x,y)$ 及 $F_X(x)$，$F_Y(y)$ 分别是二维随机变量 (X,Y) 的分布函数及边缘分布函数. 若对于所有 x，y 有

$$P\{X\leqslant x, Y\leqslant y\}=P\{X\leqslant x\}\cdot P\{Y\leqslant y\} \tag{3.13}$$

即
$$F(x,y)=F_X(x)\cdot F_Y(y) \tag{3.14}$$

则称随机变量 X 和 Y 相互独立.

具体地，对离散型与连续型随机变量的独立性，可分别用概率分布与概率密度描述.

离散型随机变量 X 与 Y 相互独立的充要条件是：对于 (X,Y) 的所有可能取的值 (x_i, y_j) 有

$$P\{X=x_i, Y=y_j\} = P\{X=x_i\} \cdot P\{Y=y_j\} \qquad (3.15)$$

连续型随机变量 (X, Y)，X 和 Y 相互独立的充要条件是：$f(x,y) = f_X(x) \cdot f_Y(y)$ 几乎处处成立．

【例 3.11】 设 (X, Y) 的分布律及边缘分布律如下表：

Y \ X	0	1	$p_{\cdot j}$
1	1/6	2/6	1/2
2	1/6	2/6	1/2
$p_{i \cdot}$	1/3	2/3	1

证明：X 与 Y 相互独立．

证明： 因为 $p_{11} = p_{1 \cdot} \cdot p_{\cdot 1} = \dfrac{1}{3} \cdot \dfrac{1}{2} = \dfrac{1}{6}$，$p_{12} = p_{1 \cdot} \cdot p_{\cdot 2} = \dfrac{1}{3} \cdot \dfrac{1}{2} = \dfrac{1}{6}$

$$p_{21} = p_{2 \cdot} \cdot p_{\cdot 1} = \dfrac{2}{3} \cdot \dfrac{1}{2} = \dfrac{2}{6}, \quad p_{22} = p_{2 \cdot} \cdot p_{\cdot 2} = \dfrac{2}{3} \cdot \dfrac{1}{2} = \dfrac{2}{6}$$

所以，X 与 Y 相互独立．

【例 3.12】 设随机变量 X 与 Y 相互独立．表中列出了二维随机变量 (X, Y) 的联合分布律及关于 X 和 Y 的边缘分布律中的部分数值，试将其余数值填入表中空白处．

Y \ X	x_1	x_2	$p_{\cdot j}$
y_1		1/8	1/6
y_2	1/8		
y_3			
$p_{i \cdot}$			

解： 因为 X 和 Y 相互独立，有

$$p_{ij} = P(X=x_i, Y=y_j) = P(X=x_i) \cdot P(Y=y_j) = p_{i \cdot} \cdot p_{\cdot j} \quad (i=1,2; j=1,2)$$

由此得

$$\dfrac{1}{8} = p_{21} = p_{2 \cdot} \cdot p_{\cdot 1} = p_{2 \cdot} \cdot \dfrac{1}{6}$$

故

$$p_{2 \cdot} = \dfrac{3}{4}, \quad p_{11} = p_{\cdot 1} - p_{21} = \dfrac{1}{6} - \dfrac{1}{8} = \dfrac{1}{24}$$

$$\dfrac{1}{24} = p_{11} = p_{1 \cdot} \cdot p_{\cdot 1} = p_{1 \cdot} \cdot \dfrac{1}{6}$$

故 $p_{1 \cdot} = \dfrac{1}{4}$，从而

$$p_{13} = p_{1 \cdot} - p_{11} - p_{12} = \dfrac{1}{4} - \dfrac{1}{24} - \dfrac{1}{8} = \dfrac{1}{12}$$

又因为 $\dfrac{1}{8} = p_{12} = p_{1 \cdot} \cdot p_{\cdot 2} = \dfrac{1}{4} p_{\cdot 2}$，所以 $p_{\cdot 2} = \dfrac{1}{2}$，进而

$$p_{22} = p_{\cdot 2} - p_{12} = \frac{1}{2} - \frac{1}{8} = \frac{3}{8}$$

所以
$$p_{23} = p_{2\cdot} - p_{21} - p_{22} = \frac{3}{4} - \frac{1}{8} - \frac{3}{8} = \frac{1}{4}$$

$$p_{\cdot 3} = p_{13} + p_{23} = \frac{1}{12} + \frac{1}{4} = \frac{1}{3}$$

综上所述，(X,Y) 的联合分布律及边缘分布律为

Y \ X	x_1	x_2	$p_{\cdot j}$
y_1	1/24	1/8	1/6
y_2	1/8	3/8	1/2
y_3	1/12	1/4	1/3
$p_{i\cdot}$	1/4	3/4	1

【例 3.13】 设 (X,Y) 是二维正态随机变量，它的概率密度为

$$f(x,y) = \frac{1}{2\pi\sigma_1\sigma_2\sqrt{1-\rho^2}} \exp\left\{-\frac{1}{2(1-\rho^2)}\left[\frac{(x-\mu_1)^2}{\sigma_1^2} - 2\rho\frac{(x-\mu_1)(y-\mu_2)}{\sigma_1\sigma_2} + \frac{(y-\mu_2)^2}{\sigma_2^2}\right]\right\}$$

试证：X 与 Y 相互独立的充要条件是 $\rho = 0$.

证：由例 3.7 可知，其边缘密度 $f_X(x), f_Y(y)$ 的乘积为

$$f_X(x) \cdot f_Y(y) = \frac{1}{2\pi\sigma_1\sigma_2} \exp\left\{-\frac{1}{2}\left[\frac{(x-\mu_1)^2}{\sigma_1^2} + \frac{(y-\mu_2)^2}{\sigma_2^2}\right]\right\}$$

因此，如果 $\rho = 0$，则对于所有 x,y 有 $f(x,y) = f_X(x) \cdot f_Y(y)$，即 X 与 Y 相互独立.

反之，如果 X 与 Y 相互独立，由于 $f(x,y), f_X(x), f_Y(y)$ 都是连续函数，故对于所有的 x,y 有 $f(x,y) = f_X(x) \cdot f_Y(y)$. 特别地，令 $x = \mu_1, y = \mu_2$，由这一等式得到 $\dfrac{1}{2\pi\sigma_1\sigma_2\sqrt{1-\rho^2}} = \dfrac{1}{2\pi\sigma_1\sigma_2}$，从而 $\rho = 0$.

【例 3.14】 设 X 和 Y 是两个相互独立的随机变量，X 在 $(0,1)$ 上服从均匀分布，Y 的概率密度为

$$f_Y(y) = \begin{cases} \dfrac{1}{2}e^{-\frac{y}{2}}, & y > 0 \\ 0, & y \leq 0 \end{cases}$$

(1) 求 X 和 Y 的联合概率密度；

(2) 设含有 a 的二次方程为 $a^2 + 2Xa + Y = 0$，试求 a 有实根的概率.

解：(1) 依题意

$$f_X(x) = \begin{cases} 1, & 0 < x < 1 \\ 0, & \text{其他} \end{cases}$$

由于 X 和 Y 相互独立，因此 X 和 Y 的联合概率密度为

$$f(x,y) = f_X(x) \cdot f_Y(y) = \begin{cases} \dfrac{1}{2} e^{-\frac{y}{2}}, & 0 < x < 1, y > 0 \\ 0, & \text{其他} \end{cases}$$

(2) 方程 $a^2 + 2Xa + Y = 0$ 有实根的充要条件为 $4X^2 - 4Y \geq 0$，即 $X^2 \geq Y$，从而方程有实根的概率为

$$P\{Y \leq X^2\} = \iint_D f(x,y) \mathrm{d}x \mathrm{d}y = \int_0^1 \mathrm{d}x \int_0^{x^2} \frac{1}{2} e^{-\frac{y}{2}} \mathrm{d}y$$

$$= 1 - \sqrt{2\pi} [\Phi(1) - \Phi(0)] = 0.1445$$

随机变量的独立性往往由实际问题给出．在独立的情况下，边缘分布唯一确定联合分布，这样就将多维随机变量的问题化为了一维随机变量的问题．所以独立性是非常值得重视的概念之一．至于不独立的变量，则当我们具备充分的数学信息，足以直接决定或通过分析推演来决定联合概率时，才能导出它们的联合分布；如果没有这种信息，就必须依据复合事件的相对频率去作经验估计了.

以上关于二维随机变量的一些概念，容易推广到 n 维随机变量情形．

定义 3.8 若对于所有 $x_1, x_2, \cdots, x_n$ 有

$$F(x_1, x_2, \cdots, x_n) = F_{X_1}(x_1) \cdot F_{X_2}(x_2) \cdots F_{X_n}(x_n) \quad (3.16)$$

则称 $X_1, X_2, \cdots, X_n$ 是相互独立的.

定义 3.9 若对于所有的 $x_1, x_2, \cdots, x_m; y_1, y_2, \cdots, y_n$ 有

$$F(x_1, x_2, \cdots, x_m, y_1, y_2, \cdots, y_n) = F_1(x_1, x_2, \cdots, x_m) \cdot F_2(y_1, y_2, \cdots, y_n)$$

其中 F_1, F_2, F 依次为随机变量 $(X_1, X_2, \cdots, X_m)$，$(Y_1, Y_2, \cdots, Y_n)$ 和 $(X_1, X_2, \cdots, X_m, Y_1, Y_2, \cdots, Y_n)$ 的分布函数，则称随机变量 $(X_1, X_2, \cdots, X_m)$ 和 $(Y_1, Y_2, \cdots, Y_n)$ 是相互独立的.

以下定理在数理统计中很重要.

定理 设 $(X_1, X_2, \cdots, X_m)$ 和 $(Y_1, Y_2, \cdots, Y_n)$ 相互独立，则 $X_i (i = 1, 2, \cdots, m)$ 和 $Y_i (i = 1, 2, \cdots, n)$ 相互独立．又若 h, g 是连续函数，则 $h(X_1, X_2, \cdots, X_m)$ 和 $g(Y_1, Y_2, \cdots, Y_n)$ 也相互独立.

注意：$g_1(X)$ 与 $g_2(Y)$ 相互独立，但 X 与 Y 未必独立.

第五节 两个随机变量的函数的分布

上一章中已讨论过一个随机变量的函数的分布，本节讨论两个随机变量的函数的分布．我们只就下面几个具体的函数来讨论.

一、$Z = X + Y$ 的分布

首先来看 (X, Y) 是二维离散型随机变量的例子。设 X 和 Y 相互独立，若 X，Y 可能取值是非负整数 $0, 1, 2, \cdots$，则 $Z = X + Y$ 也只能取 $0, 1, 2, \cdots$，其分布律为

$$P\{Z=k\} = P\{X+Y=k\} = P\left\{\bigcup_{i=0}^{k}(X=i, Y=k-i)\right\}$$
$$= \sum_{i=0}^{k} P\{X=i, Y=k-i\}$$
$$= \sum_{i=0}^{k} P\{X=i\}P\{Y=k-i\} \quad (k=0,1,2,\cdots)$$

【例 3.15】 设 X 和 Y 相互独立，分别服从参数为 λ_1，λ_2 的泊松分布，证明：$Z = X + Y$ 服从参数为 $\lambda_1 + \lambda_2$ 的泊松分布。

证明： 由已知有

$$P\{Z=k\} = \sum_{i=0}^{k} P\{X=i\}P\{Y=k-i\}$$
$$= \sum_{i=0}^{k} \frac{\lambda_1^i e^{-\lambda_1}}{i!} \cdot \frac{\lambda_2^{k-i} e^{-\lambda_2}}{(k-i)!} = \frac{e^{-(\lambda_1+\lambda_2)}}{k!} \sum_{i=0}^{k} \frac{k!}{i!(k-i)!} \lambda_1^i \lambda_2^{k-i}$$
$$= \frac{e^{-(\lambda_1+\lambda_2)}}{k!} \sum_{i=0}^{k} C_k^i \lambda_1^i \lambda_2^{k-i} = \frac{(\lambda_1+\lambda_2)^k e^{-(\lambda_1+\lambda_2)}}{k!}$$
$$(k=0, 1, 2, \cdots)$$

所以 $Z = X + Y$ 服从参数为 $\lambda_1 + \lambda_2$ 的泊松分布。

设 (X, Y) 是二维随机变量的概率密度为 $f(x, y)$，则 $Z = X + Y$ 仍为连续型随机变量，其概率密度为

$$f_Z(z) = \int_{-\infty}^{+\infty} f(z-y, y) \mathrm{d}y \tag{3.17}$$

或

$$f_Z(z) = \int_{-\infty}^{+\infty} f(x, z-x) \mathrm{d}x \tag{3.18}$$

上述结论可以通过求 $Z = X + Y$ 的分布函数得到，先来求 Z 的分布函数 $F_Z(Z)$。

$$F_Z(Z) = P\{Z \leqslant z\} = P\{X+Y \leqslant z\} = \iint\limits_{X+Y \leqslant z} f(x,y) \mathrm{d}x\mathrm{d}y = \int_{-\infty}^{+\infty} \left[\int_{-\infty}^{z-y} f(x,y)\mathrm{d}x\right]\mathrm{d}y$$

固定 z 和 y，对积分 $\int_{-\infty}^{z-y} f(x, y)\mathrm{d}x$ 作变量变换，令 $x = u - y$，得

$$\int_{-\infty}^{z-y} f(x,y)\mathrm{d}x = \int_{-\infty}^{z} f(u-y, y)\mathrm{d}u$$

于是 $F_Z(z) = \int_{-\infty}^{+\infty} \int_{-\infty}^{z} f(u-y, y)\mathrm{d}u\mathrm{d}y = \int_{-\infty}^{z} \left[\int_{-\infty}^{+\infty} f(u-y, y)\mathrm{d}y\right]\mathrm{d}u$

由概率密度的定义,即得 Z 的概率密度为

$$f_Z(z) = \int_{-\infty}^{+\infty} f(z-y, y) dy$$

由 X, Y 的对称性,$f_Z(z)$ 又可写成

$$f_Z(z) = \int_{-\infty}^{+\infty} f(x, z-x) dx$$

特别当 X, Y 相互独立时,设 (X, Y) 关于 X, Y 的边缘概率密度分别为 $f_X(x)$、$f_Y(y)$,则又有

$$f_Z(z) = \int_{-\infty}^{+\infty} f_X(z-y) f_Y(y) dy = \int_{-\infty}^{+\infty} f_X(x) f_Y(z-x) dx \quad (3.19)$$

这两个公式称为卷积公式(convolution),记为 $f_X * f_Y$,即

$$f_X * f_Y = \int_{-\infty}^{+\infty} f_X(z-y) f_Y(y) dy = \int_{-\infty}^{+\infty} f_X(x) f_Y(z-x) dx \quad (3.20)$$

【例 3.16】 设 X 和 Y 是两个相互独立的随机变量,它们都服从 $N(0, 1)$,其概率密度为

$$f_X(x) = \frac{1}{\sqrt{2\pi}} e^{-\frac{x^2}{2}}, -\infty < x < +\infty$$

$$f_Y(y) = \frac{1}{\sqrt{2\pi}} e^{-\frac{y^2}{2}}, -\infty < x < +\infty$$

求 $Z = X + Y$ 的概率密度.

解:由 X 和 Y 相互独立,

$$f_Z(z) = \int_{-\infty}^{+\infty} f_X(x) f_Y(z-x) dx$$

$$= \frac{1}{2\pi} \int_{-\infty}^{+\infty} e^{-\frac{x^2}{2}} \cdot e^{-\frac{(z-x)^2}{2}} dx = \frac{1}{2\pi} e^{-\frac{z^2}{4}} \int_{-\infty}^{+\infty} e^{-\left(x-\frac{z}{2}\right)^2} dx,$$

令 $t = x - \frac{z}{2}$,得

$$f_Z(z) = \frac{1}{2\pi} e^{-\frac{z^2}{4}} \int_{-\infty}^{+\infty} e^{-t^2} dt = \frac{1}{2\pi} e^{-\frac{z^2}{4}} \sqrt{\pi} = \frac{1}{2\sqrt{\pi}} e^{-\frac{z^2}{4}}.$$

即 Z 服从 $N(0, 2)$ 分布.

一般地,设 X, Y 相互独立且 $X \sim N(\mu_1, \sigma_1^2)$,$Y \sim N(\mu_2, \sigma_2^2)$,由计算可知 $Z = X + Y$ 仍服从正态分布,且有 $Z \sim N(\mu_1 + \mu_2, \sigma_1^2 + \sigma_2^2)$.

这个结论还能推广到 n 个独立正态随机变量之和的情况,即若 $X_i \sim N(\mu_i, \sigma_i^2)(i=1,2,\cdots,n)$,且它们相互独立,则它们的和 $Z = X_1 + X_2 + \cdots + X_n$ 仍然服从正态分布,且

$$Z \sim N(\mu_1 + \mu_2 + \cdots + \mu_n, \sigma_1^2 + \sigma_2^2 + \cdots + \sigma_n^2)$$

更一般地,可以证明有限个相互独立的正态随机变量的线性组合仍然服从正态分布.

【例 3.17】 设 X 和 Y 是两个相互独立的随机变量，其概率密度分别为

$$f_X(x) = \begin{cases} 1, & 0 \leqslant x \leqslant 1 \\ 0, & \text{其他} \end{cases}, \quad f_Y(y) = \begin{cases} e^{-y}, & y > 0 \\ 0, & \text{其他} \end{cases}$$

求随机变量 $Z = X + Y$ 的概率密度.

解： 由卷积公式知 $Z = X + Y$ 的概率密度为

$$f_Z(z) = \int_{-\infty}^{+\infty} f_X(x) f_Y(z-x) dx$$

当 $0 \leqslant z < 1$ 时，$f_Z(z) = \int_0^z e^{-(z-x)} dx = 1 - e^{-z}$.

当 $z \geqslant 1$ 时，$f_Z(z) = \int_0^1 e^{-(z-x)} dx = (e-1)e^{-z}$.

当 $z < 0$ 时，由 $f_X(x) = 0$ 知，$f_Z(z) = 0$.

故

$$f_Z(z) = \begin{cases} 1 - e^{-z}, & 0 \leqslant z \leqslant 1 \\ (e-1)e^{-z}, & z \geqslant 1 \\ 0, & \text{其他} \end{cases}$$

二、$Z = \dfrac{Y}{X}, Z = XY$ 的分布

设 (X, Y) 二维随机变量的概率密度为 $f(x, y)$，则 $Z = \dfrac{Y}{X}$，$Z = XY$ 仍为连续型随机变量，其概率密度分别为

$$f_{Y/X}(z) = \int_{-\infty}^{+\infty} |x| f(x, xz) dx \tag{3.21}$$

$$f_{XY}(z) = \int_{-\infty}^{+\infty} \frac{1}{|x|} f\left(x, \frac{z}{x}\right) dx \tag{3.22}$$

证： 如图 3.4 所示，$Z = \dfrac{Y}{X}$ 的分布函数为

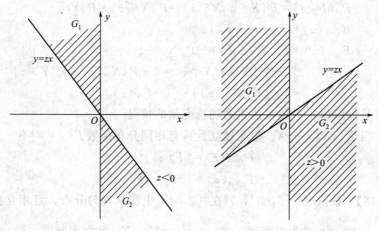

图 3.4

$$F_{Y|X}(z) = P\{Y|X \leq z\} = \iint_{G_1 \cup G_2} f(x,y)\,dx\,dy$$

$$= \iint_{y|x \leq z, x<0} f(x,y)\,dy\,dx + \iint_{y|x \leq z, x>0} f(x,y)\,dy\,dx$$

$$= \int_{-\infty}^{0} \left[\int_{zx}^{+\infty} f(x,y)\,dy \right] dx + \int_{0}^{+\infty} \left[\int_{-\infty}^{zx} f(x,y)\,dy \right] dx$$

$$\xrightarrow{\diamondsuit\, y=xu} \int_{-\infty}^{0} \left[\int_{z}^{-\infty} x f(x,xu)\,du \right] dx + \int_{0}^{+\infty} \left[\int_{-\infty}^{z} x f(x,xu)\,du \right] dx$$

$$= \int_{-\infty}^{0} \left[\int_{-\infty}^{z} (-x) f(x,xu)\,du \right] dx + \int_{0}^{+\infty} \left[\int_{-\infty}^{z} x f(x,xu)\,du \right] dx$$

$$= \int_{-\infty}^{+\infty} \left[\int_{-\infty}^{z} |x| f(x,xu)\,du \right] dx$$

$$= \int_{-\infty}^{z} \left[\int_{-\infty}^{+\infty} |x| f(x,xu)\,dx \right] du$$

由概率密度的定义即得 $f_{Y|X}(z) = \int_{-\infty}^{+\infty} |x| f(x, xz)\,dx$.

类似地,可求出 $f_{XY}(z)$ 的概率密度公式.

又若 X 和 Y 相互独立,设 (X, Y) 关于 X,Y 的边缘概率密度分别为 $f_X(x)$,$f_Y(y)$,则有

$$f_{Y|X}(z) = \int_{-\infty}^{+\infty} |x| f_X(x) f_Y(xz)\,dx$$

$$f_{XY}(z) = \int_{-\infty}^{+\infty} \frac{1}{|x|} f_X(x) f_Y\left(\frac{z}{x}\right) dx$$

三、$M = \max(X,Y)$ 及 $N = \min(X,Y)$ 的分布

设 X,Y 是两个相互独立的随机变量,它们的分布函数分别为 $F_X(x)$ 和 $F_Y(y)$.

$$P\{M \leq z\} = P\{X \leq z, Y \leq z\} = P\{X \leq z\} \cdot P\{Y \leq z\} \tag{3.23}$$

即 $\quad F_{\max}(z) = F_X(z) \cdot F_Y(z)$

类似地 $\quad F_{\min}(z) = P\{N \leq z\} = 1 - P\{N > z\}$

$$= 1 - P\{X > z, Y > z\} = 1 - P\{X > z\} \cdot P\{Y > z\}$$

$$= 1 - [1 - F_X(z)] \cdot [1 - F_Y(z)]$$

以上结果容易推广到 n 个相互独立的随机变量的情况.

特别,当 $X_1, X_2, \cdots, X_n$ 相互独立且具有相同分布函数 $F(x)$ 时有

$$F_{\max}(z) = [F(z)]^n \tag{3.24}$$

$$F_{\min}(z) = 1 - [1 - F(z)]^n \tag{3.25}$$

【例 3.18】 设 X 在 $[0, 3]$,Y 在 $[2, 4]$ 上服从均匀分布,且相互独立,求 (1) $M = \max\{X, Y\}$ 的概率密度;(2) $N = \min\{X, Y\}$ 的概率密度;(3) $Z = \dfrac{X}{Y}$ 的

概率密度.

解: 若 X 在区间 $[a, b]$ 上服从均匀分布,则其分布函数 $F(x) = \begin{cases} 0, & x < a \\ \dfrac{x-a}{b-a}, & a \leq x \leq b \\ 1, & x > b \end{cases}$,因此,由 X 在 $[0, 3]$,Y 在 $[2, 4]$ 上服从均匀分布,得

$$F_X(x) = \begin{cases} 0, & x < 0 \\ \dfrac{x}{3}, & 0 \leq x \leq 3 \\ 1, & x > 3 \end{cases}; \quad F_Y(y) = \begin{cases} 0, & y < 2 \\ \dfrac{y-2}{2}, & 2 \leq y \leq 4 \\ 1, & y > 4 \end{cases}.$$

(1) $M = \max\{X, Y\}$,X 和 Y 相互独立,则 $F_M(z) = F_X(z) F_Y(z)$.

当 $z < 2$ 时,$F_M(z) = 0$.

当 $2 \leq z \leq 3$ 时,$F_M(z) = F_X(z) F_Y(z) = \dfrac{z}{3} \times \dfrac{z-2}{2} = \dfrac{z^2 - 2z}{6}$.

当 $3 < z \leq 4$ 时,$F_M(z) = F_X(z) F_Y(z) = 1 \times \dfrac{z-2}{2}$.

当 $z > 4$ 时,$F_M(z) = 1$. 因此

$$F_M(z) = \begin{cases} 0, & z < 2 \\ \dfrac{z^2 - 2z}{6}, & 2 \leq z \leq 3 \\ \dfrac{z-2}{2}, & 3 < z \leq 4 \\ 1, & z > 4 \end{cases}, \text{求导得 } f_M(z) = \begin{cases} \dfrac{z-1}{3}, & 2 \leq z \leq 3 \\ \dfrac{1}{2}, & 3 < z \leq 4 \\ 0, & \text{其他} \end{cases}$$

(2) $N = \min\{X, Y\}$,X 和 Y 是相互独立,则
$$F_N(z) = 1 - [1 - F_X(z)][1 - F_Y(z)]$$

当 $z < 0$ 时,$F_N(z) = 0$;

当 $0 \leq z < 2$ 时,$F_N(z) = 1 - [1 - F_X(z)][1 - F_Y(z)] = 1 - \left(1 - \dfrac{z}{3}\right)(1 - 0) = \dfrac{z}{3}$;

当 $2 \leq z \leq 3$ 时,$F_N(z) = 1 - \left(1 - \dfrac{z}{3}\right)\left(1 - \dfrac{z-2}{2}\right) = -\dfrac{z^2}{6} + \dfrac{7}{6}z - 1$;

当 $3 < z \leq 4$ 时,$F_N(z) = 1 - (1 - 1)\left(1 - \dfrac{z-2}{2}\right) = 1$;

当 $z > 4$ 时,$F_N(z) = 1$. 因此

$$F_N(z) = \begin{cases} 0, & z < 0 \\ \dfrac{z}{3}, & 0 \leq z < 2 \\ -\dfrac{z^2}{6} + \dfrac{7}{6}z - 1, & 2 \leq z \leq 3 \\ 1, & z > 3 \end{cases}, \text{求导得 } f_N(z) = \begin{cases} \dfrac{1}{3}, & 0 \leq z < 2 \\ -\dfrac{z}{3} + \dfrac{7}{6}, & 2 \leq z \leq 3 \\ 0, & \text{其他} \end{cases}$$

(3) 由题意知，$f_X(x)=\begin{cases}\dfrac{1}{3},0\leqslant x\leqslant 3\\0,\text{其他}\end{cases}$，$f_Y(y)=\begin{cases}\dfrac{1}{2},2\leqslant y\leqslant 4\\0,\text{其他}\end{cases}$；$Z=\dfrac{X}{Y}$，$X$ 和 Y 是相互独立时，$f_Z(z)=\displaystyle\int_{-\infty}^{+\infty}|y|f_X(yz)f_Y(y)\mathrm{d}y$.

要被积函数函数不等于零，必须使得 $\begin{cases}0\leqslant yz\leqslant 3\\2\leqslant y\leqslant 4\end{cases}$，即 $\begin{cases}0\leqslant z\leqslant\dfrac{3}{y}\\2\leqslant y\leqslant 4\end{cases}$，如图 3.5 所示.

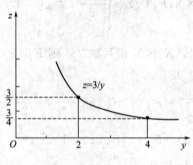

图 3.5

当 $0\leqslant z<\dfrac{3}{4}$ 时，$f_Z(z)=\displaystyle\int_2^4\dfrac{y}{6}\mathrm{d}y=1$.

当 $\dfrac{3}{4}\leqslant z\leqslant\dfrac{3}{2}$ 时，$f_Z(z)=\displaystyle\int_2^{\frac{3}{z}}\dfrac{y}{6}\mathrm{d}y=\dfrac{3}{4z^2}-\dfrac{1}{3}$.

综上得

$$f_Z(z)=\begin{cases}1, & 0\leqslant z<\dfrac{3}{4}\\ \dfrac{3}{4z^2}-\dfrac{1}{3}, & \dfrac{3}{4}\leqslant z\leqslant\dfrac{3}{2}\\ 0, & \text{其他}\end{cases}$$

习 题 三

一、填空题

1. 随机点 (X,Y) 落在矩形域 $[x_1<x\leqslant x_2,y_1<y\leqslant y_2]$ 的概率为 _____.

2. (X,Y) 的分布函数为 $F(x,y)$，则 $F(-\infty,y)=$ _____，$F(x+0,y)=$ _____，$F(x,+\infty)=$ _____.

3. 设随机变量 (X,Y) 的概率密度为

$$f(x,y)=\begin{cases}k(6-x-y),0<x<2,2<y<4\\0,\text{其他}\end{cases}$$，则 $k=$ _____.

4. 设 $f(x,y)$ 是 X，Y 的联合分布密度，$f_X(x)$ 是 X 的边缘分布密度，则 $\int_{-\infty}^{+\infty} f_X(x)\mathrm{d}x =$ _____.

5. 二维正态随机变量 (X,Y)，X 和 Y 相互独立的充要条件是参数 $\rho =$ _____.

6. 如果随机变量 (X,Y) 的联合概率分布为

X \ Y	1	2	3
1	$\frac{1}{6}$	$\frac{1}{9}$	$\frac{1}{18}$
2	$\frac{1}{3}$	α	β

则 α，β 应满足的条件是 _____；若 X 与 Y 相互独立，则 $\alpha =$ _____，$\beta =$ _____.

7. 设 X，Y 相互独立，$X \sim N(0,1)$，$Y \sim N(0,1)$，则 (X,Y) 的联合概率密度 $f(x,y) =$ _____，$Z = X + Y$ 的概率密度 $f_Z(Z) =$ _____.

8. 设二维随机变量 (X,Y) 的概率分布为

X \ Y	0	1
0	0.4	a
1	b	0.1

若随机事件 $\{X=0\}$ 与 $\{X+Y=1\}$ 互相独立，则 $a =$ _____，$b =$ _____.

9. 设 (X,Y) 的联合分布函数为

$$F(x,y) = \begin{cases} A + \dfrac{1}{(1+x+y)^2} - \dfrac{1}{(1+x)^2} - \dfrac{1}{(1+y)^2}, & x \geq 0, y \geq 0 \\ 0, & \text{其他} \end{cases}$$

则 $A =$ _____.

10. 设随机变量 X 与 Y 相互独立，且均服从区间 $[0,3]$ 上的均匀分布，则 $P\{\max\{X,Y\} \leq 1\} =$ _____.

二、解答题

1. 设二维离散型随机变量 (X,Y) 的联合分布律为

X \ Y	0	1	2
0	1/8	1/16	1/16
1	1/6	1/12	1/12
2	1/24	1/48	1/48
3	1/6	1/12	1/12

求：(1) $P\{X \leq 1\}$；(2) $P\{X = Y\}$；(3) $P\{X \geq Y\}$.

2. 袋中有三个球，分别标着数字 1，2，3，从袋中任取一球，不放回，再取一球，设第一次取的球上标的数字为 X，第二次取的球上标的数字 Y，求 (X,Y) 的联合分布律．

3. 设随机变量 X 在 1，2，3，4 四个整数中等可能地取一个值，另一个随机变量 Y 在 $1 \sim X$ 中等可能地取一整数值．试求 (X,Y) 的分布律．

4. 设随机变量 X 和 Y 具有联合概率密度

$$f(x,y)=\begin{cases}6, & x^2 \leqslant y \leqslant x\\ 0, & \text{其他}\end{cases}$$

求边缘概率密度 $f_X(x)$，$f_Y(y)$．

5. 设随机变量 (X,Y) 的密度函数为 $f(x,y)=\begin{cases}k\mathrm{e}^{-(3x+4y)}, & x>0, y>0\\ 0, & \text{其他}\end{cases}$

(1) 确定常数 k；

(2) 求 (X,Y) 的分布函数 $F(x,y)$；

(3) 求 $P\{0<X\leqslant 1, 0<Y\leqslant 2\}$．

6. 设二维随机变量 (X,Y) 的概率密度函数为 $f(x,y)=\begin{cases}A\mathrm{e}^{-2(x+y)}, & x>0, y>0\\ 0, & \text{其他}\end{cases}$

(1) 确定常数 A；(2) 求分布函数；(3) 求边缘概率密度函数；(4) 计算概率 $P\{X<1, Y<2\}$；(5) 计算概率 $P\{X+Y<1\}$．

7. 在 $[0, \pi]$ 上均匀地任取两数 X 与 Y，求 $P\{\cos(X+Y)<0\}$ 的值．

8. 设数 X 在区间 $(0,1)$ 上随机地取值，当观察到 $X=x(0<x<1)$ 时，数 Y 在区间 $(x,1)$ 上随机地取值，求 Y 的概率密度 $f_Y(y)$．

9. 二维随机变量 (X,Y) 在由 $y=x^2-1$ 和 $y=-x^2+1$ 围成的区域 G 内服从均匀分布．求：(1) $f(x,y)$；(2) $f_X(x)$ 和 $f_Y(y)$；(3) 判别 X，Y 是否独立．

10. 设随机变量 X，Y 相互独立，且各自的密度函数为

$$f_X(x)=\begin{cases}\dfrac{1}{2}\mathrm{e}^{-\frac{1}{2}x}, & x\geqslant 0\\ 0, & x<0\end{cases}, \quad f_Y(y)=\begin{cases}\dfrac{1}{3}\mathrm{e}^{-\frac{1}{3}x}, & y\geqslant 0\\ 0, & y<0\end{cases}$$

求 $Z=X+Y$ 的密度函数．

11. 在一简单电路中，两电阻 R_1 和 R_2 串联连接，设 R_1，R_2 相互独立，它们的概率密度均为

$$f(x)=\begin{cases}\dfrac{10-x}{50}, & 0\leqslant x\leqslant 10\\ 0, & \text{其他}\end{cases}$$

求总电阻 $R=R_1+R_2$ 的概率密度．

12. 设二维随机变量 (X,Y) 的概率密度函数为

$$f(x,y) = \begin{cases} be^{-(x+y)}, & 0<x<1, y>0 \\ 0, & 其他 \end{cases}$$

(1) 确定常数 b；(2) 求 X 和 Y 的边缘概率密度.

13. 已知 (X,Y) 的联合概率分布为

X \ Y	0	1	2
0	1/4	1/10	3/10
1	3/20	3/20	1/20

求：(1) $X+Y$ 的概率分布；(2) XY 的概率分布；(3) $\min\{X,Y\}$ 的概率分布.

14. 设随机变量 X,Y 的联合密度函数为 $f(x,y) = \begin{cases} 12e^{-3x-4y}, & x>0, y>0 \\ 0, & 其他 \end{cases}$，分别求下列概率密度函数.

(1) $M = \max\{X,Y\}$；(2) $N = \min\{X,Y\}$.

第四章 随机变量的数字特征

前面讨论了随机变量及其分布，如果知道了随机变量 X 的概率分布，那么 X 的全部概率特征也就知道了．然而，在实际问题中，概率分布一般是较难确定的．而在一些实际应用中，人们并不需要知道随机变量的一切概率性质，只要知道它的某些数字特征就够了．例如，对一射手的技术评定，除了要了解命中环数的平均值，同时还必须考虑稳定情况，命中点分散还是比较集中？又如，在考察一个班级学生的学习成绩时，只要知道这个班级的平均成绩及其分散程度就可以对该班级的学习情况作出较客观的判断了．这样的平均值及表示分散程度的数字虽然不能完整地描述随机变量，但能突出地描述随机变量在某些方面的重要特征。这种由随机变量的分布所确定的，能刻画随机变量某一方面的特征的常数叫做数字特征．在这些数字特征中，最常用的有：数学期望、方差、协方差、相关系数和矩等．

第一节 数学期望

一、数学期望的定义

先看一个例子．

【例 4.1】 设射手甲在同样条件下射击 100 次，射击成绩如下表所示，其中命中的环数 X 是一随机变量，p_k 为统计频率，0 环表示脱靶．求射手甲平均命中环数．

X	10	9	8	7	6	5	0
p_k	0.3	0.2	0.2	0.1	0.1	0.1	0

解：由 X 的分布律可知，若射手甲共射击 100 次，在 100 次射击中，有 0.3×100 次击中 10 环，0.2×100 次击中 9 环，0.2×100 次击中 8 环，0.1×100 次击中 7 环，0.1×100 次击中 6 环，0.1×100 次击中 5 环，0×100 次脱靶．于是在 100 次射击中，射手甲击中的环数之和为

$$10\times 0.3\times 100+9\times 0.2\times 100+8\times 0.2\times 100+$$
$$7\times 0.1\times 100+6\times 0.1\times 100+5\times 0.1\times 100+0\times 0\times 100$$

平均击中的环数约为

$$\frac{1}{100}(10\times 0.3\times 100+9\times 0.2\times 100+8\times 0.2\times 100+$$

$7\times0.1\times100+6\times0.1\times100+5\times0.1\times100+0\times0\times100)$
$=10\times0.3+9\times0.2+8\times0.2+7\times0.1+6\times0.1+5\times0.1+0\times0$
$=8.2$（环）

可以看出，射手甲平均命中环数等于随机变量 X 所有可能取值与其相应的概率乘积之和，也就是以概率为权数的加权平均值，我们称之为数学期望．一般地，有如下定义．

定义 4.1 设离散型随机变量 X 的分布律为

$$P\{X=x_k\}=p_k \quad (k=1,2,\cdots) \tag{4.1}$$

且级数 $\sum_{k=1}^{+\infty} x_k p_k$ 绝对收敛；设连续型随机变量 X 具有概率密度 $f(x)$，且积分 $\int_{-\infty}^{+\infty} x f(x) \mathrm{d}x$ 绝对收敛，随机变量 X 的数学期望（mathematical expectation），记为 $E(X)$，定义为

$$E(X)=\begin{cases} \sum_{k=1}^{+\infty} x_k p_k, & X \text{ 为离散型} \\ \int_{-\infty}^{+\infty} x f(x) \mathrm{d}x, & X \text{ 为连续型} \end{cases} \tag{4.2}$$

数学期望简称**期望**，或称为**均值**．

【例 4.2】 彩票的发行，数额巨大，其实质如何呢？请看一则实例：发行彩票 100 万张，每张 5 元．设头等奖 5 个，奖金各 31.5 万元；二等奖 95 个，奖金各 5000 元；三等奖 900 个，奖金各 300 元；四等奖 9000 个，奖金各 20 元．那么，某人花 5 元钱买一张彩票预期收益多少呢？

解： 奖金 X 是一个随机变量，它的分布律为

X	315000	5000	300	20	0
p_k	$\dfrac{5}{10^6}$	$\dfrac{95}{10^6}$	$\dfrac{900}{10^6}$	$\dfrac{9000}{10^6}$	$\dfrac{990000}{10^6}$

花 5 元买来的一张彩票，从而摇奖中的期望所得为

$$E(X)=315000\times\frac{5}{10^6}+5000\times\frac{95}{10^6}+300\times\frac{900}{10^6}+20\times\frac{9000}{10^6}$$
$$=2.5\text{（元）}$$

即大约能收回一半．因此这实质上也是一种于购买者不利的非公平博弈，不能把购买彩票当作一种投资渠道．

在我国，彩票的发行严格由民政部门管理，只有当收益主要用于公益事业时才允许，如体育彩票与福利彩票．

【例 4.3】 按规定，某车站每天 8：00～9：00，9：00～10：00 都恰有一辆客车到站，但到站时刻是随机的，且两者到站的时间相互独立．其规律为：

到站时刻	8:10 9:10	8:30 9:30	8:50 9:50
概率	$\frac{1}{6}$	$\frac{3}{6}$	$\frac{2}{6}$

一旅客8:20到车站,求他候车时间的数学期望.

解:设旅客的候车时间为 X(以分计).X 的分布律为

X	10	30	50	70	90
p_k	$\frac{3}{6}$	$\frac{2}{6}$	$\frac{1}{6}\times\frac{1}{6}$	$\frac{1}{6}\times\frac{3}{6}$	$\frac{1}{6}\times\frac{2}{6}$

在上表中,例如

$$P\{X=70\}=P(AB)=P(A)P(B)=\frac{1}{6}\times\frac{3}{6}$$

其中 A 为事件"第一班车在8:10到站",B 为"第二班车在9:30到站".候车时间的数学期望为

$$E(X)=10\times\frac{3}{6}+30\times\frac{2}{6}+50\times\frac{1}{36}+70\times\frac{3}{36}+90\times\frac{2}{36}=27.22\text{(分)}$$

【例 4.4】 设 $X\sim\pi(\lambda)$,求 $E(X)$.

解:X 的分布律为

$$P\{X=k\}=\frac{\lambda^k e^{-\lambda}}{k!}\quad(k=0,1,2,\cdots,\lambda>0)$$

X 的数学期望为

$$E(X)=\sum_{k=0}^{+\infty}k\frac{\lambda^k e^{-\lambda}}{k!}=\lambda e^{-\lambda}\sum_{k=1}^{+\infty}\frac{\lambda^{k-1}}{(k-1)!}=\lambda e^{-\lambda}\cdot e^{\lambda}=\lambda$$

【例 4.5】 设 $X\sim U(a,b)$,求 $E(X)$.

解:X 的概率密度为

$$f(x)=\begin{cases}\dfrac{1}{b-a},&a<x<b\\0,&\text{其他}\end{cases}$$

X 的数学期望为

$$E(X)=\int_{-\infty}^{+\infty}xf(x)\mathrm{d}x=\int_a^b\frac{x}{b-a}\mathrm{d}x=\frac{a+b}{2}$$

【例 4.6】 设随机变量 X 服从参数为 $\lambda(\lambda>0)$ 的指数分布,求 X 的数学期望 $E(X)$.

解:由题意,X 的概率密度为 $f(x)=\begin{cases}\lambda e^{-\lambda x},&x>0\\0,&x\leqslant 0\end{cases}$,则

$$E(X)=\int_{-\infty}^{+\infty}xf(x)\mathrm{d}x=\int_{0}^{+\infty}x\cdot\lambda\mathrm{e}^{-\lambda x}\mathrm{d}x=-x\mathrm{e}^{-\lambda x}\Big|_{0}^{+\infty}+\int_{0}^{+\infty}\mathrm{e}^{-\lambda x}\mathrm{d}x=\theta$$

【例 4.7】 设随机变量 X 服从帕累托（Pareto）分布，概率密度为

$$f(x)=\begin{cases}\alpha x_0^{\alpha}\cdot x^{-(\alpha+1)}, & x\geqslant x_0 \\ 0, & x<x_0\end{cases}$$

其中常数 $\alpha>1$，$x_0>0$，求 $E(X)$.

解： $E(X)=\int_{-\infty}^{+\infty}xf(x)\mathrm{d}x=\int_{x_0}^{+\infty}\alpha x_0^{\alpha}\cdot x\cdot x^{-(\alpha+1)}\mathrm{d}x$

$$=\frac{\alpha x_0^{\alpha}}{1-\alpha}x^{-\alpha+1}\Big|_{x_0}^{+\infty}=\frac{\alpha}{\alpha-1}x_0$$

帕累托分布在经济学中常用来描述居民收入的分布.

二、随机变量函数的数学期望

在实际问题与理论研究中，我们常需要求随机变量的函数的数学期望．这时，可以通过下面的定理来实现．

定理 4.1 设 Y 是随机变量 X 的函数：$Y=g(X)$（g 是连续函数）．设离散型随机变量 X 的分布律为

$$P\{X=x_k\}=p_k \quad (k=1,2,\cdots) \tag{4.3}$$

且级数 $\sum_{k=1}^{+\infty}g(x_k)p_k$ 绝对收敛；设连续型随机变量 X 具有概率密度 $f(x)$，且积分 $\int_{-\infty}^{+\infty}g(x)f(x)\mathrm{d}x$ 绝对收敛，则有

$$E(Y)=E[g(X)]=\begin{cases}\sum_{k=1}^{+\infty}g(x_k)p_k, & X\text{ 为离散型} \\ \int_{-\infty}^{+\infty}g(x)f(x)\mathrm{d}x, & X\text{ 为连续型}\end{cases} \tag{4.4}$$

定理 4.1 的重要意义在于，当我们求 $E(Y)$ 时，不必知道 Y 的分布而只需知道 X 的分布就可以了．当然，我们也可以由已知的 X 的分布，先求出其函数 $g(X)$的分布，再根据数学期望的定义去求 $E[g(X)]$，然而，求 $Y=g(X)$ 的分布是不容易的，所以一般不采用后一种方法.

上述定理还可以推广到两个或两个以上随机变量的函数的情况.

定理 4.2 若 V 是随机变量 X，Y 的函数：$V=g(X,Y)$（g 是连续函数），那么 V 是一个一维随机变量．设 (X,Y) 为离散型随机变量，其分布律为

$$P\{X=x_i,Y=y_j\}=p_{ij} \quad (i,j=1,2,\cdots) \tag{4.5}$$

且级数 $\sum_{j=1}^{+\infty}\sum_{i=1}^{+\infty}g(x_i,y_j)p_{ij}$ 绝对收敛；设连续型随机变量 (X,Y) 的概率密度

为 $f(x,y)$,且积分 $\int_{-\infty}^{+\infty}\int_{-\infty}^{+\infty} g(x,y)f(x,y)\mathrm{d}x\mathrm{d}y$ 绝对收敛,则有

$$E(V)=E[g(X,Y)]=\begin{cases}\sum_{j=1}^{+\infty}\sum_{i=1}^{+\infty} g(x_i,y_j)p_{ij}, & (X,Y)\text{为离散型}\\ \int_{-\infty}^{+\infty}\int_{-\infty}^{+\infty} g(x,y)f(x,y)\mathrm{d}x\mathrm{d}y, & (X,Y)\text{为连续型}\end{cases} \quad (4.6)$$

【例 4.8】 已知 X 的分布律如下表,求 $E(X^2)$; $E(2X+1)$.

X	-1	0	2
p_k	$\dfrac{1}{8}$	$\dfrac{1}{2}$	$\dfrac{3}{8}$

解:
$$E(X^2)=(-1)^2\times\frac{1}{8}+0^2\times\frac{1}{2}+2^2\times\frac{3}{8}=\frac{13}{8}$$
$$E(2X+1)=(-1)\times\frac{1}{8}+1\times\frac{1}{2}+5\times\frac{3}{8}=\frac{9}{4}$$

【例 4.9】 一餐馆有三种不同价格的快餐出售. 价格分别为 7 元,9 元,10 元. 随机地选取一对前来进餐的夫妇,以 X 表示丈夫所选的快餐的价格,以 Y 表示妻子所选的快餐的价格,X 和 Y 的联合分布律为

Y \ X	7	9	10
7	0.05	0.05	0.10
9	0.05	0.10	0.35
10	0	0.20	0.10

求 $E(X+Y)$, $E[\max(X,Y)]$.

解: 由定理 4.2 可得
$$E(X+Y)=\sum_{j=1}^{3}\sum_{i=1}^{3}(x_i+y_j)p_{ij}$$
$$=14\times 0.05+16\times 0.05+17\times 0.10+16\times 0.05+18\times 0.10+$$
$$\quad 19\times 0.35+17\times 0+19\times 0.20+20\times 0.10$$
$$=18.25\text{(元)}$$

$$E[\max(X,Y)]=\sum_{j=1}^{3}\sum_{i=1}^{3}\max(x_i,y_j)p_{ij}$$
$$=7\times 0.05+9\times 0.05+10\times 0.10+9\times 0.05+9\times 0.10+$$
$$\quad 10\times 0.35+10\times 0+10\times 0.20+10\times 0.10$$
$$=9.65\text{(元)}$$

【例 4.10】 (最优存货量) 市场上对某种商品的需求量是随机变量 X(单位: 吨),$X\sim U(2000,4000)$,设每售出这种商品 1 吨,可挣得 3 万元,但假如销售

不出而囤积于仓库,则每吨需浪费保养费 1 万元,那么应组织多少货源,才能使收益最大?

解:若以 y 记预备的此种商品量(显然可以只考虑 $2000<y<4000$ 的情况),则收益(单位:万元)

$$W = g(X) = \begin{cases} 3y, & X \geq y \\ 3X-(y-X), & X < y \end{cases}$$

由定理 4.1,可得

$$E(W) = \int_{-\infty}^{+\infty} g(x)f(x)dx = \int_{2000}^{4000} g(x) \cdot \frac{1}{2000}dx$$

$$= \frac{1}{2000}\int_{2000}^{y}(4x-y)dx + \frac{1}{2000}\int_{y}^{4000}3y\,dx$$

$$= \frac{1}{1000}(-y^2 + 7000y - 4 \times 10^6)$$

此式当 $y=3500$ 时达到最大,因此组织 3500 吨此种商品是最好的决策,最大收益为 8250 万元。

【**例 4.11**】 设随机变量 (X,Y) 的概率密度

$$f(x,y) = \begin{cases} \dfrac{3}{2x^3 y^2}, & \dfrac{1}{x} < y < x, x > 1 \\ 0, & \text{其他} \end{cases}$$

求数学期望 $E(Y)$,$E\left(\dfrac{1}{XY}\right)$.

解:由定理 4.2 可知:

$$E(Y) = \int_{-\infty}^{+\infty}\int_{-\infty}^{+\infty} yf(x,y)dydx = \int_{1}^{+\infty}\int_{\frac{1}{x}}^{x}\frac{3}{2x^3 y}dydx$$

$$= \frac{3}{2}\int_{1}^{+\infty}\frac{1}{x^3}[\ln y]_{\frac{1}{x}}^{x}dx = 3\int_{1}^{+\infty}\frac{\ln x}{x^3}dx$$

$$= \left[-\frac{3}{2}\frac{\ln x}{x^2}\right]_{1}^{+\infty} + \frac{3}{2}\int_{1}^{+\infty}\frac{1}{x^3}dx = \frac{3}{4}$$

$$E\left(\frac{1}{XY}\right) = \int_{-\infty}^{+\infty}\int_{-\infty}^{+\infty}\frac{1}{xy}f(x,y)dydx = \int_{1}^{+\infty}dx\int_{\frac{1}{x}}^{x}\frac{3}{2x^4 y^3}dy = \frac{3}{5}$$

三、数学期望的性质

数学期望具有以下几条重要性质.

定理 4.3 设下面各随机变量的数学期望都存在,

(1) $E(C) = C$,其中 C 是常数; (4.7)

(2) $E(CX) = CE(X)$,其中 C 是常数; (4.8)

(3) $E(X+Y) = E(X) + E(Y)$; (4.9)

(4) 若 X, Y 相互独立，则 $E(XY)=E(X)E(Y)$.   (4.10)

证明 （1）C 是这样的随机变量，它只可能取值 C，所以它取值为 C 的概率为 1. 于是 $E(C)=C \cdot 1=C$.

就连续型的情况来证明以下性质，离散型情况的证明类似.

(2) $E(CX)=\int_{-\infty}^{+\infty} Cxf(x)\mathrm{d}x = C\int_{-\infty}^{+\infty} xf(x)\mathrm{d}x = CE(X)$.

(3) 设二维随机变量 (X, Y) 的概率密度为 $f(x,y)$，其边缘概率密度为 $f_X(x)$，$f_Y(y)$，则

$$\begin{aligned}
E(X+Y) &= \int_{-\infty}^{+\infty}\int_{-\infty}^{+\infty} (x+y)f(x,y)\mathrm{d}x\mathrm{d}y \\
&= \int_{-\infty}^{+\infty}\int_{-\infty}^{+\infty} xf(x,y)\mathrm{d}x\mathrm{d}y + \int_{-\infty}^{+\infty}\int_{-\infty}^{+\infty} yf(x,y)\mathrm{d}x\mathrm{d}y \\
&= E(X)+E(Y)
\end{aligned}$$

(4) 若 X 和 Y 相互独立，则有 $f(x,y)=f_X(x) \cdot f_Y(y)$，故

$$\begin{aligned}
E(XY) &= \int_{-\infty}^{+\infty}\int_{-\infty}^{+\infty} xyf(x,y)\mathrm{d}x\mathrm{d}y = \int_{-\infty}^{+\infty}\int_{-\infty}^{+\infty} xyf_X(x)f_Y(x)\mathrm{d}x\mathrm{d}y \\
&= \int_{-\infty}^{+\infty} xf_X(x)\left[\int_{-\infty}^{+\infty} yf_Y(x)\mathrm{d}y\right]\mathrm{d}x \\
&= \left[\int_{-\infty}^{+\infty} xf_X(x)\mathrm{d}x\right]\left[\int_{-\infty}^{+\infty} yf_Y(x)\mathrm{d}y\right] \\
&= E(X)E(Y)
\end{aligned}$$

【例 4.12】 设把数字 $1,2,\cdots,n$ 任意地排成一列，如果数字 i 恰好出现在第 i 个位置上，则称为一个巧合，求巧合个数的数学期望.

解： 设巧合个数为 X，引入随机变量

$$X_i = \begin{cases} 1, \text{数字 } i \text{ 恰好出现在第 } i \text{ 个位置上} \\ 0, \text{数字 } i \text{ 没出现在第 } i \text{ 个位置上} \end{cases} (i=1,2,\cdots,n)$$

则 $X=\sum_{i=1}^{n} X_i$. 其中 X_i 的分布律为：

X_i	0	1
p_k	$1-\dfrac{1}{n}$	$\dfrac{1}{n}$

因此

$$E(X_i) = 0 \times \left(1-\frac{1}{n}\right) + 1 \times \frac{1}{n} = \frac{1}{n}$$

故得

$$E(X) = \sum_{i=1}^{n} E(X_i) = n \cdot \frac{1}{n} = 1$$

本题是将 X 分解成为数个随机变量之和，然后利用随机变量和的数学期望等于随机变量数学期望之和来求数学期望的，这种处理方法有一定的普遍意义．

第二节　方差和标准差

一、方差和标准差的定义

上一节我们介绍了随机变量的数学期望，它体现了随机变量取值的平均水平，是随机变量的一个重要的数字特征．但是在一些场合，仅仅知道平均值是不够的．

例如，甲、乙两门炮同时向一目标射击 10 发炮弹，其落点距目标的位置如图 4.1 所示（空心圆圈为中心位置）．

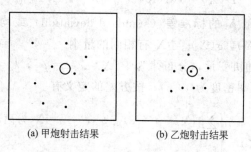

图 4.1

哪门炮射击效果好一些呢？

因为乙炮的弹着点较集中在中心附近，所以乙的射击效果好些．

又如，设有 A，B 两种球形产品，其直径的取值 X，Y（单位：cm）规律如下：

A 产品直径

X	4	5	6
p_k	1/4	1/2	1/4

B 产品直径

Y	2	3	5	7	8
p_k	1/8	1/8	1/2	1/8	1/8

若需要直径为 5 的产品，选哪种产品较理想？

由于 $E(X)=E(Y)=5$（cm），可见从均值的角度是看不出哪种产品较理想，故还需考虑其他因素．通常的想法是：在两种产品的直径均值相等的条件下进一步衡量哪种产品直径偏差较小，也就是看哪种产品的直径取值比较集中于平均值的附近．通常人们会采用所取产品的直径 X 与它的平均值 $E(X)$ 之间的离差 $|X-E(X)|$ 的均值 $E[|X-E(X)|]$ 来度量，$E[|X-E(X)|]$ 较小，表明 X 的取值比较集中在 $E(X)$ 的附近，即产品比较理想，反之，$E[|X-E(X)|]$ 较大，则表明 X 的取值比较分散，产品不理想．但由于 $E[|X-E(X)|]$ 带有绝对值，运

算不方便，为了运算方便，通常用量 $E\{[X-E(X)]^2\}$ 来度量随机变量 X 的分散程度. 此例中，由于

$$E\{[X-E(X)]^2\} = \frac{1}{4}\times(4-5)^2 + \frac{1}{2}\times(5-5)^2 + \frac{1}{4}\times(6-5)^2 = \frac{1}{2}$$

$$E\{[Y-E(Y)]^2\} = \frac{1}{8}\times(2-5)^2 + \frac{1}{8}\times(3-5)^2 + \frac{1}{2}\times(5-5)^2 +$$

$$\frac{1}{8}\times(7-5)^2 + \frac{1}{8}\times(8-5)^2 = \frac{13}{4}$$

由此可见 A 产品更理想些.

定义 4.2　设 X 是一个随机变量，若 $E\{[X-E(X)]^2\}$ 存在，则称 $E\{[X-E(X)]^2\}$ 为 X 的**方差** (variance)，记为 $D(X)$ 或 $\mathrm{Var}(X)$，即

$$D(X) = \mathrm{Var}(X) = E\{[X-E(X)]^2\} \tag{4.11}$$

称 $\sqrt{D(X)}$ 为随机变量 X 的**标准差** (standard deviation) 或**均方差** (mean square deviation)，记为 $\sigma(X)$，$\sigma(X)$ 与 X 有相同的量纲.

若 X 是离散型随机变量，分布律为 $P\{X=x_k\}=p_k$，$k=1, 2, \cdots$；若 X 是连续型随机变量，概率密度为 $f(x)$，按方差的定义有

$$D(X) = \begin{cases} \sum_{k=1}^{+\infty}[x_k-E(X)]^2 p_k, & X \text{ 为离散型} \\ \int_{-\infty}^{+\infty}[x-E(X)]^2 f(x)\mathrm{d}x, & X \text{ 为连续型} \end{cases} \tag{4.12}$$

随机变量 X 的方差可按下列公式计算.

$$D(X) = E(X^2) - [E(X)]^2 \tag{4.13}$$

证明　由数学期望的性质 (1)，(2)，(3) 得

$$\begin{aligned} D(X) &= E\{[X-E(X)]^2\} \\ &= E\{X^2 - 2XE(X) + [E(X)]^2\} \\ &= E(X^2) - 2E(X)E(X) + [E(X)]^2 \\ &= E(X^2) - [E(X)]^2 \end{aligned} \tag{4.14}$$

【例 4.13】　设随机变量 X 服从 (0—1) 分布，其分布律为

$$P\{X=0\} = 1-p, \quad P\{X=1\} = p$$

求 $D(X)$.

解：
$$E(X) = 0\cdot(1-p) + 1\cdot p = p$$
$$E(X^2) = 0^2\cdot(1-p) + 1^2\cdot p = p$$

由式(4.13)

$$D(X) = E(X^2) - [E(X)]^2 = p - p^2 = p(1-p)$$

【例 4.14】　设随机变量 $X \sim \pi(\lambda)$，求 $D(X)$.

解： X 的分布律为

$$P\{X=k\}=\frac{\lambda^k e^{-\lambda}}{k!} \quad (k=0,1,2,\cdots,\lambda>0)$$

在例 4.4 中已求得 $E(X)=\lambda$，而

$$E(X^2)=E[X(X-1)+X]=E[X(X-1)]+E(X)$$
$$=\sum_{k=0}^{+\infty}k(k-1)\frac{\lambda^k e^{-\lambda}}{k!}+\lambda=\lambda^2 e^{-\lambda}\sum_{k=2}^{+\infty}\frac{\lambda^{k-2}}{(k-2)!}+\lambda$$
$$=\lambda^2 e^{-\lambda}\cdot e^{\lambda}+\lambda=\lambda^2+\lambda$$

于是

$$D(X)=E(X^2)-[E(X)]^2=\lambda^2+\lambda-\lambda^2=\lambda$$

因此，泊松分布 $E(X)=\lambda$，$D(X)=\lambda$. 由此可知，泊松分布的数学期望与方差相等，都等于 λ. 泊松分布的分布律中只含一个参数 λ，只要知道 λ，泊松分布就被确定了.

【例 4.15】 设随机变量 $X\sim U(a,b)$，求 $D(X)$.

解：X 的概率密度为

$$f(x)=\begin{cases}\dfrac{1}{b-a}, & a<x<b \\ 0, & \text{其他}\end{cases}$$

在例 4.5 中已求得 $E(X)=\dfrac{a+b}{2}$，而

$$E(X^2)=\int_{-\infty}^{+\infty}x^2 f(x)\mathrm{d}x=\int_a^b \frac{x^2}{b-a}\mathrm{d}x=\frac{b^2+ab+a^2}{3}$$

$$D(X)=E(X^2)-[E(X)]^2=\frac{b^2+ab+a^2}{3}-\frac{(a+b)^2}{4}=\frac{(b-a)^2}{12}$$

【例 4.16】 设随机变量 X 服从参数为 $\lambda(\lambda>0)$ 的指数分布，求 X 的方差 $D(X)$.

解：X 的概率密度为

$$f(x)=\begin{cases}\lambda e^{-\lambda x}, & x>0 \\ 0, & x\leqslant 0\end{cases}$$

在例 4.6 中已求得 $E(X)=\dfrac{1}{\lambda}$，而

$$E(X^2)=\int_{-\infty}^{+\infty}x^2 f(x)\mathrm{d}x=\int_0^{+\infty}x^2\cdot\lambda e^{-\lambda x}\mathrm{d}x=\frac{2}{\lambda^2}$$

故

$$D(X)=E(X^2)-[E(X)]^2=\frac{2}{\lambda^2}-\frac{1}{\lambda^2}=\frac{1}{\lambda^2}$$

二、方差的性质

方差有下面几条重要的性质.

设随机变量 X 与 Y 的方差存在，则

(1) 设 C 是常数，则 $D(C)=0$；

(2) 设 C 是常数，则 $D(CX)=C^2 D(X)$，$D(X+C)=D(X)$；

(3) $D(X+Y)=D(X)+D(Y)+2E\{[X-E(X)][Y-E(Y)]\}$，特别地，若 X，Y 相互独立，则有 $D(X+Y)=D(X)+D(Y)$；

(4) $D(X)=0$ 的充要条件是 X 以概率 1 取常数 C，即 $P\{X=C\}=1$. 显然，这里 $C=E(X)$.

证明： (4) 证明略，现在证明 (1)，(2)，(3).

(1) $D(C)=E\{[C-E(C)]^2\}=E\{[C-C]^2\}=0$ \hfill (4.15)

(2) $D(CX)=E\{[CX-E(CX)]^2\}=C^2 E\{[X-E(C)]^2\}=C^2 D(X)$

$D(X+C)=E\{[(X+C)-E(X+C)]^2\}=E\{[X-E(C)]^2\}=D(X)$ \hfill (4.16)

(3) $$\begin{aligned}D(X+Y)&=E\{[(X+Y)-E(X+Y)]^2\}\\&=E\{[(X-E(X))+(Y-E(Y))]^2\}\\&=E\{[X-E(X)]^2\}+E\{[Y-E(Y)]^2\}+\\&\quad 2E\{[X-E(X)][Y-E(Y)]\}\\&=D(X)+D(Y)+2E\{[X-E(X)][Y-E(Y)]\}\end{aligned}$$ \hfill (4.17)

其中，
$$\begin{aligned}&E\{[X-E(X)][Y-E(Y)]\}\\&=E(XY)-E(X)E(Y)-E(Y)E(X)+E(X)E(Y)\\&=E(XY)-E(X)E(Y)\end{aligned}$$ \hfill (4.18)

若 X，Y 相互独立，由数学期望的性质 (4) 可知式(4.18) 右端为 0，于是
$$D(X+Y)=D(X)+D(Y)$$ \hfill (4.19)

【例 4.17】 设 $X \sim B(n, p)$，求 $E(X)$，$D(X)$.

解： $X \sim B(n, p)$，则 X 表示 n 重伯努利试验中事件 A 发生的次数，若设

$$X_i = \begin{cases} 1, \text{第 } i \text{ 次试验中事件 } A \text{ 发生} \\ 0, \text{第 } i \text{ 次试验中事件 } A \text{ 不发生} \end{cases} \quad (i=1,2,\cdots,n)$$

则 $X=X_1+X_2+\cdots+X_n$，$X_1,X_2,\cdots,X_n$ 相互独立，X_i 服从 (0—1) 分布，由例 4.13 可知 $E(X_i)=p$，$D(X_i)=p(1-p)$，$i=1,2,\cdots,n$. 于是

$$E(X)=E(X_1+X_2+\cdots+X_n)=E(X_1)+E(X_2)+\cdots+E(X_n)=np$$

$$D(X)=D(X_1+X_2+\cdots+X_n)=D(X_1)+D(X_2)+\cdots+D(X_n)=np(1-p)$$

【例 4.18】 设随机变量 X 具有数学期望 $E(X)=\mu$，方差 $D(X)=\sigma^2 \neq 0$. 记 $X^* = \dfrac{X-\mu}{\sigma}$，求 $E(X^*)$，$D(X^*)$.

解： $E(X^*) = \dfrac{1}{\sigma}E(X-\mu) = \dfrac{1}{\sigma}[E(X)-\mu] = 0$

$$D(X^*)=D\left(\dfrac{X-\mu}{\sigma}\right)=\dfrac{1}{\sigma^2}D(X-\mu)=\dfrac{1}{\sigma^2}D(X)=\dfrac{\sigma^2}{\sigma^2}=1$$

即 $X^* = \dfrac{X-\mu}{\sigma}$ 的数学期望为 0，方差为 1. X^* 称为 X 的**标准化变量**.

【例 4.19】 设随机变量 $X \sim N(\mu, \sigma^2)$，求 $E(X)$，$D(X)$.

解：先求标准正态变量 $Z = \dfrac{X-\mu}{\sigma}$ 的数学期望和方差. Z 的概率密度为

$$\varphi(t) = \frac{1}{\sqrt{2\pi}} e^{-\frac{t^2}{2}}$$

于是

$$E(Z) = \frac{1}{\sqrt{2\pi}} \int_{-\infty}^{+\infty} t e^{-\frac{t^2}{2}} dt = -\frac{1}{\sqrt{2\pi}} e^{-\frac{t^2}{2}} \Big|_{-\infty}^{+\infty} = 0$$

$$D(Z) = E(Z^2) = \frac{1}{\sqrt{2\pi}} \int_{-\infty}^{+\infty} t^2 e^{-\frac{t^2}{2}} dt = -\frac{1}{\sqrt{2\pi}} \int_{-\infty}^{+\infty} t \, d(e^{-\frac{t^2}{2}})$$

$$= -\frac{1}{\sqrt{2\pi}} t e^{-\frac{t^2}{2}} \Big|_{-\infty}^{+\infty} + \frac{1}{\sqrt{2\pi}} \int_{-\infty}^{+\infty} e^{-\frac{t^2}{2}} dt = 1$$

因为 $X = \sigma Z + \mu$，可得

$$E(X) = E(\sigma Z + \mu) = \sigma E(Z) + \mu = \mu$$

$$D(X) = D(\sigma Z + \mu) = D(\sigma Z) = \sigma^2 D(Z) = \sigma^2$$

由此可知，正态分布的概率密度中的两个参数 μ 和 σ 分别是该分布的数学期望和均方差，因而正态分布完全可由它的数学期望和方差所确定. 再者，由例 3.16 及其推论可知，若 $X_i \sim N(\mu_i, \sigma_i^2)$，$i = 1, 2, \cdots, n$，且它们相互独立，则它们的线性组合 $C_1 X_1 + C_2 X_2 + \cdots + C_n X_n$（$C_1, C_2, \cdots, C_n$ 是不全为 0 的常数）仍然服从正态分布. 利用数学期望和方差的性质可得

$$C_1 X_1 + C_2 X_2 + \cdots + C_n X_n \sim N\left(\sum_{i=1}^{n} C_i \mu_i, \sum_{i=1}^{n} C_i^2 \sigma_i^2\right)$$

例如，若 $X \sim N(-1, 3)$，$Y \sim N(2, 5)$ 且 X，Y 相互独立，则 $Z = 2X - Y$ 也服从正态分布，而

$$E(Z) = 2 \times (-1) - 2 = -4, \quad D(Z) = D(2X - Y) = 4D(X) + D(Y) = 17$$

故有 $Z \sim N(-4, 17)$.

【例 4.20】 设活塞的直径（以 cm 计）$X \sim N(22.40, 0.03^2)$，汽缸的直径 $Y \sim N(22.50, 0.04^2)$，X，Y 相互独立，任取一只活塞，任取一只汽缸，求活塞能装入汽缸的概率.

解：由题意，需求 $P\{X < Y\} = P\{X - Y < 0\}$，令 $Z = X - Y$，则

$$E(Z) = E(X - Y) = E(X) - E(Y) = 22.40 - 22.50 = -0.10$$

$$D(Z) = D(X - Y) = D(X) + D(Y) = 0.03^2 + 0.04^2 = 0.05^2$$

故 $$Z \sim N(-0.10, 0.05^2)$$

所以 $$P\{X < Y\} = P\{Z < 0\} = P\left\{\frac{Z - (-0.10)}{0.05} < \frac{0 - (-0.10)}{0.05}\right\}$$

$$=\Phi\left(\frac{0.10}{0.05}\right)=\Phi(2)=0.9772$$

第三节 协方差和相关系数

前面我们介绍了随机变量的数学期望和方差,对于二维随机变量 (X,Y),我们除了讨论 X 和 Y 的数学期望和方差以外,还要讨论描述 X 和 Y 之间相互关系的数字特征,这就是本节要讨论的协方差和相关系数.

一、协方差

定义 4.3 设 (X,Y) 为二维随机变量,量 $E\{[X-E(X)][Y-E(Y)]\}$ 称为随机变量 X,Y 的**协方差** (covariance),记为 $\text{Cov}(X,Y)$,即

$$\text{Cov}(X,Y)=E\{[X-E(X)][Y-E(Y)]\} \tag{4.20}$$

由定义,易知 $\text{Cov}(X,X)=D(X)$,$D(X+Y)=D(X)+D(Y)+2\text{Cov}(X,Y)$.

由式(4.18)可得下列计算公式

$$\text{Cov}(X,Y)=E(XY)-E(X)E(Y) \tag{4.21}$$

我们常常利用这一式子计算协方差 $\text{Cov}(X,Y)$.

协方差具有下列性质:

(1) $\text{Cov}(X,Y)=\text{Cov}(Y,X)$; $\tag{4.22}$

(2) $\text{Cov}(aX,bY)=ab\text{Cov}(X,Y)$,$a,b$ 为常数; $\tag{4.23}$

(3) $\text{Cov}(X_1+X_2,Y)=\text{Cov}(X_1,Y)+\text{Cov}(X_2,Y)$; $\tag{4.24}$

(4) 当 X 和 Y 相互独立时,$\text{Cov}(X,Y)=0$. $\tag{4.25}$

证明 (1) $\text{Cov}(X,Y)=E\{[X-E(X)][Y-E(Y)]\}$

$$=E\{[Y-E(Y)][X-E(X)]\}=\text{Cov}(Y,X) \tag{4.26}$$

(2) $\text{Cov}(aX,bY)=E\{[aX-E(aX)][bY-E(bY)]\}$

$$=abE\{[X-E(X)][Y-E(Y)]\}=ab\text{Cov}(X,Y) \tag{4.27}$$

(3) $\text{Cov}(X_1+X_2,Y)=E\{[(X_1+X_2)-E(X_1+X_2)][Y-E(Y)]\}$

$$=E\{[(X_1-E(X_1))+(X_2-E(X_2))][Y-E(Y)]\}$$

$$=E\{[X_1-E(X_1)][Y-E(Y)]+[(X_2-E(X_2)][Y-E(Y)]\}$$

$$=E\{[X_1-E(X_1)][Y-E(Y)]\}+E\{[X_2-E(X_2)][Y-E(Y)]\}$$

$$=\text{Cov}(X_1,Y)+\text{Cov}(X_2,Y) \tag{4.28}$$

(4) 当 X 和 Y 相互独立时,$E(XY)=E(X)E(Y)$,由式(4.21)易得

$$\text{Cov}(X,Y)=0$$

【例 4.21】 设 (X,Y) 的概率密度为

$$f(x,y) = \begin{cases} x+y, & 0<x<1, 0<y<1 \\ 0, & \text{其他} \end{cases}$$

求 $\text{Cov}(X, Y)$.

解：由条件可求得

$$f_X(x) = \begin{cases} x+\dfrac{1}{2}, & 0<x<1 \\ 0, & \text{其他} \end{cases}, \quad f_Y(y) = \begin{cases} y+\dfrac{1}{2}, & 0<y<1 \\ 0, & \text{其他} \end{cases}$$

于是

$$E(X) = \int_0^1 x\left(x+\dfrac{1}{2}\right)dx = \dfrac{7}{12}, \quad E(Y) = \int_0^1 y\left(y+\dfrac{1}{2}\right)dy = \dfrac{7}{12}$$

$$E(XY) = \int_0^1\int_0^1 xy(x+y)dxdy = \int_0^1\int_0^1 x^2 y\, dxdy + \int_0^1\int_0^1 xy^2\, dxdy = \dfrac{1}{3}$$

利用式(4.21)可得

$$\text{Cov}(X,Y) = E(XY) - E(X)E(Y) = \dfrac{1}{3} - \dfrac{7}{12} \times \dfrac{7}{12} = -\dfrac{1}{144}$$

二、相关系数

从协方差的定义可知，如果随机变量 X 和 Y 中有一个与其数学期望的差很小，则无论随机变量 X 和 Y 之间有多么密切的关系，它们的协方差总是接近 0 的．这对于描述随机变量 X 和 Y 的关系密切程度是不够理想的，为此下面引入相关系数这一概念，用来刻画 X 与 Y 之间的线性相关程度．

定义 4.4 设 (X, Y) 为二维随机变量，$D(X)>0$，$D(Y)>0$，称

$$\rho_{XY} = \dfrac{\text{Cov}(X,Y)}{\sqrt{D(X)}\sqrt{D(Y)}} \tag{4.29}$$

为 X 和 Y 的**相关系数**（correlation coefficient），在不致混淆时，记 ρ_{XY} 为 ρ.

ρ_{XY} 是一个无量纲的量．

相关系数具有下列性质：

(1) 当 X 和 Y 相互独立时，$\rho_{XY}=0$；

(2) $|\rho_{XY}| \leqslant 1$；

(3) $|\rho_{XY}|=1$ 的充要条件是 X 与 Y 以概率 1 存在线性关系，即 $P\{Y=a+bX\}=1$，$a\neq 0$，b 是常数．

证明：(1) 当 X 和 Y 相互独立时，$\text{Cov}(X, Y)=0$，由式(4.29)知 $\rho_{XY}=0$.

(2) 由方差的性质和协方差的定义知，对任意实数 b，有

$$0 \leqslant D(Y-bX) = b^2 D(X) + D(Y) - 2b\text{Cov}(X,Y)$$

令 $b = \dfrac{\text{Cov}(X,Y)}{D(X)}$，则上式为

$$D(Y-bX) = D(Y) - \frac{[\text{Cov}(X,Y)]^2}{D(X)}$$

$$= D(Y)\left\{1 - \frac{[\text{Cov}(X,Y)]^2}{D(X)D(Y)}\right\} = D(Y)[1-\rho_{XY}^2] \qquad (4.30)$$

由于方差 $D(Y) \geq 0$，故必有 $1-\rho_{XY}^2 \geq 0$，所以 $|\rho_{XY}| \leq 1$.

(3) 证明从略.

定义 4.5 若 $\rho_{XY}=0$，则称 X 和 Y 不相关.

由相关系数的性质（3）可得：若 $\rho_{XY}=0$，则 X 和 Y 一定不存在线性关系. 因而 X 和 Y 不相关说明 X 和 Y 不存在线性关系. 结合相关系数的性质（1）可得结论：当随机变量 X 和 Y 相互独立时，X 和 Y 不相关. 然而，两个不相关的随机变量却不一定是相互独立的. 如下例.

【例 4.22】 设 $X \sim U\left(-\frac{1}{2}, \frac{1}{2}\right)$，$Y=\cos X$，判断 X，Y 是否相关.

解：不难求得 $\text{Cov}(X,Y)=0$. 事实上，X 的概率密度

$$f(x) = \begin{cases} 1, & -\frac{1}{2} < x < \frac{1}{2} \\ 0, & 其他 \end{cases}$$

可求得 $E(X)=0$.

$$E(XY) = E(X\cos X) = \int_{-\frac{1}{2}}^{\frac{1}{2}} x\cos x \cdot 1 \mathrm{d}x = 0$$

$$\text{Cov}(X,Y) = E(XY) - E(X)E(Y) = 0$$

因而 $\rho_{XY}=0$，即 X 和 Y 不相关，但 Y 和 X 有严格的函数关系，即 X 和 Y 不独立.

相关系数 ρ_{XY} 描述了随机变量 X 和 Y 的线性相关程度，当 $|\rho_{XY}|=1$ 时，Y 和 X 有严格的线性关系；当 $\rho_{XY}=0$ 时，Y 和 X 无线性关系；当 $0 < |\rho_{XY}| < 1$ 时，$|\rho_{XY}|$ 的值越接近 1，Y 和 X 的线性相关程度越强，$|\rho_{XY}|$ 的值越接近 0，Y 和 X 的线性相关程度越弱.

【例 4.23】 设 (X,Y) 服从二维正态分布，它的概率密度为

$$f(x,y) = \frac{1}{2\pi\sigma_1\sigma_2\sqrt{1-\rho^2}} \exp\left\{-\frac{1}{2(1-\rho^2)}\left[\frac{(x-\mu_1)^2}{\sigma_1^2} - 2\rho\frac{(x-\mu_1)(y-\mu_2)}{\sigma_1\sigma_2} + \frac{(y-\mu_2)^2}{\sigma_2^2}\right]\right\}$$

求 $\text{Cov}(X,Y)$ 和 ρ_{XY}.

解：(X,Y) 的边缘概率密度为

$$f_X(x) = \frac{1}{\sqrt{2\pi}\sigma_1} e^{-\frac{(x-\mu_1)^2}{2\sigma_1^2}}, \quad -\infty < x < +\infty$$

$$f_Y(y)=\frac{1}{\sqrt{2\pi}\sigma_2}e^{-\frac{(y-\mu_2)^2}{2\sigma_2^2}},\quad -\infty<y<+\infty$$

故 $E(X)=\mu_1$, $E(Y)=\mu_2$, $D(X)=\sigma_1^2$, $D(Y)=\sigma_2^2$. 而

$$\begin{aligned}\mathrm{Cov}(X,Y)&=\int_{-\infty}^{+\infty}\int_{-\infty}^{+\infty}(x-\mu_1)(y-\mu_2)f(x,y)\mathrm{d}x\mathrm{d}y\\&=\frac{1}{2\pi\sigma_1\sigma_2\sqrt{1-\rho^2}}\int_{-\infty}^{+\infty}\int_{-\infty}^{+\infty}(x-\mu_1)(y-\mu_2)e^{-\frac{(x-\mu_1)^2}{2\sigma_1^2}}\\&\quad e^{-\frac{1}{2(1-\rho^2)}\left(\frac{y-\mu_2}{\sigma_2}-\rho\frac{x-\mu_1}{\sigma_1}\right)^2}\mathrm{d}x\mathrm{d}y\end{aligned}$$

令 $t=\dfrac{1}{\sqrt{1-\rho^2}}\left(\dfrac{y-\mu_2}{\sigma_2}-\rho\dfrac{x-\mu_1}{\sigma_1}\right)$, $u=\dfrac{x-\mu_1}{\sigma_1}$, 则有

$$\begin{aligned}\mathrm{Cov}(X,Y)&=\frac{1}{2\pi}\int_{-\infty}^{+\infty}\int_{-\infty}^{+\infty}(\sigma_1\sigma_2\sqrt{1-\rho^2}\,tu+\rho\sigma_1\sigma_2 u^2)e^{-\frac{u^2+t^2}{2}}\mathrm{d}t\mathrm{d}u\\&=\frac{\rho\sigma_1\sigma_2}{2\pi}\left(\int_{-\infty}^{+\infty}u^2e^{-\frac{u^2}{2}}\mathrm{d}u\right)\left(\int_{-\infty}^{+\infty}e^{-\frac{t^2}{2}}\mathrm{d}t\right)+\\&\quad\frac{\sigma_1\sigma_2\sqrt{1-\rho^2}}{2\pi}\left(\int_{-\infty}^{+\infty}ue^{-\frac{u^2}{2}}\mathrm{d}u\right)\left(\int_{-\infty}^{+\infty}te^{-\frac{t^2}{2}}\mathrm{d}t\right)\\&=\frac{\rho\sigma_1\sigma_2}{2\pi}\sqrt{2\pi}\cdot\sqrt{2\pi}=\rho\sigma_1\sigma_2\end{aligned}$$

即 $\mathrm{Cov}(X,Y)=\rho\sigma_1\sigma_2$.

于是

$$\rho_{XY}=\frac{\mathrm{Cov}(X,Y)}{\sqrt{D(X)}\sqrt{D(Y)}}=\rho$$

这表明二维正态随机变量 (X,Y) 的概率密度中的参数 ρ 就是 X 和 Y 的相关系数,因此二维正态随机变量的分布完全可由 X, Y 各自的数学期望、方差以及它们的相关系数所确定.

上一章讲过,若 (X,Y) 服从二维正态分布,那么 X 和 Y 相互独立的充要条件为 $\rho=0$,即 X, Y 不相关. 故当 (X,Y) 服从二维正态分布时,X 和 Y 不相关与 X 和 Y 相互独立是等价的.

第四节 其他数字特征

本节介绍随机变量的其他几个数字特征.

一、矩

定义 4.6 设 X 和 Y 是随机变量,若

$$E(X^k),\quad k=1,2,\cdots \tag{4.31}$$

存在，称它为 X 的 k 阶原点矩，简称 k 阶矩，记为 μ_k.

若
$$E\{[X-E(X)]^k\},\quad k=1,2,\cdots \tag{4.32}$$
存在，称它为 X 的 k 阶中心矩.

若
$$E(X^k Y^l),\quad k,l=1,2,\cdots \tag{4.33}$$
存在，称它为 X 和 Y 的 $k+l$ 阶混合矩.

若
$$E\{[X-E(X)]^k[Y-E(Y)]^l\},\quad k,l=1,2,\cdots \tag{4.34}$$
存在，称它为 X 和 Y 的 $k+l$ 阶混合中心矩.

显然，X 的数学期望 $E(X)$ 是 X 的一阶原点矩，方差 $D(X)$ 是 X 的二阶中心矩，协方差 $\mathrm{Cov}(X,Y)$ 是 X 和 Y 的二阶混合中心矩.

当 X 为离散型随机变量时，分布律为 $P\{X=x_i\}=p_i, i=1,2,\cdots$，则
$$E(X^k)=\sum_{i=1}^{+\infty} x_i^k p_i \tag{4.35}$$

$$E\{[X-E(X)]^k\}=\sum_{i=1}^{+\infty}[x-E(X)]^k p_i \tag{4.36}$$

当 X 为连续型随机变量时，概率密度为 $f(x)$，则
$$E(X^k)=\int_{-\infty}^{+\infty} x^k f(x)\mathrm{d}x \tag{4.37}$$

$$E\{[X-E(X)]^k\}=\int_{-\infty}^{+\infty}[x-E(X)]^k f(x)\mathrm{d}x \tag{4.38}$$

二、众数、分位数和中位数

定义 4.7 若 X 是连续型随机变量，其概率密度为 $f(x)$，称满足
$$f(m_0)=\sup_x f(x) \tag{4.39}$$
的数值 m_0 为 X 的**众数**.

若 X 是离散型随机变量，其分布律为 $P\{X=x_i\}=p_i, i=1,2,\cdots$，称满足
$$P\{X=m_0\}=\max_i p_i \tag{4.40}$$
的数值 m_0 为 X 的**众数**.

【例 4.24】 某鞋厂生产一种青年男子凉鞋，用 $X(\mathrm{cm})$ 表示市场上对此种鞋的需求量的尺码大小，设 X 的分布律为

X	24	24.5	25	25.5	26	26.5	27
p_k	0.026	0.098	0.222	0.314	0.190	0.118	0.032

那么，X 的众数就是需求量最大的尺码，$m_0=25.5$.

定义 4.8 设 $0<\alpha<1$，如果
$$P\{X\geqslant x_\alpha\}=\alpha \tag{4.41}$$
称 x_α 是随机变量 X 的 α **分位数（分位点）**. 当 $\alpha=0.5$ 时，称 $x_{0.5}$ 为 X 的**中位数**.

对于标准正态分布 $N(0,1)$,常用 z_α 表示其 α 分位数(分位点),根据其概率密度 $\varphi(x)$ 的对称性易知 $z_{1-\alpha}=-z_\alpha$.

【例 4.25】 求正态分布 $N(\mu,\sigma^2)$ 的众数、中位数.

解: 由对称性知,众数、中位数都是 μ.

【例 4.26】 设随机变量 X 的取值集合为 $\{0,1\}$,并且取其中每一个值的概率都是 $\dfrac{1}{2}$,求 X 的中位数.

解:

$$X \sim B(n,p), \quad F(x)=\begin{cases}0, & x<0 \\ \dfrac{1}{2}, & 0\leqslant x<1 \\ 1, & x\geqslant 1\end{cases}$$

对于任意 $0<a<1$,有

$$P\{X\leqslant a\}=P\{X=0\}=\frac{1}{2}, \quad P\{X\geqslant a\}=P\{X=1\}=\frac{1}{2}$$

由定义知,区间 $(0,1)$ 中任意一个实数都是 X 的中位数.

【例 4.27】 设随机变量 X 服从参数为 3 的指数分布,其概率密度为 $f(x)=\begin{cases}3\mathrm{e}^{-3x}, & x\geqslant 0 \\ 0, & x<0\end{cases}$,求 X 的 0.90 分位数 $x_{0.90}$.

解: X 的分布函数

$$F(x)=\int_{-\infty}^{x}f(t)\mathrm{d}t=\begin{cases}1-\mathrm{e}^{-3x}, & x\geqslant 0 \\ 0, & x<0\end{cases}$$

故 $0.90=P\{X\geqslant x_{0.90}\}=1-F(x_{0.90})=\mathrm{e}^{-3x_{0.90}}$,解得 $x_{0.90}=0.3161$.

分位数在实际问题中常用. 例如,旅客在机场排队领取登机牌,若要求 95% 的旅客能在 15min 内领到,那么,15 就是旅客排队时间(单位:min)这一随机变量 X 的 0.95 分位数 $x_{0.95}$;又如,在生产车间机器设备发生故障需要维修,若要求 90% 的故障在 30min 内完成维修,那么,30 就是维修时间(单位:min)这一随机变量 Y 的 0.90 分位数 $y_{0.90}$.

习 题 四

1. 某人现有 10 万元现金进行为期一年的投资,现有 2 种投资方案:一是购买股票,二是存入银行获取利息。若买股票,则一年收益主要取决于全年经济形势好(概率 30%)、中等(概率 50%)、差(概率 20%)三种状态,形式好就能获利

40000元，形式中等也能获利10000元，形式差就要损失20000元。若存入银行，则按3%的年利率获得利息3000元，问应如何投资收益最大．

2. 某商场订购下一年的挂历，零售价80元/本，进价50元/本，若当年卖不出去，则降价到20元/本全部销售出去。根据往年经验，需求概率如下：在当年售出150本、160本、170本和180本的概率分别为0.1，0.4，0.3，0.2. 有以下四种订购方案：(1) 订购150本；(2) 订购160本；(3) 订购170本；(4) 订购180本，请问哪种方案可使期望利润最大？

3. 一人掷骰子，如得6点则掷第2次，此时得分"6+第二次得到的点数"；否则得分为他第一次掷得的点数，且不能再掷，求得分 X 的分布律及 $E(X)$.

4. 设随机变量 X 服从柯西（Cauchy）分布，其概率密度为
$$f(x) = \frac{1}{\pi(1+x^2)}, \quad -\infty < x < +\infty$$
试证 $E(X)$ 不存在．

5. 某种化合物的 pH 值 X 是一个随机变量，它的概率密度是
$$f(x) = \begin{cases} 25(x-3.8), & 3.8 \leq x \leq 4 \\ -25(x-4.2), & 4 < x \leq 4.2 \\ 0, & \text{其他} \end{cases}$$
求 pH 值的数学期望 $E(X)$.

6. 设随机变量 X 的分布律为 $P\left\{X = (-1)^{j+1}\frac{3^j}{j}\right\} = \frac{2}{3^j}$，$j = 1, 2, \cdots$，说明 X 的数学期望不存在．

7. 设随机变量 X 的分布律为

X	-2	0	2
p_k	0.3	0.3	0.4

求 $E(X)$，$E(X^2)$，$E(3X^2-2)$.

8. 设随机变量 (X, Y) 具有分布律为

X \ Y	1	2	3
-1	0.2	0.1	0.0
0	0.1	0.0	0.3
1	0.1	0.1	0.1

求 $E(X)$，$E(Y)$，$E(XY)$，$E(X-Y)$，$E(3X+2Y)$.

9. 对球的直径作近似测量，设其值均匀分布在区间 $[a, b]$ 内，求球体积的数学期望．

10. 设国际市场每年对我国某种出口商品的需求量 $X \sim U(2000, 4000)$（单位：吨），若售出这种商品1吨，可挣得外汇3万元，但如果销售不出而囤积于仓

库,则每吨需保管费 1 万元. 则应预备多少吨这种商品,才能使国家的收益最大?

11. 设在盒中有 25 张形式各异的礼券,有人在盒中取 10 次,每次取一张,作放回抽样. 设抽出的 10 张礼券中包含 X 种不同式样. 求 X 的数学期望.

12. 设有 n 个人 N 个房间,若每个人住到每个房间是等可能的,且每个房间住的人数不受限制,求有人住的房间数的平均值.

13. 设相互独立的随机变量 X,Y 的密度函数分别为
$$f_1(x)=\begin{cases}2x, & 0\leqslant x\leqslant 1\\ 0, & \text{其他}\end{cases}, \quad f_2(y)=\begin{cases}e^{-(y-5)}, & y\geqslant 5\\ 0, & \text{其他}\end{cases}$$
求 $E(XY)$.

14. 设随机变量 X 的数学期望 $E(X)=\dfrac{7}{12}$,概率密度为 $f(x)=\begin{cases}ax+b, & 0\leqslant x\leqslant 1\\ 0, & \text{其他}\end{cases}$,求 a 与 b 的值,并求分布函数 $F(x)$.

15. 设 X 是随机变量,求 $E[(X-x)^2]$ 的最小值.

16. 从英文句子 "The girl put on her beautiful red hat" 中任意挑出一个单词,用 X 表示单词所包含的字母个数,求 $E(X),D(X)$.

17. 设随机变量 X 满足 $E(X)=D(X)=\lambda$,已知 $E[(X-1)(X-2)]=1$,试求 λ.

18. 设随机变量 X 的密度函数为
$$f(x)=\begin{cases}\dfrac{x}{3}, & 1<x\leqslant 2\\ 3-x, & 2<x\leqslant 3\\ 0, & \text{其他}\end{cases}$$

试求 $D(2X+3)$.

19. 某公司准备投资生产新产品,有两个产品:普通凉鞋和防雨制品,其年利润与气候是多雨或少雨有关. 根据气象部门预报,当年气候多雨和少雨的概率分别为 60% 和 40%. 通过调查,该公司认为若气候多雨,生产普通凉鞋和防雨制品的年利润分别是 42 万元和 100 万元;若气候少雨,前者的年利润为 37 万元,而后者则亏损 50 万元. 请问:该公司如何投资为好?

20. 某保险公司的人寿保险单持有者死亡将获得的保险金为随机变量 X(单位:万元),它服从区间 $[1,5]$ 上的均匀分布. 在该公司购买人寿保险的人在一年内的死亡人数为随机变量 Y,它服从参数为 8 的泊松分布. 每个人获得的保险金额相互独立且与 X 同分布,X 与 Y 也是相互独立的. 试求该保险公司在一年内需要支付的总保险金额的期望和方差.

21. 两随机变量 X,Y 的方差分别为 25 及 36,相关系数为 0.4,求 $D(X+Y)$,$D(X-Y)$.

22. 设随机变量 (X,Y) 具有概率密度

$$f(x,y)=\begin{cases}\dfrac{1}{8}(x+y), & 0\leqslant x\leqslant 2, 0\leqslant y\leqslant 2\\ 0, & \text{其他}\end{cases}$$

求 $E(X)$，$E(Y)$，$\text{Cov}(X,Y)$，ρ_{XY}，$D(X+Y)$.

23. 设随机变量 (X,Y) 的联合分布律如下表所示.

X \ Y	-1	0	1
-1	1/8	1/8	1/8
0	1/8	0	1/8
1	1/8	1/8	1/8

验证：X 和 Y 不相关，但 X 和 Y 不是相互独立的.

24. 设随机变量 (X,Y) 具有概率密度

$$f(x,y)=\begin{cases}1, & |y|<x, 0<x<1\\ 0, & \text{其他}\end{cases}$$

试求 $E(X)$，$E(Y)$，$\text{Cov}(X,Y)$.

25. 已知随机变量 X 和 Y 分别服从正态分布 $N(1,3^2)$ 和 $N(0,4^2)$，且 X 与 Y 的相关系数 $\rho_{XY}=-\dfrac{1}{2}$，设 $Z=\dfrac{X}{3}+\dfrac{Y}{2}$.

(1) 求 Z 的数学期望 $E(Z)$ 和方差 $D(Z)$；

(2) 求 X 与 Z 的相关系数 ρ_{XZ}.

26. 设随机变量 X 和 Y 的方差都为 1，其相关系数为 0.25，求 $U=X+2Y$ 与 $V=X-2Y$ 的协方差.

第五章　大数定律与中心极限定理

极限定理是概率论的基本理论，在理论研究和应用中起着重要的作用，其中"大数定律"与"中心极限定理"就扮演这样的角色. 本章介绍几个大数定律和中心极限定理.

第一节　大数定律

第一章引入事件与概率的概念时指出，随机事件 A 在一次试验中可能出现也可能不出现，但在大量的试验中则呈现出明显的统计规律性——频率的稳定性. 频率是概率的反映，随着试验次数 n 的增加，频率逐渐稳定于概率. "频率逐渐稳定于概率"实质上是频率依某种收敛意义趋于概率，这个稳定性就是"大数定律"研究的客观背景.

设在一次观测中事件 A 发生的概率 $P(A)=p$，如果观测了 n 次（也就是一个 n 重伯努利试验），A 发生了 μ_n 次，则 A 在 n 次观测中发生的频率为 $\dfrac{\mu_n}{n}$，当 n 充分大时，频率 $\dfrac{\mu_n}{n}$ 逐渐稳定到概率 p. 若用随机变量的语言表述，就是：设 X_i 表示第 i 次观测中事件 A 发生次数，即

$$X_i=\begin{cases}1,\text{第 }i\text{ 次试验中 }A\text{ 发生}\\0,\text{第 }i\text{ 次试验中 }A\text{ 不发生}\end{cases},i=1,2,\cdots,n \tag{5.1}$$

则 $X_1,X_2,\cdots,X_n$ 是 n 个相互独立的随机变量，显然 $\mu_n=\sum\limits_{i=1}^{n}X_i$，从而有 $\dfrac{\mu_n}{n}=\dfrac{1}{n}\sum\limits_{i=1}^{n}X_i$. 因此"$\dfrac{\mu_n}{n}$ 稳定于 p"，又可表述为 n 次观测结果的平均值稳定于 p.

问题是需要回答："稳定"的确切含义是什么？$\dfrac{\mu_n}{n}$ 稳定于 p 是否能写成

$$\lim_{n\to\infty}\frac{\mu_n}{n}=p \tag{5.2}$$

即 $\forall \varepsilon>0$，$\exists N$，当 $n>N$ 时，有

$$\left|\frac{\mu_n}{n}-p\right|<\varepsilon \tag{5.3}$$

是否对 n 重伯努利试验的所有样本点都成立？

事实是，在 n 次试验中事件 A 发生 n 次还是有可能的，此时 $\mu_n=n$，$\frac{\mu_n}{n}=1$，对 $0<\varepsilon<1-p$，不论 N 多大，也不可能得到．当 $n>N$ 时，有 $\left|\frac{\mu_n}{n}-p\right|<\varepsilon$ 成立．也就是说，在个别情形下，事件 $\left(\left|\frac{\mu_n}{n}-p\right|\geqslant\varepsilon\right)$ 还是有可能发生的，但是当 n 很大时，事件 $\left(\left|\frac{\mu_n}{n}-p\right|\geqslant\varepsilon\right)$ 发生的可能性很小．例如，对上面的 $\mu_n=n$，有 $P\left\{\frac{\mu_n}{n}=1\right\}=p^n$．

显然，当 $n\to\infty$ 时，$P\left\{\frac{\mu_n}{n}=1\right\}=p^n\to 0$，所以"$\frac{\mu_n}{n}$ 稳定于 p"意味着对 $\forall\varepsilon>0$，有

$$\lim_{n\to\infty}P\left\{\left|\frac{\mu_n}{n}-p\right|\geqslant\varepsilon\right\}=0 \tag{5.4}$$

沿用前面的记号，式(5.4)又可写成

$$\lim_{n\to\infty}P\left\{\left|\frac{1}{n}\sum_{i=1}^{n}X_i-p\right|\geqslant\varepsilon\right\}=0$$

一般地，设 $X_1,X_2,\cdots,X_n,\cdots$ 是一列随机变量，a 为常数，如果对 $\forall\varepsilon>0$，有

$$\lim_{n\to\infty}P\left\{\left|\frac{1}{n}\sum_{i=1}^{n}X_i-a\right|\geqslant\varepsilon\right\}=0 \tag{5.5}$$

即

$$\lim_{n\to\infty}P\left\{\left|\frac{1}{n}\sum_{i=1}^{n}X_i-a\right|<\varepsilon\right\}=1 \tag{5.6}$$

则称 $\frac{1}{n}\sum_{i=1}^{n}X_i$ 稳定于 a．

概率论中，一切关于大量随机现象之平均结果稳定性的定理，统称为大数定律．

若将式(5.6)中的 a 换成常数列 $a_1,a_2,\cdots,a_n,\cdots$，即得大数定律的一般定义．

定义 5.1 若 $X_1,X_2,\cdots,X_n,\cdots$ 是随机变量序列，如果存在常数列 a_1，$a_2,\cdots,a_n,\cdots$，使对 $\forall\varepsilon>0$，有

$$\lim_{n\to\infty} P\left\{\left|\frac{1}{n}\sum_{i=1}^{n}X_i - a_n\right| < \varepsilon\right\} = 1 \tag{5.7}$$

成立，则称随机变量序列 $\{X_n\}$ 服从大数定律.

若随机变量 X_i 具有数学期望 $E(X_i)$，$i=1,2,\cdots$，则大数定律的经典形式是：对 $\forall \varepsilon > 0$，有

$$\lim_{n\to\infty} P\left\{\left|\frac{1}{n}\sum_{i=1}^{n}X_i - \frac{1}{n}\sum_{i=1}^{n}E(X_i)\right| < \varepsilon\right\} = 1 \tag{5.8}$$

这里常数列 $a_n = \frac{1}{n}\sum_{i=1}^{n}E(X_i)$，$n=1,2,\cdots$.

本节介绍几个大数定律，对频率的稳定性作出理论说明.

定理 5.1 （马尔可夫大数定律） 设 $X_1, X_2, \cdots, X_n, \cdots$ 是随机变量序列，且 $n\to\infty$ 时，有

$$\frac{1}{n^2}D\left(\sum_{i=1}^{n}X_i\right) \to 0 \tag{*}$$

则随机变量序列 $\{X_n\}$ 服从大数定律.

证明：对 $\forall \varepsilon > 0$，由切比雪夫不等式，有

$$0 \leqslant P\left\{\left|\frac{1}{n}\sum_{i=1}^{n}X_i - \frac{1}{n}\sum_{i=1}^{n}E(X_i)\right| \geqslant \varepsilon\right\} = P\left\{\left|\frac{1}{n}\sum_{i=1}^{n}X_i - E\left(\frac{1}{n}\sum_{i=1}^{n}X_i\right)\right| \geqslant \varepsilon\right\}$$

$$\leqslant \frac{1}{\varepsilon^2}D\left(\frac{1}{n}\sum_{i=1}^{n}X_i\right) = \frac{1}{n^2\varepsilon^2}D\left(\sum_{i=1}^{n}X_i\right) \to 0, n \to \infty$$

因此

$$\lim_{n\to\infty} P\left\{\left|\frac{1}{n}\sum_{i=1}^{n}X_i - \frac{1}{n}\sum_{i=1}^{n}E(X_i)\right| \geqslant \varepsilon\right\} = 0 \tag{5.9}$$

即

$$\lim_{n\to\infty} P\left\{\left|\frac{1}{n}\sum_{i=1}^{n}X_i - \frac{1}{n}\sum_{i=1}^{n}E(X_i)\right| < \varepsilon\right\} = 1 \tag{5.10}$$

故随机变量序列 $\{X_n\}$ 服从大数定律.

此大数定律称为马尔可夫大数定律，式(*)称为马尔可夫条件.

定理 5.2 （切比雪夫大数定律） 设 $X_1, X_2, \cdots, X_n, \cdots$ 是相互独立的随机变量序列，若存在常数 $C > 0$，使

$$D(X_i) \leqslant C, i=1,2,\cdots \tag{5.11}$$

则随机变量序列 $\{X_n\}$ 服从大数定律，即对 $\forall \varepsilon > 0$，有

$$\lim_{n\to\infty} P\left\{\left|\frac{1}{n}\sum_{i=1}^{n}X_i - \frac{1}{n}\sum_{i=1}^{n}E(X_i)\right| < \varepsilon\right\} = 1 \tag{5.12}$$

证明：因为 $\{X_i\}$ 为相互独立随机变量序列，且由它们的方差有界即可得到

$$0 \leqslant D\left(\sum_{i=1}^{n}X_i\right) = \sum_{i=1}^{n}D(X_i) \leqslant nC \tag{5.13}$$

从而有

$$\frac{1}{n^2} D\left(\sum_{i=1}^{n} X_i\right) \to 0, n \to \infty \tag{5.14}$$

满足马尔可夫条件,因此由马尔可夫大数定律,有

$$\lim_{n \to \infty} P\left\{\left|\frac{1}{n}\sum_{i=1}^{n} X_i - \frac{1}{n}\sum_{i=1}^{n} E(X_i)\right| < \varepsilon\right\} = 1 \tag{5.15}$$

注意:切比雪夫大数定律是马尔可夫大数定律的特例.

定理 5.3 (伯努利大数定律) 设 μ_n 是 n 重伯努利试验中事件 A 发生的次数,A 在每次试验中发生的概率为 $p(0<p<1)$,则对 $\forall \varepsilon > 0$,有

$$\lim_{n \to \infty} P\left\{\left|\frac{\mu_n}{n} - p\right| < \varepsilon\right\} = 1 \tag{5.16}$$

证明:令 $X_i = \begin{cases} 1, & \text{第 } i \text{ 次试验中 } A \text{ 发生} \\ 0, & \text{第 } i \text{ 次试验中 } A \text{ 不发生} \end{cases}$, $i=1,2,\cdots,n$

显然 $\mu_n = \sum_{i=1}^{n} X_i$.

由定理条件,$X_i(i=1,2,\cdots,n)$ 独立同分布(均服从二点分布).

且 $E(X_i) = p$,$D(X_i) = p(1-p)$ 都是常数,从而方差有界.

由切比雪夫大数定律,有

$$\lim_{n \to \infty} P\left\{\left|\frac{\mu_n}{n} - p\right| < \varepsilon\right\} = \lim_{n \to \infty} P\left\{\left|\frac{1}{n}\sum_{i=1}^{n} X_i - p\right| < \varepsilon\right\} = 1$$

伯努利大数定律阐述了频率稳定性的含义,当 n 充分大时可以以接近 1 的概率断言,$\frac{\mu_n}{n}$ 将落在以 p 为中心的 ε 邻域内. 伯努利大数定律为用频率估计概率$\left(p \approx \frac{\mu_n}{n}\right)$提供了理论依据.

注意:伯努利大数定律是切比雪夫大数定律的特例.

以上大数定律的证明是以切比雪夫不等式为基础的,所以要求随机变量的方差存在,事实上方差存在这个条件并不是必要条件.

定理 5.4 (辛钦大数定律) 设 $X_1, X_2, \cdots, X_n, \cdots$ 是独立同分布的随机变量序列,且数学期望存在,$E(X_i) = a$,$i=1,2,\cdots$,则对 $\forall \varepsilon > 0$,有

$$\lim_{n \to \infty} P\left\{\left|\frac{1}{n}\sum_{i=1}^{n} X_i - a\right| < \varepsilon\right\} = 1 \tag{5.17}$$

成立.

定理 5.4 的证明超出本书范围.

注意: 伯努利大数定律是辛钦大数定律的特例.

辛钦大数定律为实际生活中经常采用的算术平均值法提供了理论依据. 辛钦大数定律也是数理统计学中参数估计理论的基础,通过第六章的学习,我们对它会有更深入的认识.

【例 5.1】 设 $\{X_n\}$ 独立同分布,且 $E(X_n^k)$ 存在,则 $\{X_n^k\}$ 也服从大数定律.

证明: $\{X_n\}$ 独立同分布,所以 $\{X_n^k\}$ 也独立同分布. 又因为 $E(X_n^k)$ 存在,故由辛钦大数定律知 $\{X_n^k\}$ 服从大数定律.

注意: 例 5.1 是统计学中矩估计法的理论依据.

定义 5.2 设 $X_1, X_2, \cdots, X_n \cdots$ 是随机变量序列,a 是一个常数. 如果 $\forall \varepsilon > 0$,有

$$\lim_{n \to \infty} P\{|X_n - a| < \varepsilon\} = 1 \tag{5.18}$$

则称随机变量序列 $\{X_n\}$ 依概率收敛于 a,记作

$$X_n \xrightarrow{P} a, n \to \infty \tag{5.19}$$

式(5.18)也等价于 $\lim\limits_{n \to \infty} P\{|X_n - a| \geqslant \varepsilon\} = 0$.

故定理 5.4 辛钦大数定律又可叙述为:设 $X_1, X_2, \cdots, X_n, \cdots$ 是独立同分布的随机变量序列,且数学期望存在,$E(X_i) = a, i = 1, 2, \cdots$,则序列 $\overline{X} = \dfrac{1}{n}\sum\limits_{i=1}^{n} X_i$ 依概率收敛于 a,即 $\overline{X} \xrightarrow{P} a$.

第二节 中心极限定理

正态分布在概率统计中具有重要的地位和作用,许多随机现象遵循正态分布. 这是经验猜测还是确有理论依据?"中心极限定理"回答了这一问题.

设 $\{X_n\}$ 为独立的随机变量序列,且 $E(X_n), D(X_n)(n=1, 2, \cdots)$ 均存在,称

$$Y_n = \frac{\sum\limits_{k=1}^{n} X_k - \sum\limits_{k=1}^{n} E(X_k)}{\sqrt{\sum\limits_{k=1}^{n} D(X_k)}} \tag{5.20}$$

为 $\{X_n\}$ 的规范和.

概率论中,一切关于随机变量序列规范和的极限分布是标准正态分布的定理统称为中心极限定理,即设 $\{X_n\}$ 的规范和为 Y_n,有

$$\lim_{n \to \infty} P\{Y_n < x\} = \frac{1}{\sqrt{2\pi}} \int_{-\infty}^{x} e^{-\frac{t^2}{2}} dt \tag{5.21}$$

则称 $\{X_n\}$ 服从中心极限定理.

中心极限定理实质上为 $\dfrac{\sum\limits_{k=1}^{n}X_k - E\left(\sum\limits_{k=1}^{n}X_k\right)}{\sqrt{D\left(\sum\limits_{k=1}^{n}X_k\right)}}$ 近似服从标准正态分布 $N(0,1)$.

大数定律仅仅从定性的角度回答了频率 $\dfrac{\mu_n}{n}$ 稳定于概率 p, 即 $\dfrac{\mu_n}{n}\xrightarrow{P}p$. 为了定量描述用频率 $\dfrac{\mu_n}{n}$ 估计概率 p 的误差, 历史上德莫佛-拉普拉斯 (De Moivre-Laplace) 给出了概率论中第一个中心极限定理, 这个定理证明了 μ_n 的标准化随机变量渐近于 $N(0,1)$ 分布.

定理 5.5 (德莫佛-拉普拉斯) **极限定理** 在 n 重伯努利试验中, 事件 A 在每次试验中发生的概率为 $p(0<p<1)$, μ_n 为 n 次试验中事件 A 发生的次数, 则

$$\lim_{n\to\infty}P\left\{\frac{\mu_n-np}{\sqrt{npq}}<x\right\}=\frac{1}{\sqrt{2\pi}}\int_{-\infty}^{x}\mathrm{e}^{-\frac{t^2}{2}}\mathrm{d}t \tag{5.22}$$

注意: 定理 5.5 说明 $\dfrac{\mu_n-np}{\sqrt{npq}}$ 近似服从 $N(0,1)$, 从而 μ_n 近似服从 $N(np,npq)$, 又因 μ_n 服从二项分布 $B(n,p)$, 所以定理 5.5 也称为二项分布的正态近似或二项分布收敛于正态分布. 在第二章, 泊松定理也被说成是"二项分布收敛于泊松分布". 同样一列二项分布, 一个定理说是收敛于泊松分布, 另一个定理又说是收敛于正态分布, 两者是否存在矛盾? 比较两个定理的条件和结论, 可知二者并不矛盾. 这里应该指出的是在定理 5.5 中 $np\to\infty$, 而泊松定理中则要求 $np_n\to\lambda(\lambda<\infty)$. 所以在实际问题中作近似计算时, 如果 n 很大, np 不大或 nq 不大 (即 p 很小或 $q=1-p$ 很小), 则应该利用泊松定理; 反之, 若 n, np, nq 都较大, 则应该利用定理 5.5.

定理 5.6 (林德贝尔格-勒维) **极限定理** 设 $\xi_1,\xi_2,\cdots$ 是一列独立同分布的随机变量, 且

$$E(\xi_k)=a, D(\xi_k)=\sigma^2 \quad (\sigma^2>0, k=1,2,\cdots) \tag{5.23}$$

则有

$$\lim_{n\to\infty}P\left\{\frac{\sum\limits_{k=1}^{n}\xi_k-na}{\sigma\sqrt{n}}<x\right\}=\frac{1}{\sqrt{2\pi}}\int_{-\infty}^{x}\mathrm{e}^{-\frac{t^2}{2}}\mathrm{d}t \tag{5.24}$$

注意: 德莫佛-拉普拉斯极限定理是林德贝尔格-勒维极限定理的特例.

定理 5.6 表明: 当 n 充分大时, $\zeta_n=\dfrac{\sum\limits_{k=1}^{n}\xi_k-na}{\sigma\sqrt{n}}$ 的分布近似于 $N(0,1)$, 从而

$\xi_1+\xi_2+\cdots+\xi_n=na+\sigma\sqrt{n}\zeta_n$ 具有近似分布 $N(na,n\sigma^2)$. 这意味大量相互独立、同分布且存在方差的随机变量之和近似服从正态分布. 该结论在数理统计的大样本理论中有广泛应用, 同时也提供了计算独立同分布随机变量之和的近似概率的简便方法.

【例 5.2】 计算器在进行加法时,将每个加数舍入最靠近它的加数. 设所有舍入误差是独立的, 且在 $(-0.5,0.5)$ 上服从均匀分布. (1) 若将 1500 个数相加, 误差总和的绝对值超过 15 的概率是多少? (2) 最多可有多少个数相加使得误差总和的绝对值小于 10 的概率不小于 0.90?

解: 设每个加数的舍入误差为 X_i, $i=1,2,\cdots,1500$, 则 X_i 相互独立, $X_i \sim U(-0.5,0.5)$, 于是

$$E(X_i)=\frac{-0.5+0.5}{2}=0,\ D(X_i)=\frac{(0.5+0.5)^2}{12}=\frac{1}{12},\ i=1,2,\cdots,1500$$

(1) 由林德贝尔格-勒维极限定理, $\dfrac{\sum_{i=1}^{1500}X_i-1500\times 0}{\sqrt{1500}\sqrt{\frac{1}{12}}} \overset{\text{近似}}{\sim} N(0,1)$

$$P\{|X|>15\}=1-P\{|X|\leqslant 15\}=1-P\left\{\frac{-15}{\sqrt{125}}\leqslant\frac{X}{\sqrt{125}}\leqslant\frac{15}{\sqrt{125}}\right\}$$

$$\approx 2-2\Phi(1.34)=0.1802$$

(2) 求 n, 使 $P\left\{\left|\sum_{i=1}^{n}X_i\right|<10\right\}\geqslant 0.90$. 因为 $\dfrac{\sum_{i=1}^{n}X_i-n\times 0}{\sqrt{n}\sqrt{\frac{1}{12}}}\overset{\text{近似}}{\sim}N(0,1)$,

所以

$$P\left\{-10<\sum_{i=1}^{n}X_i<10\right\}=P\left\{\frac{-10}{\sqrt{n}\sqrt{\frac{1}{12}}}<\frac{\sum_{i=1}^{n}X_i}{\sqrt{n}\sqrt{\frac{1}{12}}}<\frac{10}{\sqrt{n}\sqrt{\frac{1}{12}}}\right\}$$

$$\approx 2\Phi\left(\frac{10}{\sqrt{n}\sqrt{\frac{1}{12}}}\right)-1\geqslant 0.90$$

查表得 $\dfrac{10}{\sqrt{n}\sqrt{\frac{1}{12}}}\geqslant 1.645$, $n\leqslant 443.455$. 故最多有 443 个数相加使得误差总和的绝对值小于 10 的概率不小于 0.90.

【例 5.3】 某单位内部有 260 架电话分机, 每个分机有 4% 的时间要用外线通话. 可以认为各个电话分机用不同外线是相互独立的. 问: 总机需备多少条外线才

能以 95% 的把握保证各个分机在使用外线时不必等候?

解:由题意,任意一个分机或使用外线或不使用外线,只有两种可能结果,且使用外线的概率 $p=0.04$,260 个分机中同时使用外线的分机数 $\mu_{260} \sim B(260, 0.04)$.

设总机确定的最少外线条数为 x,则有 $P\{\mu_{260} \leqslant x\} \geqslant 0.95$.

由于 $n=260$ 较大,故由德莫佛-拉普拉斯定理,有

$$P\{\mu_{260} \leqslant x\} \approx \Phi\left(\frac{x-260p}{\sqrt{260pq}}\right) \geqslant 0.95$$

查正态分布表可知

$$\frac{x-260p}{\sqrt{260pq}} \geqslant 1.65$$

解得 $\qquad x \geqslant 16$

所以总机至少备有 16 条外线,才能以 95% 的把握保证各个分机使用外线时不必等候.

由伯努利大数定律 $\lim\limits_{n \to \infty} P\left\{\left|\frac{\mu_n}{n}-p\right| \geqslant \varepsilon\right\}=0$,那么对给定的 ε 和较大的 n,$\lim\limits_{n \to \infty} P\left\{\left|\frac{\mu_n}{n}-p\right| \geqslant \varepsilon\right\}$ 究竟有多大?伯努利大数定律没有给出回答,但利用德莫佛-拉普拉斯极限定理可以给出近似的解答.对充分大的 n

$$P\left\{\left|\frac{\mu_n}{n}-p\right|<\varepsilon\right\}=P\left\{\left|\frac{\mu_n-np}{\sqrt{npq}}\right|<\varepsilon\sqrt{\frac{n}{pq}}\right\}$$

$$\approx \Phi\left(\varepsilon\sqrt{\frac{n}{pq}}\right)-\Phi\left(-\varepsilon\sqrt{\frac{n}{pq}}\right)=2\Phi\left(\varepsilon\sqrt{\frac{n}{pq}}\right)-1$$

故

$$P\left\{\left|\frac{\mu_n}{n}-p\right| \geqslant \varepsilon\right\}=1-P\left\{\left|\frac{\mu_n}{n}-p\right|<\varepsilon\right\} \approx 2\left[1-\Phi\left(\varepsilon\sqrt{\frac{n}{pq}}\right)\right]$$

由此可知,德莫佛-拉普拉斯极限定理比伯努利大数定律的结果更精细.

【例 5.4】 重复掷一枚质地不均匀的硬币,设在每次试验中出现正面的概率 p 未知.要掷多少次才能使出现正面的频率与 p 相差不超过 $\frac{1}{100}$ 的概率达 95% 以上?

解:依题意,欲求 n,使

$$P\left\{\left|\frac{\mu_n}{n}-p\right| \leqslant \frac{1}{100}\right\} \geqslant 0.95$$

$$P\left\{\left|\frac{\mu_n}{n}-p\right| \leqslant \frac{1}{100}\right\}=2\Phi\left(0.01\sqrt{\frac{n}{pq}}\right)-1 \geqslant 0.95$$

$$\Phi\left(0.01\sqrt{\frac{n}{pq}}\right)\geqslant 0.975$$

$$0.01\sqrt{\frac{n}{pq}}\geqslant 1.96$$

$$n^2\geqslant 196^2 pq$$

因为 $pq\leqslant\dfrac{1}{4}$，所以 $n\geqslant 196^2\times\dfrac{1}{4}=9604$.

所以要掷硬币 9604 次以上才能保证出现正面的频率与概率之差不超过 $\dfrac{1}{100}$.

习 题 五

一、填空题

1. 设 $E(X)=\mu$，$D(X)=\sigma^2$，则由切比雪夫不等式有 $P\{|X-\mu|\geqslant 3\sigma\}\leqslant$ ___；

2. 设随机变量 $X_1, X_2, \cdots, X_n$ 相互独立且都服从参数为 λ 的泊松分布，则
$$\lim_{n\to\infty} P\left\{\frac{\sum\limits_{i=1}^{n}X_i - n\lambda}{\sqrt{n\lambda}}\leqslant x\right\} = \underline{\qquad\qquad}.$$

3. 设随机变量 X 和 Y 的数学期望分别为 -2 和 3，方差分别为 1 和 4，而相关系数为 -0.5，则根据切比雪夫不等式，$P\{|X+Y|\geqslant 6\}\leqslant$ _____；

4. 设随机变量 $X_1, X_2, \cdots, X_n$ 相互独立，都服从参数为 2 的指数分布，则 $n\to\infty$ 时，$Y_n=\dfrac{1}{n}\sum\limits_{i=1}^{n}X_i^2$ 依概率收敛于 _____.

二、选择题

1. 设随机变量 X 服从正态分布 $N(\mu, \sigma^2)$，则随 σ 的增大，概率 $P\{|X-\mu|<\sigma\}$ 是（   ）.

A. 单调增大；　　B. 单调减少；　　C. 保持不变；　　D. 增减不定.

2. 根据德莫弗－拉普拉斯定理可知（   ）.

A. 二项分布是正态分布的极限分布；　B. 正态分布是二项分布的极限分布；

C. 二项分布是指数分布的极限分布；　D. 二项分布与正态分布没有关系.

3. 设随机变量 X 服从正态分布 $N(\mu_1, \sigma_1^2)$，Y 服从正态分布 $N(\mu_2, \sigma_2^2)$，且 $P\{|X-\mu_1|<1\}>P\{|Y-\mu_2|<1\}$，则（   ）.

A. $\sigma_1<\sigma_2$；　　B. $\sigma_1>\sigma_2$；　　C. $\mu_1<\mu_2$；　　D. $\mu_1>\mu_2$.

4. 设 $\{X_n\}$ ($n\geqslant 1$) 为相互独立的随机变量序列，且都服从参数为 λ 的指数分布，则（   ）.

A. $\lim\limits_{n\to\infty} P\left\{\dfrac{\lambda\sum\limits_{i=1}^{n}X_i - n}{\sqrt{n}} \leqslant x\right\} = \Phi(x)$; B. $\lim\limits_{n\to\infty} P\left\{\dfrac{\sum\limits_{i=1}^{n}X_i - n}{\sqrt{n}} \leqslant x\right\} = \Phi(x)$;

C. $\lim\limits_{n\to\infty} P\left\{\dfrac{\sum\limits_{i=1}^{n}X_i - \lambda}{\sqrt{n}\lambda} \leqslant x\right\} = \Phi(x)$; D. $\lim\limits_{n\to\infty} P\left\{\dfrac{\sum\limits_{i=1}^{n}X_i - \lambda}{\sqrt{n\lambda}} \leqslant x\right\} = \Phi(x)$.

式中，$\Phi(x) = \int_{-\infty}^{x} \dfrac{1}{\sqrt{2\pi}} e^{-\frac{x^2}{2}} dx$ 是标准正态分布的分布函数.

三、计算题

1. 将一颗骰子连续掷四次，其点数之和记为 X，估计概率 $P\{10 < X < 18\}$.

2. 设某部件由 10 个部分组成，每部分的长度 X_i 为随机变量，$X_1, X_2, \cdots, X_{10}$ 相互独立同分布，$E(X_i) = 2$mm，$\sqrt{D(X_i)} = 0.5$mm，若规定总长度为 (20 ± 1)mm 是合格产品，求产品合格的概率.

3. (1) 一个复杂系统由 100 个相互独立的元件组成，系统运行期间每个元件损坏的概率为 0.1，又知系统运行至少需要 85 个元件正常工作，求系统可靠度（即正常工作的概率）；(2) 假如上述系统由 n 个相互独立的元件组成，至少 80% 的元件正常工作，才能使系统正常运行，则 n 至少多大才能保证系统可靠度为 0.95？

4. 在一家保险公司里有 10000 个人参加保险，每人每年付 12 元保险费. 在一年内一个人死亡的概率为 0.006，死亡时其家属可向保险公司领得 1000 元，问：

(1) 保险公司亏本的概率多大？

(2) 保险公司一年的利润不少于 40000 元的概率为多大？

5. 设随机变量 $X_1, X_2, \cdots, X_n, \cdots$ 相互独立同分布，且 $E(X_i) = 0$，$i = 1, 2, \cdots$，求 $\lim\limits_{n \to +\infty} P\left\{\sum\limits_{i=1}^{n} X_i < n\right\}$.

第六章 样本及抽样分布

前面 5 章我们讲述了概率论的基本内容，随后的 3 章将讲述数理统计的基本内容．数理统计和概率论一样，也是研究随机现象规律性的科学，概率论着重从理论上研究随机变量的一般规律性，而数理统计则研究如何运用概率论的基本理论，通过对样本的收集、整理和分析，去估计或推断总体的某些性质或数字特征，在科学研究中，数理统计占据着十分重要的位置，是多种试验数据处理的理论基础．数理统计的内容很丰富，包括参数估计、假设检验、方差分析及回归分析等诸多内容，本书只介绍参数估计、假设检验两部分．本章中首先讨论总体、随机样本及统计量等基本概念，然后着重介绍几个常用的统计量及抽样分布．

第一节 简单随机样本与统计量

一、简单随机样本

我们将研究对象的某项数量指标值的全体称为**总体**（population），总体中的每个元素称为**个体**（individual）．例如，假如我们要研究某厂所生产的一批电视机显像管的平均寿命，我们可从这批产品中抽取一部分进行寿命测试，并且根据这部分产品的寿命数据对整批产品的平均寿命作统计推断，这批显像管寿命值的全体就组成一个总体，其中每一只显像管的寿命就是一个个体．要将一个总体的性质了解得十分清楚，最理想的办法是对每个个体逐个进行观察，但实际上这样做往往是不现实的．因为寿命试验是破坏性的，一旦我们获得实验的所有结果，这批显像管也全烧毁了，因此我们只能从整批显像管中抽取很少一部分显像管做寿命试验，并记录其结果，然后根据这部分数据来推断整批显像管的寿命情况．抽样必须是随机的，即每个个体都有被抽到的可能，并且每一个个体被抽到的机会是相等的，这种抽样叫做随机抽样．由于显像管的寿命在随机抽样中是随机变量，为了便于数学处理，我们将总体定义为随机变量．随机变量的分布称为**总体分布**．

一般地，我们都是从总体中抽取一部分个体进行观察，然后根据所得的数据来推断总体的性质．被抽出的部分个体，叫做总体的一个**样本**．这里需要指出的是，每个样本可以包含许多个体．

所谓从总体中随机抽样，就是对总体 X 进行一次次观察（即进行一次次试验)，并记录其结果．我们在相同的条件下对总体 X 进行 n 次重复的、独立的观察，将 n 次观察结果按照试验的次序记为 $X_1, X_2, \cdots, X_n$．由于 $X_1, X_2, \cdots, X_n$ 是对随机变量 X 观察的结果，且各次观察是在相同的条件下独立进行的，于是我们引出以下的样本概念．

定义 6.1　设总体 X 是具有分布函数 $F(x)$ 的随机变量，若 $X_1, X_2, \cdots, X_n$ 是与 X 具有同一分布函数 $F(x)$ 且相互独立的随机变量，则称 $X_1, X_2, \cdots, X_n$ 为来自总体 X 且容量为 n 的**简单随机样本**（random sample），简称为**样本**．

当 n 次观察完成，我们就得到一组实数值 $x_1, x_2, \cdots, x_n$，它们依次是随机变量 $X_1, X_2, \cdots, X_n$ 的观察值，称为**样本值**．

对于有限总体，采用放回抽样就能得到简单样本．当总体中个体的总数 N 比要取得的样本的容量 n 大得多时，在实际中可将不放回抽样近似地当作放回抽样来处理．

若 $X_1, X_2, \cdots, X_n$ 为总体 X 的一个样本，X 的分布函数为 $F(x)$，因为随机变量 $X_1, X_2, \cdots, X_n$ 是相互独立的，并且与总体 X 有相同的分布函数 $F(x)$，则 $X_1, X_2, \cdots, X_n$ 的联合分布函数为

$$F^*(x_1, x_2, \cdots, x_n) = \prod_{i=1}^{n} F(x_i)$$

对密度函数为 $f(x)$ 的连续型总体 X 而言，样本 $X_1, X_2, \cdots, X_n$ 的联合概率密度为

$$f(x_1, x_2, \cdots, x_n) = \prod_{i=1}^{n} f(x_i)$$

当总体 X 是离散型的，且其概率分布为 $P\{X = x_i\} = p(x_i)$，$i = 1, 2, \cdots, n$ 时，样本 $X_1, X_2, \cdots, X_n$ 的联合概率分布为

$$P\{X_1 = x_1, X_2 = x_2, \cdots, X_n = x_n\} = \prod_{i=1}^{n} p(x_i)$$

不论是联合密度函数，还是联合概率分布，它们都是样本信息最全面的概括，非常适合在某些场合（如第七章的参数估计）中使用．但这种概括有时不便或没必要使用，这时就需要引入适当函数，来刻画样本信息某个侧面的专门特征．

二、统计量

样本是总体的反映，但是样本所含的信息不能直接用于解决我们所要研究的问题，通常需要把样本所含的信息进行数学上的加工而使其浓缩起来，从而解决我们的问题．针对不同的问题构造样本的适当函数，利用这些样本的函数进行统计推断．

定义 6.2　设 $X_1, X_2, \cdots, X_n$ 是来自总体 X 的一个样本，$g(X_1, X_2, \cdots,$

X_n) 是 $X_1, X_2, \cdots, X_n$ 的函数,若 g 中不含任何未知参数,则称 $g(X_1, X_2, \cdots, X_n)$ 是一个**统计量** (statistic).

也就是说,统计量是完全由样本决定的量,它只依赖于样本,而不依赖任何未知参数. 统计量可以看作是对样本的一种"加工",是对样本中所含有用信息的一种"提炼"和"集中".

设 $x_1, x_2, \cdots, x_n$ 是相应于样本 $X_1, X_2, \cdots, X_n$ 的样本值,则称 $g(x_1, x_2, \cdots, x_n)$ 是统计量 $g(X_1, X_2, \cdots, X_n)$ 的**观察值**.

下面我们定义一些常用的统计量. 设 $X_1, X_2, \cdots, X_n$ 是来自总体 X 的一个样本,$x_1, x_2, \cdots, x_n$ 是这一样本的观察值. 为提炼样本所反映的总体信息,简单的方法就是引进刻画样本特征的数量指标,即样本的数字特征. 常用的样本数字特征如下.

1. 样本均值 (sample mean)

$$\overline{X} = \frac{1}{n} \sum_{i=1}^{n} X_i$$

它反映了样本各分量取值的平均状态,是对样本位置特征的一个刻画,可作为总体均值 $E(X)$ 的一个近似值.

2. 样本方差 (sample variance)

$$S^2 = \frac{1}{n-1} \sum_{i=1}^{n} (X_i - \overline{X})^2$$

3. 样本标准差 (sample standard deviation) (或样本均方差)

$$S = \sqrt{\frac{1}{n-1} \sum_{i=1}^{n} (X_i - \overline{X})^2}$$

样本方差反映了样本中各分量取值的离散程度,可以用来作为总体方差的一个近似值. 在具体计算时,通常选用其简化公式

$$S^2 = \frac{1}{n-1} \sum_{i=1}^{n} (X_i - \overline{X})^2 = \frac{1}{n-1} \Big(\sum_{i=1}^{n} X_i^2 - 2\overline{X} \sum_{i=1}^{n} X_i + n\overline{X}^2 \Big)$$

$$= \frac{1}{n-1} \Big(\sum_{i=1}^{n} X_i^2 - n\overline{X}^2 \Big)$$

类似地,还有公式

$$S^2 = \frac{1}{n-1} \Big(\sum_{i=1}^{n} (X_i - a)^2 - n(\overline{X} - a)^2 \Big)$$

式中,a 为任意常数.

4. 样本 k 阶原点矩（sample raw moment, sample moment）

$$A_k = \frac{1}{n}\sum_{i=1}^{n} X_i^k, k=1,2,\cdots$$

显然，样本均值 $\overline{X}$ 就是样本的 1 阶原点矩 A_1.

5. 样本 k 阶中心矩（sample central moment）

$$B_k = \frac{1}{n}\sum_{i=1}^{n}(X_i - \overline{X})^k, k=2,3,\cdots$$

可见，样本方差 S^2 与样本的 2 阶中心矩 B_2 只相差一个常数因子：

$$S^2 = \frac{n}{n-1} B_2$$

第二节 抽样分布与三大统计分布

定义 6.3 统计量的分布称为**抽样分布**.

在使用统计量进行统计推断时，常需要知道它的分布. 当统计总体的分布函数已知时，抽样分布是确定的，然而要求出统计量的精确分布，一般说来是困难的，本节介绍数理统计中的三个著名分布，它们在参数估计和假设检验等统计推断问题中有广泛应用.

一、χ^2 分布

定义 6.4 设随机变量 $X_1, X_2, \cdots, X_n$ 独立且服从相同分布 $N(0,1)$，则称统计量

$$\chi_n^2 = X_1^2 + X_2^2 + \cdots + X_n^2 \tag{6.1}$$

服从自由度为 n 的 χ^2-**分布**，记为 $\chi_n^2 \sim \chi^2(n)$，称 χ_n^2 为 χ^2 变量. 为纪念英国著名统计学家皮尔逊（K. Pearson, 1857—1936），该分布也称为皮尔逊 χ^2-分布. 这是数理统计中一个十分重要的概率分布.

根据独立随机变量和的密度公式及数学归纳法，可以证明：χ^2-分布的概率密度为

$$f_n(x) = \begin{cases} \dfrac{1}{2^{\frac{n}{2}} \Gamma\left(\dfrac{n}{2}\right)} x^{\frac{n}{2}-1} e^{-\frac{x}{2}}, & x > 0 \\ 0, & x \leqslant 0 \end{cases} \tag{6.2}$$

式中，$\Gamma(x)$ 是 Γ-函数. 图 6.1 是 χ^2-分布的概率密度函数在几种不同参数下的

图像.

特别地，当 $n=2$ 时，χ_2^2 服从参数 $\lambda=\dfrac{1}{2}$ 的指数分布．此外，χ^2-分布具有以下性质．

(1) **数字特征** 若 $\chi_n^2 \sim \chi^2(n)$，则 $E(\chi_n^2)=n$，$D(\chi_n^2)=2n$．

(2) **可加性** 若 $X_1 \sim \chi^2(n_1)$，$X_2 \sim \chi^2(n_2)$，且 X_1 与 X_2 独立，则
$$X_1+X_2 \sim \chi^2(n_1+n_2)$$

(3) **χ^2-分布的上 α 分位点** 对于给定的正数 α，$0<\alpha<1$，满足条件
$$P\{\chi^2 > \chi_\alpha^2(n)\} = \int_{\chi_\alpha^2(n)}^{+\infty} f(y)\mathrm{d}y = \alpha \tag{6.3}$$

的点 $\chi_\alpha^2(n)$，称为 $\chi^2(n)$ 分布的上 α 分位点．如图 6.2 所示为 χ^2-分布的概率密度函数．对于不同的 α，n，上 α 分位点的值已制成表格，可以查用（参见附表5）．例如，对于 $\alpha=0.1$，$n=25$，查表得 $\chi_{0.1}^2(25)=34.382$．但该表只详列到 $n=40$．费希尔（R.A.Fisher）曾证明，当 n 充分大时，近似地有
$$\chi_\alpha^2(n) \approx \dfrac{1}{2}(z_\alpha + \sqrt{2n-1})^2 \tag{6.4}$$

式中，z_α 是标准正态分布的上 α 分位点，当 $n>40$ 时，可以利用式(6.4)求得 $\chi^2(n)$ 分布的上 α 分位点的近似值．

例如，由式(6.4)，$\chi_{0.05}^2(50) \approx \dfrac{1}{2}(z_{0.05}+\sqrt{99})^2 = 67.221$．

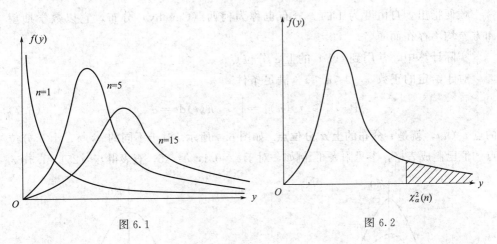

图 6.1　　　　　　图 6.2

二、t-分布

定义 6.5 设 $X \sim N(0,1)$，$Y \sim \chi^2(n)$，X 与 Y 独立，则称
$$T_n = \dfrac{X}{\sqrt{Y/n}} \tag{6.5}$$

服从**自由度为 n 的 t-分布**，记作 $T_n \sim t(n)$. t-分布也称为**学生氏分布**，是英国统计学家戈塞特（Gosset，1876—1937）在 1908 年以 "Student" 的笔名首次发表的，这个分布在数理统计中也占有重要的地位.

根据独立随机变量商的密度公式，可以证明：式 (6.5) 中 T_n 的概率密度函数为

$$h(x) = \frac{\Gamma\left(\frac{n+1}{2}\right)}{\sqrt{n\pi}\,\Gamma\left(\frac{n}{2}\right)}\left(1+\frac{x^2}{n}\right)^{-\frac{n+1}{2}}, \quad -\infty < x < +\infty \tag{6.6}$$

另外，t-分布具有以下性质.

1. 近似标准正态分布

当 $n \to +\infty$ 时，$f_n(x) \to \varphi(x) = \frac{1}{\sqrt{2\pi}} e^{-\frac{x^2}{2}}$，$-\infty < x < +\infty$

这就是说，当 n 充分大时，t-分布近似于标准正态分布 $N(0, 1)$，如图 6.3 所示，但如果 n 较小，这两个分布的差别还是比较大的.

2. 数字特征

若 $T_n \sim t(n)$，$n > 2$，则 $E(T_n) = 0$，$D(T_n) = \frac{n}{n-2}$

顺便指出，自由度为 1 的 t-分布也称为柯西（Cauchy）分布，它以数学期望和方差均不存在而闻名.

实际计算中，常用到 $t(n)$ 的上 α 分位点.

对于给定的正数 α，$0 < \alpha < 1$，满足条件

$$P\{T_n > t_\alpha(n)\} = \int_{t_\alpha(n)}^{+\infty} h(t)\,dt = \alpha \tag{6.7}$$

的点 $t_\alpha(n)$，就是 t-**分布的上 α 分位点**. 如图 6.4 所示. 对于不同的 α，n，上 α 分位点的值已制成表格，参见附表 6. 例如，对于 $\alpha = 0.1$，$n = 25$，查表得 $t_{0.1}(25) = 1.3163$.

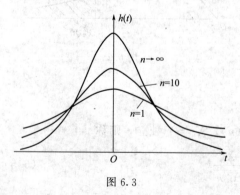

图 6.3

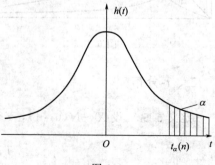

图 6.4

另外，由性质 1 知，对较大的 n（比如 $n>45$），可用下式近似
$$t_\alpha(n) \approx z_\alpha \tag{6.8}$$

三、F-分布

定义 6.6　设 $X \sim \chi^2(n_1)$，$Y \sim \chi^2(n_2)$，且 X 与 Y 独立，则称随机变量
$$F = \frac{X/n_1}{Y/n_2} \tag{6.9}$$
服从**自由度**为 (n_1, n_2) 的 F-**分布**，记作 $F \sim F(n_1, n_2)$. 这是为纪念英国著名统计学家费希尔（R. A. Fisher, 1890—1962）而命名的. F-分布也是数理统计的一个重要分布.

注意到式(6.9) 的商结构，根据随机变量商的密度计算公式，可求得 F-分布 $F(n_1, n_2)$ 的概率密度函数为（过程从略）

$$\varphi(x) = \begin{cases} \dfrac{\Gamma\left(\dfrac{n_1+n_2}{2}\right)}{\Gamma\left(\dfrac{n_1}{2}\right)\Gamma\left(\dfrac{n_2}{2}\right)} \left(\dfrac{n_1}{n_2}\right)^{\frac{n_1}{2}} x^{\frac{n_1}{2}-1} \left(1+\dfrac{n_1}{n_2}x\right)^{-\frac{n_1+n_2}{2}}, & x>0 \\ 0, & x \leqslant 0 \end{cases} \tag{6.10}$$

图 6.5 给出了不同参数下该密度函数的图像.

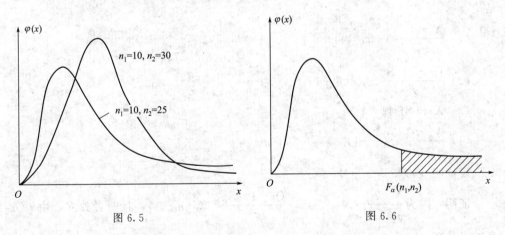

图 6.5　　　　　　　　　　图 6.6

另外，由定义 6.6，立即有以下结论：若 $F \sim F(n_1, n_2)$，则
$$\frac{1}{F} \sim F(n_2, n_1) \tag{6.11}$$

F-分布的上 α 分位点　对于给定的正数 α，$0 < \alpha < 1$，满足条件
$$P\{F > F_\alpha(n_1, n_2)\} = \int_{F_\alpha(n_1, n_2)}^{\infty} \varphi(y)\,\mathrm{d}y = \alpha \tag{6.12}$$
的点 $F_\alpha(n_1, n_2)$，就是 F-分布的上 α 分位点，如图 6.6 所示. $F_\alpha(n_1, n_2)$ 的值已制成表格，可以查用（参见附表 7）.

上 α 分位点 $F_\alpha(n_1, n_2)$ 有如下重要性质

$$F_\alpha(n_1,n_2)=\frac{1}{F_{1-\alpha}(n_2,n_1)} \quad (6.13)$$

由 $F \sim F(n_1, n_2)$，$\frac{1}{F} \sim F(n_2, n_1)$ 以及上 α 分位点的定义可推出．

$$P\left\{F \geqslant \frac{1}{F_{1-\alpha}(n_2,n_1)}\right\} = P\left\{\frac{1}{F} \leqslant F_{1-\alpha}(n_2,n_1)\right\} = 1 - P\left\{\frac{1}{F} > F_{1-\alpha}(n_2,n_1)\right\} = \alpha$$

而 $P\{F > F_\alpha(n_1,n_2)\} = \alpha$，故式(6.13) 成立．

对较小的 α（如 0.1，0.05，0.025 等），$F_\alpha(n_1, n_2)$ 的数值可由附表 7 查得．但附表 7 并未给出 α 较大时的数值，此时，可由式(6.13) 求出 $F_\alpha(n_1, n_2)$．

四、正态总体的样本均值与样本方差的抽样分布

一般地，要确定一个统计量的分布，即抽样分布，并不是一件容易的事情．不过，当总体是正态总体（即总体 X 服从正态分布）时，一些常用统计量的分布却不难求出．下面的两个抽样分布定理在数理统计中占有极为重要的地位，必须牢固掌握．

定理 6.1（单个正态总体的抽样分布定理） 设 $X_1, X_2, \cdots, X_n$ 是来自正态总体 $N(\mu, \sigma^2)$ 的一个样本，$\overline{X}$ 和 S^2 分别为样本均值和样本方差，则有以下结论

(1) $\dfrac{\overline{X}-\mu}{\sigma/\sqrt{n}} \sim N(0, 1)$；

(2) $\dfrac{(n-1)S^2}{\sigma^2} \sim \chi^2(n-1)$；

(3) $\overline{X}$ 和 S^2 独立；

(4) $\dfrac{\overline{X}-\mu}{S/\sqrt{n}} \sim t(n-1)$．

仅证明 (4)．

证明 因为 $\dfrac{\overline{X}-\mu}{\sigma/\sqrt{n}} \sim N(0, 1)$，$\dfrac{(n-1)S^2}{\sigma^2} \sim \chi^2(n-1)$，且两者独立，由 t-分布的定义知

$$\frac{\overline{X}-\mu}{\sigma/\sqrt{n}} \bigg/ \sqrt{\frac{(n-1)S^2}{(n-1)\sigma^2}} = \frac{\overline{X}-\mu}{S/\sqrt{n}} \sim t(n-1)$$

定理的结论 (1) 和 (4) 可通过对比来记忆．另外，还需强调的是，本定理只适用于正态总体，对其他总体无效．

定理 6.2（两个正态总体的抽样分布定理） 设 $X_1, X_2, \cdots, X_{n_1}$ 与 $Y_1, Y_2, \cdots, Y_{n_2}$ 是分别来自具有相同方差的两个正态总体 $N(\mu_1, \sigma^2)$，$N(\mu_2, \sigma^2)$

的样本,且这两个样本相互独立. 设 $\overline{X} = \dfrac{1}{n_1}\sum\limits_{i=1}^{n_1} X_i$ 和 $\overline{Y} = \dfrac{1}{n_2}\sum\limits_{i=1}^{n_2} Y_i$ 分别为这两个样本的均值,$S_1^2 = \dfrac{1}{n_1-1}\sum\limits_{i=1}^{n_1}(X_i-\overline{X})^2$ 和 $S_2^2 = \dfrac{1}{n_2-1}\sum\limits_{i=1}^{n_2}(Y_i-\overline{Y})^2$ 分别为这两个样本的方差,则有

$$\frac{(\overline{X}-\overline{Y})-(\mu_1-\mu_2)}{S_w\sqrt{1/n_1+1/n_2}} \sim t(n_1+n_2-2).$$

其中,$S_w^2 = \dfrac{(n_1-1)S_1^2+(n_2-1)S_2^2}{n_1+n_2-2}$.

证明略.

本节所介绍的三个分布,在下面各章中都起着重要作用. 应该注意,它们都是在总体为正态总体这一基本假定下得到的.

【例 6.1】 设总体 X 服从正态分布 $N(0,4)$,而 $X_1,X_2,\cdots,X_{15}$ 是来自总体的简单随机样本,则随机变量 $Y = \dfrac{X_1^2+\cdots+X_{10}^2}{2(X_{11}^2+\cdots+X_{15}^2)}$ 服从什么分布.

解:因为 $\dfrac{X_i}{2} \sim N(0,1)$,所以 $\dfrac{1}{4}(X_1^2+\cdots+X_{10}^2) \sim \chi^2(10)$,$\dfrac{1}{4}(X_{11}^2+\cdots+X_{15}^2) \sim \chi^2(5)$,且显然此二者相互独立,则

$$Y = \frac{X_1^2+\cdots+X_{10}^2}{2(X_{11}^2+\cdots+X_{15}^2)} = \frac{\dfrac{\dfrac{1}{4}(X_1^2+\cdots+X_{10}^2)}{10}}{\dfrac{\dfrac{1}{4}(X_{11}^2+\cdots+X_{15}^2)}{5}} \sim F(10,5)$$

【例 6.2】 设两个互相独立的随机变量 $X \sim N(0,1)$,$Y \sim \chi^2(n)$,令 $T = \dfrac{X}{\sqrt{Y/n}}$,问 T^2 服从什么分布.

解:由 $T = \dfrac{X}{\sqrt{Y/n}}$,得 $T^2 = \dfrac{X^2}{Y/n}$. 因为随机变量 $X \sim N(0,1)$,所以 $X^2 \sim \chi^2(1)$,再由随机变量 X 与 Y 相互独立,根据 F-分布的构造,得 $T^2 \sim F(1,n)$.

【例 6.3】 总体 $X \sim N(1,\sigma^2)$,X_1,X_2,X_3,X_4 为总体 X 的一个样本,问 $Z = \dfrac{(X_1-X_2)^2}{(X_3-X_4)^2}$ 服从什么分布.

解:由 $X_1-X_2 \sim N(0,2\sigma^2)$,有 $\dfrac{(X_1-X_2)^2}{2\sigma^2} \sim \chi^2(1)$,又因 $X_3-X_4 \sim N(0,2\sigma^2)$,有 $\dfrac{(X_3-X_4)^2}{2\sigma^2} \sim \chi^2(1)$,因为 $\dfrac{(X_1-X_2)^2}{2\sigma^2}$ 与 $\dfrac{(X_3-X_4)^2}{2\sigma^2}$ 独立,所以

$$Z=\frac{(X_1-X_2)^2}{(X_3-X_4)^2}\sim F(1,1)$$

【例 6.4】 设总体 X 与 Y 相互独立且都服从正态分布 $N(\mu,\sigma^2)$，$\overline{X}$ 和 $\overline{Y}$ 分别是来自总体 X 与 Y 的容量为 n 的样本均值，则当 n 固定时，概率 $P\{|\overline{X}-\overline{Y}|>\sigma\}$ 的值随着 σ 的增大而怎样变化？

解：$\overline{X}-\overline{Y}\sim N\left(0,\dfrac{2\sigma^2}{n}\right)$，$\dfrac{\overline{X}-\overline{Y}}{\sigma}\sim N\left(0,\dfrac{2}{n}\right)$，由此可知当 n 固定时，$P\{|\overline{X}-\overline{Y}|>\sigma\}=P\left\{\dfrac{|\overline{X}-\overline{Y}|}{\sigma}>1\right\}$ 与 σ 无关.

习 题 六

一、填空题

1. 若 $X_1, X_2, \cdots, X_n$ 是取自正态总体 $N(\mu,\sigma^2)$ 的样本，则 $\overline{X}=\dfrac{1}{n}\sum\limits_{i=1}^{n}X_i$ 服从_____分布.

2. 设 X_1, X_2, X_3, X_4 是来自于正态总体 $N(0,4)$ 的简单随机样本，$X=a(X_1-2X_2)^2+b(3X_3-4X_4)^2$，则当 $a=$_____时，$b=$_____时，统计量 X 服从 χ^2-分布，其自由度为_____.

3. 设随机变量 X 与 Y 相互独立，且都服从正态分布 $N(0,9)$，而 $X_1, X_2, \cdots, X_9$ 与 $Y_1, Y_2, \cdots, Y_9$ 是分别来自总体 X 与 Y 的简单随机样本，则统计量 $U=\dfrac{X_1+X_2+\cdots+X_9}{\sqrt{Y_1^2+Y_2^2+\cdots+Y_9^2}}\sim$_____.

4. 设随机变量 $X\sim N(0,16)$，$Y\sim N(0,9)$ 相互独立，$X_1, X_2, \cdots, X_9$ 与 $Y_1, Y_2, \cdots, Y_{16}$ 分别为 X 与 Y 的一个简单随机样本，则 $U=\dfrac{X_1^2+X_2^2+\cdots+X_9^2}{Y_1^2+Y_2^2+\cdots+Y_{16}^2}\sim$_____.

5. 设随机变量 $X\sim N(1,4)$，$X_1, X_2, \cdots, X_{100}$ 是取自 X 的样本，$\overline{X}$ 为样本均值，已知 $Y=a\overline{X}+b\sim N(0,1)$，则 a,b 的值分别为_____.

二、单项选择题

1. 设总体 $N(\mu,\sigma^2)$，其中 μ 已知，σ^2 未知，$X_1,X_2,\cdots,X_n$ 是来自 X 的简单随机样本，则下列表达式中不是统计量的是（　　）.

A. $\sum\limits_{i=1}^{n}\left(\dfrac{X_i-\mu}{\sigma}\right)^2$ B. $\max\limits_{1\leqslant i\leqslant n}\{X_i\}$

C. $\overline{X}=\dfrac{1}{n}\sum\limits_{i=1}^{n}X_i$ D. $\dfrac{1}{n-1}\sum\limits_{i=1}^{n}(X_i-\mu)^2$

2. 设随机变量 X 和 Y 独立且都服从标准正态分布，则下列命题错误的是（   ）.

　　A. $X-2Y$ 服从正态分布；　　　　B. X^2-Y^2 服从 χ^2-分布

　　C. X^2+Y^2 服从 χ^2-分布　　　　D. X^2/Y^2 服从 F-分布

3. 设 $X_1,X_2,\cdots,X_{11}$ 是来自正态总体 $X\sim N(0,\sigma^2)$ 的简单随机样本，$Y^2=\dfrac{1}{10}\sum\limits_{i=1}^{10}X_i^2$，则下列选项正确的是（   ）.

　　A. $X^2\sim\chi^2(1)$　　B. $Y^2\sim\chi^2(10)$　　C. $\dfrac{X_{11}}{Y}\sim t(10)$　　D. $\dfrac{X_{11}^2}{Y^2}\sim F(10,1)$

4. 设总体 X 服从正态分布 $N(N,\sigma^2)$，其中 μ 已知，σ 未知，X_1,X_2,X_3 是取自总体 X 的一个样本，则非统计量的是（   ）.

　　A. $\dfrac{1}{3}(X_1+X_2+X_3)$　　　　　　B. $X_1+X_2+2\mu$

　　C. $\max(X_1,X_2,X_3)$　　　　　　　　D. $\dfrac{1}{\sigma^2}(X_1^2+X_2^2+X_3^2)$

5. 设 $X\sim N(1,2^2)$，$X_1,X_2,\cdots,X_n$ 为 X 的样本，则（   ）.

　　A. $\dfrac{\overline{X}-1}{2}\sim N(0,1)$　　　　　　B. $\dfrac{\overline{X}-1}{4}\sim N(0,1)$

　　C. $\dfrac{\overline{X}-1}{2/\sqrt{n}}\sim N(0,1)$　　　　　D. $\dfrac{\overline{X}-1}{\sqrt{2}/\sqrt{n}}\sim N(0,1)$

6. 设 $X_1,X_2,\cdots,X_n$ 是总体 $X\sim N(0,1)$ 的样本，$\overline{X},S$ 分别是样本的均值和样本标准差，则有（   ）.

　　A. $n\overline{X}\sim N(0,1)$　　　　　　B. $\overline{X}\sim N(0,1)$

　　C. $\sum\limits_{i=1}^{n}X_i^2\sim\chi^2(n)$　　　　　D. $\overline{X}/S\sim t(n-1)$

三、计算题

1. 在总体 $X\sim N(30,2^2)$ 中随机地抽取一个容量为 16 的样本，求样本均值 $\overline{X}$ 在 29～31 之间取值的概率.

2. 设某厂生产的灯泡的使用寿命 $X\sim N(1000,\sigma^2)$（单位：h），抽取一个容量为 9 的样本，其样本均方差 $s=100$，问 $P\{\overline{X}<940\}$ 是多少？

3. 设 $X_1,X_2,\cdots,X_7$ 为总体 $X\sim N(0,0.5^2)$ 的一个样本，求 $P\left\{\sum\limits_{i=1}^{7}X_i^2>4\right\}$.

4. 总体 $X\sim N(0,1)$，从此总体中取一个容量为 6 的样本 $X_1,X_2,\cdots,X_6$，设 $Y=(X_1+X_2+X_3)^2+(X_4+X_5+X_6)^2$，试确定常数 C，使随机变量 CY 服从 χ^2-分布.

5. 设容量为 n 的简单随机样本取自正态总体 $N(3.4,36)$，且样本均值在区间

$(1.4, 5.4)$ 内的概率不小于 0.95，则样本容量 n 至少应取多大？

6. 设总体 X 服从正态分布 $N(\mu, \sigma^2)$ $(\sigma>0)$，从中抽取简单随机样本 $X_1, \cdots, X_{2n}(n \geqslant 2)$，其样本均值为 $\overline{X} = \dfrac{1}{2n}\sum\limits_{i=1}^{2n} X_i$，求统计量 $Y = \sum\limits_{i=1}^{n}(X_i + X_{n+i} - 2\overline{X})^2$ 的数学期望 $E(Y)$.

第七章 参数估计

所谓统计推断，就是根据从总体中抽取得到的一个简单随机样本对总体进行分析和推断，即由样本来推断总体．它是数理统计学的核心内容，包括估计理论和假设检验两大类基本问题．本章讨论总体参数的点估计和区间估计．

第一节 点估计

有很多情况，人们对于所研究的总体已经有了某些信息，例如常常有理由假设总体的分布函数具有已知的形式，但其中包含一个或多个未知参数．例如，已知总体具有正态分布 $N(\mu, \sigma^2)$，但参数 μ，σ 未知．基于总体的一个样本来估计总体分布中的未知参数的值的问题称为参数的点估计问题．

【例 7.1】 在某一十字路口发生交通事故的次数 X（以次/周计）是一个随机变量，已知 X 服从参数为 λ 的泊松分布 $\pi(\lambda)$，λ 未知，今测得以下的样本值，试估计参数 λ．

事故次数 k	0	1	2	$\geqslant 3$	合计
发生 k 次事故的周数 f_k	32	12	6	0	50

解： 由于 $X \sim \pi(\lambda)$，故有 $\lambda = E(X)$．由大数定律知道当 n 较大时样本均值 $\overline{X} = \dfrac{1}{n}\sum\limits_{i=1}^{n}X_i$，接近于 $E(X)$．我们自然想到以 $\overline{X}$ 的观察值 $\overline{x}$ 来估计 $\lambda = E(X)$．由已知数据得到

$$\overline{x} = \sum_{k=0}^{2}kf_k \Big/ \sum_{k=0}^{2}f_k = \frac{1}{50}(0 \times 32 + 1 \times 12 + 2 \times 6) = 0.48$$

于是就以 $\overline{x} = 0.48$ 作为参数 λ 的估计．

在这里，我们的做法是，找到一个合适的统计量 $\overline{X}$，以这一统计量的观察值 $\overline{x}$ 作为 λ 的估计．$\overline{x}$ 叫做 λ 的估计值，$\overline{X}$ 叫做 λ 的估计量，都记为 $\hat{\lambda}$，即 $\hat{\lambda} = \overline{X}$，$\hat{\lambda} = \overline{x}$．

一般地，设总体的分布函数 $F(x, \theta)$ 的形式已知，θ 为待估计的未知参数．设 $X_1, X_2, \cdots, X_n$ 是来自 X 的样本．选择一个合适的统计量 $\hat{\theta}(X_1, X_2, \cdots, X_n)$，当有了一个样本值 $x_1, x_2, \cdots, x_n$ 时，将样本值代入得到这一统计量的一个观察值 $\hat{\theta}(x_1, x_2, \cdots, x_n)$，以此作为 θ 的估计．$\hat{\theta}(X_1, X_2, \cdots, X_n)$ 叫做

的估计量，$\hat{\theta}(x_1, x_2, \cdots, x_n)$ 叫做 θ 的估计值．由于估计值是一个数值，画在数轴上是一个点，因而称它为 θ 的点估计．在不致混淆的情况下，估计量与估计值统称为估计，均记为 $\hat{\theta}$．

要注意的是，估计量是一个随机变量，而估计值是一个数值，对于不同的样本值，估计值一般是不相同的．

例如在例 7.1 中，我们用样本均值来估计总体的均值，即有估计量

$$\hat{\lambda} = E(\widehat{X}) = \frac{1}{n} \sum_{i=1}^{n} X_i, n = 50 \tag{7.1}$$

估计值

$$\hat{\lambda} = E(\widehat{X}) = \frac{1}{n} \sum_{i=1}^{n} x_i = 0.48 \tag{7.2}$$

下面介绍两种常用的构造估计量的方法：矩估计法和极大似然估计法．

一、矩估计法

在例 7.1 中，以样本均值 $\overline{X} = \frac{1}{n} \sum_{i=1}^{n} X_i$ 作为总体均值 $E(X)$ 的估计量，这也就是以一阶样本矩作为一阶总体矩的估计量，从而得到未知参数 λ 的估计量，这种做法实际上就是矩估计法．

设 X 为连续型随机变量，其概率密度为 $f(x;\theta_1,\theta_2,\cdots,\theta_k)$，或 X 为离散型随机变量，其分布律为 $P\{X=x\} = p(x;\theta_1,\theta_2,\cdots,\theta_k)$，其中 $\theta_1, \theta_2, \cdots, \theta_k$ 为待估参数，$X_1, X_2, \cdots, X_n$ 是来自 X 的样本．假设总体 X 的前 k 阶矩

$$\mu_l = E(X^l) = \int_{-\infty}^{+\infty} x^l f(x;\theta_1,\theta_2,\cdots,\theta_k) \mathrm{d}x \quad (X \text{ 为连续型}) \tag{7.3}$$

或 $\quad \mu_l = E(X^l) = \sum_{x \in R_X} x^l p(x;\theta_1,\theta_2,\cdots,\theta_k) \quad (X \text{ 为离散型}), l=1,2,\cdots,k$

$$\tag{7.4}$$

（其中 R_X 是 X 可能取值的范围）存在．一般来说，它们是 $\theta_1, \theta_2, \cdots, \theta_k$ 的函数．基于样本矩

$$A_l = \frac{1}{n} \sum_{i=1}^{n} X_i^l \tag{7.5}$$

依概率收敛于相应的总体矩 $\mu_l (l=1,2,\cdots,k)$，样本矩的连续函数依概率收敛于相应的总体矩的连续函数，我们就用样本矩作为相应的总体矩的估计量，而以样本矩的连续函数作为相应的总体矩的连续函数的估计量．这种估计方法称为矩估计法．矩估计法的具体做法如下：先求出总体 X 的前 k 阶矩

$$\begin{cases} \mu_1 = \mu_1(\theta_1, \theta_2, \cdots, \theta_k) \\ \mu_2 = \mu_2(\theta_1, \theta_2, \cdots, \theta_k) \\ \vdots \\ \mu_k = \mu_k(\theta_1, \theta_2, \cdots, \theta_k) \end{cases} \quad (7.6)$$

在上式中分别以样本矩 $A_1, A_2, \cdots, A_k$ 代替相应的总体矩 $\mu_1, \mu_2, \cdots, \mu_k$，得到方程组

$$\begin{cases} A_1 = \mu_1(\theta_1, \theta_2, \cdots, \theta_k) \\ A_2 = \mu_2(\theta_1, \theta_2, \cdots, \theta_k) \\ \vdots \\ A_k = \mu_k(\theta_1, \theta_2, \cdots, \theta_k) \end{cases} \quad (7.7)$$

在上述方程组中解出 $\theta_1, \theta_2, \cdots, \theta_k$（如果可能求解的话），则它们都是 $X_1, X_2, \cdots, X_n$ 的函数，依次记为 $h_1(X_1, X_2, \cdots, X_n), h_2(X_1, X_2, \cdots, X_n), \cdots, h_k(X_1, X_2, \cdots, X_n)$，就分别以 $\hat{\theta}_1 = h_1(X_1, X_2, \cdots, X_n), \hat{\theta}_2 = h_2(X_1, X_2, \cdots, X_n), \cdots, \hat{\theta}_k = h_k(X_1, X_2, \cdots, X_n)$ 作为 $\theta_1, \theta_2, \cdots, \theta_k$ 的估计量，并分别称为 $\theta_1, \theta_2, \cdots, \theta_k$ 的矩估计量. 如果有样本观察值 $x_1, x_2, \cdots, x_n$，用 x_i 代替 $X_i (i=1,2,\cdots,n)$ 就能得到 $\theta_i (i=1,2,\cdots,k)$ 的估计值，称为矩估计值.

【例 7.2】 设总体 X 的概率密度为

$$f(x;\theta) = \begin{cases} (\theta+1)x^\theta, & 0<x<1 \\ 0, & \text{其他} \end{cases}$$

其中 $\theta(\theta>-1)$ 为待估参数，设 $X_1, X_2, \cdots, X_n$ 是来自 X 的一个样本，求 θ 的矩估计量.

解：总体 X 的一阶矩为

$$\mu_1 = E(X) = \int_0^1 x(\theta+1)x^\theta \, dx = \frac{\theta+1}{\theta+2}$$

以一阶样本矩 $A_1 = \overline{X}$ 代替上式中的一阶总体矩 μ_1，得方程

$$A_1 = \frac{\theta+1}{\theta+2}$$

从中解出 θ，得到 θ 的矩估计量为

$$\hat{\theta} = \frac{1-2A_1}{A_1-1} = \frac{1-2\overline{X}}{\overline{X}-1}$$

若有一个样本值 $x_1, x_2, \cdots, x_n$，则得 θ 的矩估计值为

$$\hat{\theta} = \frac{1-2\bar{x}}{\bar{x}-1}$$

【例 7.3】 设总体 X 的均值 μ 和方差 σ^2 都存在，且有 $\sigma^2>0$. 但 μ，σ^2 均为未

知. 又设 X_1, X_2, $\cdots$, X_n 是来自 X 的一个样本. 试求 μ, σ^2 的矩估计量.

解: 总体 X 的一阶、二阶矩分别为

$$\begin{cases} \mu_1 = E(X) = \mu \\ \mu_2 = E(X^2) = D(X) + [E(X)]^2 = \sigma^2 + \mu^2 \end{cases}$$

分别以一阶、二阶样本矩 A_1, A_2 代替上式中的 μ_1, μ_2, 得方程组

$$\begin{cases} A_1 = \mu \\ A_2 = \sigma^2 + \mu^2 \end{cases}$$

从中解出 μ, σ^2, 即得 μ, σ^2 的矩估计量分别为

$$\hat{\mu} = A_1 = \overline{X}$$

$$\hat{\sigma}^2 = A_2 - A_1^2 = \frac{1}{n}\sum_{i=1}^{n}(X_i - \overline{X})^2$$

所得结果表明, 总体均值与方差 μ, σ^2 的矩估计量的表达式不因不同的总体分布而异, 即不论 X 服从什么分布, X 的均值 μ 和方差 σ^2 的矩估计量分别都是 $\overline{X}$ 和 $\frac{1}{n}\sum_{i=1}^{n}(X_i - \overline{X})^2$.

例如, $X \sim N(\mu, \sigma^2)$, μ, σ^2 未知, 即得 μ, σ^2 的矩估计量为

$$\hat{\mu} = \overline{X}, \quad \hat{\sigma}^2 = \frac{1}{n}\sum_{i=1}^{n}(X_i - \overline{X})^2$$

二、极大似然估计法

设总体 X 为连续型随机变量, 其概率密度 $f(x; \theta)$ 的形式已知, 它只含一个未知参数 θ, $\theta \in \Theta$. Θ 是 θ 的可能取值范围. 设 X_1, X_2, $\cdots$, X_n 是来自总体 X 的样本, 则 X_1, X_2, $\cdots$, X_n 的联合概率密度为

$$L(x_1, x_2, \cdots, x_n; \theta) = \prod_{i=1}^{n} f(x_i; \theta) \tag{7.8}$$

当 X_1, X_2, $\cdots$, X_n 取到一个样本观察值 x_1, x_2, $\cdots$, x_n 时, $L(x_1, x_2, \cdots, x_n; \theta)$ 是 θ 的函数, 这个函数称为样本的似然函数.

设总体 X 为离散型随机变量, 其分布律 $P\{X=x\} = p(x; \theta)$ 的形式已知, 它只含一个未知参数 θ, $\theta \in \Theta$. Θ 是 θ 的可能取值范围. 设 X_1, X_2, $\cdots$, X_n 是来自总体 X 的样本, 则 X_1, X_2, $\cdots$, X_n 的联合分布律为

$$L(x_1, x_2, \cdots, x_n; \theta) = \prod_{i=1}^{n} p(x_i; \theta) \tag{7.9}$$

当 X_1, X_2, $\cdots$, X_n 取到一个样本观察值 x_1, x_2, $\cdots$, x_n 时, $L(x_1, x_2, \cdots, x_n; \theta)$ 是 θ 的函数, 这个函数称为样本的似然函数.

关于极大似然估计法, 我们有以下的直观想法: 现在已经取到样本值 x_1, x_2, $\cdots$,

x_n 了,这表明取到这一样本值的概率 $L(\theta)$ 比较大. 我们当然不会考虑那些不能使样本 $x_1, x_2, \cdots, x_n$ 出现的 $\theta \in \Theta$ 作为 θ 的估计,再者,如果已知当 $\theta = \theta_0 \in \Theta$ 时使 $L(\theta)$ 取很大值,而 Θ 中的其他 θ 的值使 $L(\theta)$ 取很小值,我们自然认为取 θ_0 作为未知参数 θ 的估计值较为合理. 由费希尔(R. A. Fisher)引进的极大似然估计法,就是对于已知的样本观察值 $x_1, x_2, \cdots, x_n$,在 θ 的可能取值范围 Θ 内挑选使似然函数 $L(x_1, x_2, \cdots, x_n; \theta)$ 达到极大的参数值 $\hat{\theta}$,作为参数 θ 的估计值,即取 $\hat{\theta}$,使

$$L(x_1, x_2, \cdots, x_n; \hat{\theta}) = \max_{\theta \in \Theta} L(x_1, x_2, \cdots, x_n; \theta) \tag{7.10}$$

这样得到的 $\hat{\theta}$ 与样本观察值 $x_1, x_2, \cdots, x_n$ 有关,常记为 $\hat{\theta}(x_1, x_2, \cdots, x_n)$,称为参数 θ 的极大似然估计值,而相应的统计量 $\hat{\theta}(X_1, X_2, \cdots, X_n)$ 称为参数 θ 的极大似然估计量.

在很多情况, $f(x; \theta)$ 和 $p(x; \theta)$ 关于 θ 可微,这时 $\hat{\theta}$ 常可从**似然方程**

$$\frac{\mathrm{d}}{\mathrm{d}\theta} L(\theta) = 0 \tag{7.11}$$

解得 [这里没有提到 $L(\theta)$ 取到极大值的充分条件,但对于具体的函数 $L(\theta)$ 是容易讨论的]. 又因 $L(\theta)$ 与 $\ln L(\theta)$ 在同一 θ 处取到极值,因此, θ 的极大似然估计 $\hat{\theta}$ 也可以从**对数似然方程**

$$\frac{\mathrm{d}}{\mathrm{d}\theta} \ln L(\theta) = 0 \tag{7.12}$$

求得,而通常从后一方程求解往往比较方便.

【例 7.4】 设 $X \sim b(1, p)$. $X_1, X_2, \cdots, X_n$ 是来自 X 的一个样本,试求参数 p 的极大似然估计量.

解:设 $x_1, x_2, \cdots, x_n$ 是相应于样本 $X_1, X_2, \cdots, X_n$ 的一个样本值. X 的分布律为

$$P\{X = x\} = p^x (1-p)^{1-x}, x = 0, 1$$

故似然函数为

$$L(p) = \prod_{i=1}^{n} p^{x_i} (1-p)^{1-x_i} = p^{\sum_{i=1}^{n} x_i} (1-p)^{n - \sum_{i=1}^{n} x_i}$$

而

$$\ln L(p) = \left(\sum_{i=1}^{n} x_i\right) \ln p + \left(n - \sum_{i=1}^{n} x_i\right) \ln(1-p)$$

令

$$\frac{\mathrm{d}}{\mathrm{d}p} \ln L(p) = \frac{\sum_{i=1}^{n} x_i}{p} - \frac{n - \sum_{i=1}^{n} x_i}{1-p} = 0$$

解得 p 的极大似然估计值

$$\hat{p} = \frac{1}{n} \sum_{i=1}^{n} x_i = \bar{x}$$

p 的极大似然估计量为

$$\hat{p} = \frac{1}{n}\sum_{i=1}^{n} X_i = \overline{X}$$

【例 7.5】 在例 7.2 中求参数 θ 的极大似然估计值,设 $x_1, x_2, \cdots, x_n$ 是一个样本值.

解: 似然函数为

$$L(\theta) = \prod_{i=1}^{n}(\theta+1)x_i^{\theta} = (\theta+1)^n (x_1 x_2 \cdots x_n)^{\theta}$$

$$\ln L(\theta) = n\ln(\theta+1) + \theta\sum_{i=1}^{n}\ln x_i$$

令

$$\frac{\mathrm{d}}{\mathrm{d}\theta}\ln L(\theta) = \frac{n}{\theta+1} + \sum_{i=1}^{n}\ln x_i = 0$$

解得

$$\hat{\theta} = -1 - n\Big/\sum_{i=1}^{n}\ln x_i$$

注意到

$$\frac{\mathrm{d}^2}{\mathrm{d}\theta^2}\ln L(\theta) = \frac{-n}{(\theta+1)^2} < 0$$

故知所求 θ 的极大似然估计值为

$$\hat{\theta} = -1 - n\Big/\sum_{i=1}^{n}\ln x_i$$

极大似然估计法也适用于分布中含多个未知参数 $\theta_1, \theta_2, \cdots, \theta_k$ 的情况. 这时,似然函数 L 是这些未知参数的函数. 分别令

$$\frac{\partial}{\partial \theta_i} L = 0, i = 1, 2, \cdots, k$$

或令

$$\frac{\partial}{\partial \theta_i} \ln L = 0, i = 1, 2, \cdots, k$$

解上述由 k 个方程组成的方程组,即可得到各未知参数 $\theta_i (i=1,2,\cdots,k)$ 的极大似然估计值 $\hat{\theta}_i$.

【例 7.6】 设 $X \sim N(\mu, \sigma^2)$,μ,σ^2 为未知参数,$x_1, x_2, \cdots, x_n$ 是来自 X 的一个样本值. 求 μ,σ^2 的极大似然估计量.

解: X 的概率密度为

$$f(x;\mu,\sigma^2) = \frac{1}{\sqrt{2\pi}\sigma}\exp\left[-\frac{1}{2\sigma^2}(x-\mu)^2\right]$$

似然函数为

$$L(\mu,\sigma^2) = \prod_{i=1}^{n} \frac{1}{\sqrt{2\pi}\sigma} \exp\left[-\frac{1}{2\sigma^2}(x_i-\mu)^2\right]$$

$$= (2\pi)^{-n/2}(\sigma^2)^{-n/2}\exp\left[-\frac{1}{2\sigma^2}\sum_{i=1}^{n}(x_i-\mu)^2\right]$$

而

$$\ln L = -\frac{n}{2}\ln(2\pi) - \frac{n}{2}\ln\sigma^2 - \frac{1}{2\sigma^2}\sum_{i=1}^{n}(x_i-\mu)^2$$

令

$$\begin{cases} \dfrac{\partial}{\partial \mu}\ln L = \dfrac{1}{\sigma^2}\left(\sum_{i=1}^{n}x_i - n\mu\right) = 0 \\ \dfrac{\partial}{\partial \sigma^2}\ln L = -\dfrac{n}{2\sigma^2} + \dfrac{1}{2(\sigma^2)^2}\sum_{i=1}^{n}(x_i-\mu)^2 = 0 \end{cases}$$

解得 μ 和 σ^2 的极大似然估计量分别为

$$\hat{\mu} = \overline{X}$$

$$\hat{\sigma^2} = \frac{1}{n}\sum_{i=1}^{n}(X_i-\overline{X})^2$$

第二节　点估计的评判标准

对于同一参数，用不同的估计方法求出的估计量可能不相同，用相同的方法也可能得到不同的估计量，也就是说，同一参数可能具有多种估计量，而且，原则上讲，其中任何统计量都可以作为未知参数的估计量，那么采用哪一个估计量为好呢？这就涉及估计量的评价问题，评价估计量好坏的常用标准是：有无系统偏差；波动性的大小；伴随样本容量的增大是否越来越精确，这就是估计的无偏性、有效性和相合性．

一、无偏性

设 $X_1, X_2, \cdots, X_n$ 是来自总体 X 的一个样本，$\theta \in \Theta$ 是总体 X 分布中的待估参数，Θ 是 θ 的可能取值范围．

设 $\hat{\theta} = \hat{\theta}(X_1, X_2, \cdots, X_n)$ 是参数 θ 的估计量，如果对任意 $\theta \in \Theta$，有

$$E(\hat{\theta}) = \theta \tag{7.13}$$

则称 $\hat{\theta}$ 具有无偏性，并称 $\hat{\theta}$ 是 θ 的无偏估计量，否则称 $\hat{\theta}$ 为有偏估计量．

无偏估计量并不意味着对于每个样本值 $x_1, x_2, \cdots, x_n$，它给出的 θ 的估计值就是 θ 的真值．只是说对于某些样本值得到的估计值相对于真值 θ 来说偏大，有些则偏小，反复使用多次，就"平均"来说偏差为 0，因此无偏性可解释为不存在系统误差．

【例 7.7】 设总体 X 的 k 阶原点矩 $\mu_k = E(X^k)$ ($k \geq 1$) 存在，$x_1, x_2, \cdots, x_n$ 是 X 的一个样本，证明：不论 X 服从什么分布，$A_k = \dfrac{1}{n}\sum_{i=1}^n X_i^k$ 是 μ_k 的无偏估计.

证明： 因为 $X_1, X_2, \cdots, X_n$ 与 X 同分布，有 $E(X_i^k) = E(X^k) = \mu_k$, $i = 1, 2, \cdots, n$

$$E(A_k) = \frac{1}{n}\sum_{i=1}^n E(X_i^k) = \mu_k$$

特别地，不论 X 服从什么分布，只要 $E(X)$ 存在，$\bar{x}$ 总是 $E(X)$ 的无偏估计.

【例 7.8】 设总体 X 的 $E(X) = \mu$，$D(X) = \sigma^2$ 都存在，且 $\sigma^2 > 0$，若 μ，σ^2 均为未知，则 σ^2 的估计量 $\hat{\sigma}^2 = \dfrac{1}{n}\sum_{i=1}^n (x_i - \bar{x})^2$ 是有偏的.

证明： $\hat{\sigma}^2 = \dfrac{1}{n}\sum_{i=1}^n (x_i - \bar{x})^2 = \dfrac{1}{n}\sum_{i=1}^n x_i^2 - \bar{x}^2$

$$E(\hat{\sigma}^2) = \frac{1}{n}\sum_{i=1}^n E(x_i^2) - E(\bar{x}^2) = \frac{1}{n}\sum_{i=1}^n E(x^2) - \{D(\bar{x}) + [E(\bar{x})]^2\}$$

$$= (\sigma^2 + \mu^2) - \left(\frac{\sigma^2}{n} + \mu^2\right) = \frac{n-1}{n}\sigma^2$$

若在 $\hat{\sigma}^2$ 的两端同乘以 $\dfrac{n}{n-1}$，则所得到的估计量就无偏了，即

$$E\left(\frac{n}{n-1}\hat{\sigma}^2\right) = \frac{n}{n-1}E(\hat{\sigma}^2) = \sigma^2$$

而 $\dfrac{n}{n-1}\hat{\sigma}^2$ 恰恰就是样本方差 $S^2 = \dfrac{1}{n-1}\sum_{i=1}^n (x_i - \bar{x})^2$.

可见，S^2 可以作为 σ^2 的估计，而且是无偏估计. 因此，常用 S^2 作为方差 σ^2 的估计量.

二、有效性

参数 θ 可以有多个无偏估计量，那么取哪一个为好呢？设 $\hat{\theta}_1$，$\hat{\theta}_2$ 都是参数 θ 的无偏估计量，显然其取值更集中在 θ 附近的估计量更好一些. 由于方差是随机变量取值与其数学期望的偏离程度的度量，所以无偏估计以方差小者为好. 这就引出了下述有效性的标准.

设 $\hat{\theta}_1 = \hat{\theta}_1(X_1, X_2, \cdots, X_n)$ 与 $\hat{\theta}_2 = \hat{\theta}_2(X_1, X_2, \cdots, X_n)$ 都是 θ 的无偏估计量，若对于任意 $\theta \in \Theta$，有

$$D(\hat{\theta}_1) \leq D(\hat{\theta}_2) \tag{7.14}$$

且至少对于某一个 $\theta \in \Theta$，上式中的不等号成立，则称 $\hat{\theta}_1$ 较 $\hat{\theta}_2$ 有效.

【例7.9】 设总体 X 的 $E(X)=\mu$,$D(X)=\sigma^2$ 都存在,且 $\sigma^2>0$,x_1,x_2,x_3 是 X 的一个样本,试说明 $\hat{\theta}_1=\frac{1}{3}x_1+\frac{2}{3}x_2$ 和 $\hat{\theta}_2=\frac{1}{3}(x_1+x_2+x_3)$ 作为参数 μ 的无偏估计,哪个比较有效.

解:因为

$$E(\hat{\theta}_1)=E\left(\frac{1}{3}x_1+\frac{2}{3}x_2\right)=\mu$$

$$E(\hat{\theta}_2)=E\left[\frac{1}{3}(x_1+x_2+x_3)\right]=\mu$$

知 $\hat{\theta}_1$ 和 $\hat{\theta}_2$ 都是 μ 的无偏估计,而

$$D(\hat{\theta}_1)=\frac{1}{9}D(x_1)+\frac{4}{9}D(x_2)=\frac{5}{9}\sigma^2$$

$$D(\hat{\theta}_2)=\frac{1}{9}[D(x_1)+D(x_2)+D(x_3)]=\frac{3}{9}\sigma^2$$

显然 $D(\hat{\theta}_2)<D(\hat{\theta}_1)$,所以 $\hat{\theta}_2$ 比 $\hat{\theta}_1$ 较为有效.

三、相合性

无偏性和有效性是在样本容量 n 固定的条件下提出的.当 n 增大时,一般来说样本中包含的信息会增多.我们希望当 n 增加时估计量能充分地接近于待估参数的真值.为此引入相合性概念.

设 $\hat{\theta}=\hat{\theta}(X_1,X_2,\cdots,X_n)$ 是参数 θ 的估计量,若对于任意 $\theta\in\Theta$ 都满足:对于任意 $\varepsilon>0$,有

$$\lim_{n\to\infty}P\{|\hat{\theta}-\theta|<\varepsilon\}=1 \tag{7.15}$$

则称 $\hat{\theta}$ 为 θ 的相合估计量.

【例7.10】 设 X_1,X_2,$\cdots$,X_n 是来自总体 X 的样本,且 $D(X^k)$ 存在,$k=1,2,\cdots,n$.则 $\frac{1}{n}\sum_{i=1}^{n}X_i^k$ 为 $E(X^k)$ 的相合估计量,$k=1,2,\cdots,n$.

事实上,对指定的 k,令 $Y=X^k$,$Y_i=X_i^k$,$\overline{Y}=\frac{1}{n}\sum_{i=1}^{n}Y_i=\frac{1}{n}\sum_{i=1}^{n}X_i^k$,由大数定律知

$$P-\lim_{n\to\infty}\overline{Y}=E(Y)=E(X^k)$$

从而 $\frac{1}{n}\sum_{i=1}^{n}X_i^k$ 是 $E(X^k)$ 的相合估计量.

由弱大数定理知,在任何分布中,$\bar{x}$ 是 $E(X)$ 的相合估计;s^2 是 $D(X)$ 的相合估计.

相合性是对一个估计量的基本要求.只有在容量 n 足够大时,相合性才能显示

其优越性，而在实际中，往往很难达到，因此，在实际工作中，关于估计量中容量 n 的选择要视具体问题而定.

第三节　区间估计

以上讨论的未知参数的点估计，只给出未知参数的一个估计值，不管所得到的点估计量有多么好的性质，例如它具有无偏性、一致性，但是并未给出估计值与参数真值的接近程度，亦即没有给出估计的精度. 本节我们要给出一个区间，即所谓置信区间，这个区间包含未知参数的可信程度是预先给定的，而且这一区间的长度给出了估计的精度，这种形式的估计称为区间估计. 现在我们引入置信区间的定义.

设总体 X 的分布函数 $F(x,\theta)$ 含有一个未知参数 θ，$\theta \in \Theta$（Θ 是 θ 的可能取值的范围），$X_1, X_2, \cdots, X_n$ 是来自总体 X 的样本. 对于给定值 α（$0<\alpha<1$），确定两个统计量 $\underline{\theta} = \underline{\theta}(X_1, X_2, \cdots, X_n)$，$\bar{\theta} = \bar{\theta}(X_1, X_2, \cdots, X_n)$（$\underline{\theta} < \bar{\theta}$），若对于任意 $\theta \in \Theta$，满足

$$P\{\underline{\theta}(X_1, X_2, \cdots, X_n) < \theta < \bar{\theta}(X_1, X_2, \cdots, X_n)\} \geq 1-\alpha \tag{7.16}$$

则称随机区间 $(\underline{\theta}, \bar{\theta})$ 为参数 θ 的置信水平为 $1-\alpha$ 的**置信区间**或**区间估计**，$\underline{\theta}$ 和 $\bar{\theta}$ 分别称为置信水平为 $1-\alpha$ 的**双侧置信区间**的**置信下限**和**置信上限**，$1-\alpha$ 称为**置信水平**.

对于样本 $X_1, X_2, \cdots, X_n$ 的一个样本值 $x_1, x_2, \cdots, x_n$，相应地，置信区间 $(\underline{\theta}(X_1, X_2, \cdots, X_n), \bar{\theta}(X_1, X_2, \cdots, X_n))$ 有一个数字区间 $(\underline{\theta}(x_1, x_2, \cdots, x_n), \bar{\theta}(x_1, x_2, \cdots, x_n))$，这一数字区间也称为 θ 的置信水平为 $1-\alpha$ 的**置信区间**或**区间估计**.

当 X 是连续型随机变量时，对于给定的 α，我们总是按要求 $P\{\underline{\theta} < \theta < \bar{\theta}\} = 1-\alpha$ 求出置信区间；而当 X 是离散型随机变量时，对于给定的 α，常常找不到区间 $(\underline{\theta}, \bar{\theta})$ 使得 $P\{\underline{\theta} < \theta < \bar{\theta}\}$ 恰为 $1-\alpha$，此时我们去找区间 $(\underline{\theta}, \bar{\theta})$ 使得 $P\{\underline{\theta} < \theta < \bar{\theta}\}$ 至少为 $1-\alpha$，且尽可能地接近 $1-\alpha$.

【例 7.11】 设总体 $X \sim N(\mu, \sigma^2)$，σ^2 为已知，μ 为未知，设 $X_1, X_2, \cdots, X_n$ 是来自总体 X 的样本，求 μ 的置信水平为 $1-\alpha$ 的置信区间.

解：已知 $\bar{X}$ 是 μ 的无偏估计，且有

$$\frac{\bar{X}-\mu}{\sigma/\sqrt{n}} \sim N(0,1)$$

$\dfrac{\bar{X}-\mu}{\sigma/\sqrt{n}}$ 所服从的分布 $N(0,1)$ 不依赖于任何未知参数. 按标准正态分布的上 α

分位点的定义,有

$$P\left\{\left|\frac{\overline{X}-\mu}{\sigma/\sqrt{n}}\right|<z_{\alpha/2}\right\}=1-\alpha$$

即

$$P\left\{\overline{X}-\frac{\sigma}{\sqrt{n}}z_{\alpha/2}<\mu<\overline{X}+\frac{\sigma}{\sqrt{n}}z_{\alpha/2}\right\}=1-\alpha$$

这样,我们就得到了μ的一个置信水平为$1-\alpha$的置信区间

$$\left(\overline{X}-\frac{\sigma}{\sqrt{n}}z_{\alpha/2},\overline{X}+\frac{\sigma}{\sqrt{n}}z_{\alpha/2}\right)$$

简记为

$$\left(\overline{X}\pm\frac{\sigma}{\sqrt{n}}z_{\alpha/2}\right)$$

如果取$1-\alpha=0.95$,即$\alpha=0.05$,又取$\sigma=1$,$n=16$,查表得$z_{\alpha/2}=z_{0.025}=1.96$. 于是得到一个置信水平为$0.95$的置信区间

$$\left(\overline{X}\pm\frac{1}{\sqrt{16}}\times 1.96\right)$$

如若由一个样本值算得样本均值的观察值$\bar{x}=5.20$,则得到一个区间

$$(5.20\pm 0.49),\text{即}(4.71,5.69)$$

此时,虽然这个区间已经不再是随机区间了,但我们仍称它为置信水平为$1-\alpha$的置信区间.

我们来阐明置信区间的含义. 在总体中抽得一个样本容量为$n(n=16)$的样本值,进而求得一个数字区间. 对于不同的样本值,得到不同的数字区间. 若在总体中抽样多次(设每次样本容量均为n),就得到许多数字区间. 每个这样的区间要么包含μ的真值,要么不包含μ的真值. 按伯努利大数定理知道,在这么多数字区间中,包含μ的真值的约占95%,而不包含μ的真值的仅占约5%. 例如抽样1000次,则得到1000个数字区间,其中包含μ的真值的约950个,而不包含μ的真值的仅约50个. 而对于区间$(4.71,5.69)$,它是否包含真值μ,我们不得而知(也不可能知道). 只能认为该区间属于那些包含μ的区间的可信程度为95%或"该区间包含μ"这一陈述的可信程度为95%.

置信水平为$1-\alpha$的置信区间并不是唯一的. 以例7.11来说,若给定$\alpha=0.05$,则又有

$$P\left\{-z_{0.04}<\frac{\overline{X}-\mu}{\sigma/\sqrt{n}}<z_{0.01}\right\}=0.95$$

即

$$P\left\{\overline{X}-\frac{\sigma}{\sqrt{n}}z_{0.01}<\mu<\overline{X}+\frac{\sigma}{\sqrt{n}}z_{0.04}\right\}=0.95$$

故
$$\left(\overline{X} - \frac{\sigma}{\sqrt{n}}z_{0.01}, \overline{X} + \frac{\sigma}{\sqrt{n}}z_{0.04}\right)$$

也是μ的置信水平为0.95的置信区间. 但比较两个置信区间的长度可以发现, 区间$\left(\overline{X} - \frac{\sigma}{\sqrt{n}}z_{\alpha/2}, \overline{X} + \frac{\sigma}{\sqrt{n}}z_{\alpha/2}\right)$要比区间$\left(\overline{X} - \frac{\sigma}{\sqrt{n}}z_{0.01}, \overline{X} + \frac{\sigma}{\sqrt{n}}z_{0.04}\right)$的长度更短, 即区间$\left(\overline{X} - \frac{\sigma}{\sqrt{n}}z_{\alpha/2}, \overline{X} + \frac{\sigma}{\sqrt{n}}z_{\alpha/2}\right)$的估计精度更高. 易知, 像$N(0,1)$分布那样, 其概率密度的图形是单峰且对称的情况, 当n固定时, 以对称区间长度最短, 自然为最优的置信区间.

评价一个置信区间的好坏有两个要素: 一是精度, 这个可以用区间长度来刻画, 长度越小精度越高; 一是置信水平$1-\alpha$, 即区间包含μ这一陈述的可信程度. 通常, 在n固定的情况下, 当置信水平$1-\alpha$变大时, α变小, 此时置信区间的长度随之变大. 这就是说, 置信区间的置信水平越高, 则精度越低; 反之精度越高, 则置信水平越低.

一般, 置信水平取为0.90, 0.95, 0.99.

另外, 在α固定时, 区间长度随n的增大而减小. 从而, 我们可以通过确定样本容量n, 使置信区间具有预先给定的长度. 若希望长度小, 则n就要大.

参考例7.11可得一个寻找置信区间的一般方法.

(1) 寻找一个与待估参数θ有关的统计量U, 一般U是θ的点估计量, 构造一个U与θ的函数$G(U;\theta)$, 它的分布已知且与θ无关, 通常称这种函数$G(U;\theta)$为**枢轴量**.

(2) 对于给定的置信水平$1-\alpha$, 定出两个常数a, b, 使得
$$P\{a < G(U;\theta) < b\} = 1-\alpha \tag{7.17}$$

若能从不等式$a < G(U;\theta) < b$得到等价的不等式$\underline{\theta}(U) < \theta < \overline{\theta}(U)$, 则可以得到概率等式
$$P\{\underline{\theta}(U) < \theta < \overline{\theta}(U)\} = 1-\alpha \tag{7.18}$$

即 ($\underline{\theta}(U), \overline{\theta}(U)$) 就是$\theta$的一个置信水平为$1-\alpha$的置信区间.

常用的正态总体的参数的置信区间都可以用这种步骤推得.

第四节 单个正态总体下未知参数的置信区间

设$X_1, X_2, \cdots, X_n$为总体$N(\mu, \sigma^2)$的样本. $\overline{X}, S^2$分别是样本均值和样本方差. 又给定置信水平为$1-\alpha$.

一、均值的置信区间

1. 设 σ^2 已知

由例 7.11，利用枢轴量 $\dfrac{\overline{X}-\mu}{\sigma/\sqrt{n}}$ 已得到 μ 的一个置信水平为 $1-\alpha$ 的置信区间

$$\left(\overline{X}\pm\dfrac{\sigma}{\sqrt{n}}z_{\alpha/2}\right) \tag{7.19}$$

2. 设 σ^2 未知

考虑到 S^2 是 σ^2 的无偏估计，将 $\dfrac{\overline{X}-\mu}{\sigma/\sqrt{n}}$ 中 σ 换成 $S=\sqrt{S^2}$，由于

$$\dfrac{\overline{X}-\mu}{S/\sqrt{n}}\sim t(n-1) \tag{7.20}$$

取 $\dfrac{\overline{X}-\mu}{S/\sqrt{n}}$ 作为枢轴量，可得

$$P\left\{-t_{\alpha/2}(n-1)<\dfrac{\overline{X}-\mu}{S/\sqrt{n}}<t_{\alpha/2}(n-1)\right\}=1-\alpha \tag{7.21}$$

即

$$P\left\{\overline{X}-\dfrac{S}{\sqrt{n}}t_{\alpha/2}(n-1)<\mu<\overline{X}+\dfrac{S}{\sqrt{n}}t_{\alpha/2}(n-1)\right\}=1-\alpha \tag{7.22}$$

于是得 μ 的一个置信水平为 $1-\alpha$ 的置信区间

$$\left(\overline{X}\pm\dfrac{S}{\sqrt{n}}t_{\alpha/2}(n-1)\right) \tag{7.23}$$

【例 7.12】 某矿工人的血压（收缩压，以 mmHg 计）服从正态分布 $N(\mu,\sigma^2)$，μ，σ^2 均未知. 今随机选取了 13 位工人，测得收缩压为

129　134　114　120　116　133　142　138　148　129　133　141　142

试求 μ 的置信水平为 0.95 的置信区间.

解：由置信水平 $1-\alpha=0.95$ 得 $\alpha/2=0.025$，$n=13$，查表得到 $t_{0.025}(13-1)=2.1788$. 经计算 $\bar{x}=132.231$，$s=10.489$. 由公式得 μ 的一个置信水平为 0.95 的置信区间为

$$\left(132.231\pm\dfrac{10.489}{\sqrt{13}}\times 2.1788\right)=(132.23\pm 6.34)$$

即

$$(125.89, 138.57)$$

这就是说估计血压的均值在 125.89 与 138.57 之间，这个估计的可信程度为 0.95. 若以此区间内任一值作为 μ 的近似值，其误差不大于 6.34×2，这个误差估

计的可信程度为 0.95.

在实际问题中，总体方差 σ^2 未知的情况居多，故置信区间 $\left(\overline{X} \pm \dfrac{S}{\sqrt{n}} t_{\alpha/2}(n-1)\right)$ 具有更大的实用价值.

二、方差的置信区间

根据实际的需要，只介绍 μ 未知的情况.

已知 S^2 是 σ^2 的无偏估计，且

$$\frac{(n-1)S^2}{\sigma^2} \sim \chi^2(n-1) \tag{7.24}$$

取 $\dfrac{(n-1)S^2}{\sigma^2}$ 作为枢轴量，得

$$P\left\{\chi^2_{1-\alpha/2}(n-1) < \frac{(n-1)S^2}{\sigma^2} < \chi^2_{\alpha/2}(n-1)\right\} = 1-\alpha \tag{7.25}$$

即

$$P\left\{\frac{(n-1)S^2}{\chi^2_{\alpha/2}(n-1)} < \sigma^2 < \frac{(n-1)S^2}{\chi^2_{1-\alpha/2}(n-1)}\right\} = 1-\alpha \tag{7.26}$$

这就得到方差 σ^2 的一个置信水平为 $1-\alpha$ 的置信区间为

$$\left(\frac{(n-1)S^2}{\chi^2_{\alpha/2}(n-1)},\ \frac{(n-1)S^2}{\chi^2_{1-\alpha/2}(n-1)}\right) \tag{7.27}$$

还可得标准差 σ 的一个置信水平为 $1-\alpha$ 的置信区间为

$$\left(\frac{\sqrt{(n-1)}\,S}{\sqrt{\chi^2_{\alpha/2}(n-1)}},\ \frac{\sqrt{(n-1)}\,S}{\sqrt{\chi^2_{1-\alpha/2}(n-1)}}\right) \tag{7.28}$$

注意，在密度函数不对称时，如 χ^2-分布和 F-分布，习惯上仍取对称的分位点（如 χ^2-分布的上分位点 $\chi^2_{1-\alpha/2}(n-1)$ 和 $\chi^2_{\alpha/2}(n-1)$）来确定置信区间的.

【**例 7.13**】 求例 7.12 中总体标准差 σ 的置信水平为 0.95 的置信区间.

解：现在 $\alpha/2 = 0.025$, $1-\alpha/2 = 0.975$, $n-1 = 12$，查表得到 $\chi^2_{0.025}(12) = 23.337$, $\chi^2_{0.975}(12) = 4.404$, 又 $s = 10.489$. 由公式得标准差 σ 的一个置信水平为 0.95 的置信区间为

$$(7.52,\ 17.31)$$

第五节 两个正态总体下未知参数的置信区间

在实际中常遇到下面的问题：已知产品的某一质量指标服从正态分布，由于原料、设备条件、操作人员不同，或工艺过程的改变等因素，引起总体均值、总体方

差有所改变. 我们需要知道这些变化有多大, 这就需要考虑两个正态总体均值差或方差比的估计问题.

设总体 $X \sim N(\mu_1, \sigma_1^2)$, $Y \sim N(\mu_2, \sigma_2^2)$, 且 X 与 Y 相互独立, $X_1, X_2, \cdots, X_{n_1}$ 是来自总体 X 的样本, $Y_1, Y_2, \cdots, Y_{n_2}$ 是来自总体 Y 的样本, 给定置信水平为 $1-\alpha$, 再设 $\overline{X}, \overline{Y}, S_1^2, S_2^2$ 分别为总体 X 和 Y 的样本均值和样本方差.

一、均值差的置信区间

1. σ_1^2, σ_2^2 已知

由于 $\overline{X} \sim N(\mu_1, \sigma_1^2/n_1)$, $\overline{Y} \sim N(\mu_2, \sigma_2^2/n_2)$, 且 $\overline{X}, \overline{Y}$ 相互独立, 故有

$$\overline{X} - \overline{Y} \sim N\left(\mu_1 - \mu_2, \frac{\sigma_1^2}{n_1} + \frac{\sigma_2^2}{n_2}\right) \tag{7.29}$$

于是

$$\frac{(\overline{X} - \overline{Y}) - (\mu_1 - \mu_2)}{\sqrt{\frac{\sigma_1^2}{n_1} + \frac{\sigma_2^2}{n_2}}} \sim N(0,1) \tag{7.30}$$

取上式左端的量作为枢轴量, 可得

$$P\left\{-z_{\alpha/2} < \frac{(\overline{X} - \overline{Y}) - (\mu_1 - \mu_2)}{\sqrt{\frac{\sigma_1^2}{n_1} + \frac{\sigma_2^2}{n_2}}} < z_{\alpha/2}\right\} = 1 - \alpha \tag{7.31}$$

即

$$P\left\{\overline{X} - \overline{Y} - z_{\alpha/2}\sqrt{\frac{\sigma_1^2}{n_1} + \frac{\sigma_2^2}{n_2}} < \mu_1 - \mu_2 < \overline{X} - \overline{Y} + z_{\alpha/2}\sqrt{\frac{\sigma_1^2}{n_1} + \frac{\sigma_2^2}{n_2}}\right\} = 1 - \alpha \tag{7.32}$$

因此得 $\mu_1 - \mu_2$ 的一个置信水平为 $1-\alpha$ 的置信区间为

$$\left(\overline{X} - \overline{Y} \pm z_{\alpha/2}\sqrt{\frac{\sigma_1^2}{n_1} + \frac{\sigma_2^2}{n_2}}\right) \tag{7.33}$$

2. $\sigma_1^2 = \sigma_2^2 = \sigma^2$ 未知

已知

$$\frac{(\overline{X} - \overline{Y}) - (\mu_1 - \mu_2)}{S_w\sqrt{\frac{1}{n_1} + \frac{1}{n_2}}} \sim t(n_1 + n_2 - 2) \tag{7.34}$$

其中

$$S_w = \sqrt{\frac{(n_1-1)S_1^2 + (n_2-1)S_2^2}{n_1 + n_2 - 2}} \tag{7.35}$$

取上式左端的量作为枢轴量,可得 $\mu_1-\mu_2$ 的一个置信水平为 $1-\alpha$ 的置信区间为

$$\left(\overline{X}-\overline{Y}\pm t_{\alpha/2}(n_1+n_2-2)S_w\sqrt{\frac{1}{n_1}+\frac{1}{n_2}}\right) \tag{7.36}$$

【例 7.14】 耗氧率是跑步运动员生理活力的一个重要测度。文献中报道了大学生男运动员的两种不同的训练方法,一种是在一定时段内每日连续训练;另一种是间断训练(两种训练方法总训练时间相同)。下面给出了两种不同训练方法下的实测数据。单位为毫升(氧)/千克(体重)·分钟。设数据分别来自正态总体 $N(\mu_1,\sigma^2)$ 和 $N(\mu_2,\sigma^2)$,两总体方差相同,两样本相互独立,μ_1,μ_2,σ^2 均未知。求两总体均值差 $\mu_1-\mu_2$ 的置信水平为 0.95 的置信区间。

	连续时间	间断时间
样本容量	$n_1=9$	$n_2=7$
样本均值	$\bar{x}=43.71$	$\bar{y}=39.63$
样本标准差	$s_1=5.88$	$s_2=7.68$

解: 由 $1-\alpha=0.95$,得 $\alpha/2=0.025$,

$$t_{\alpha/2}(n_1+n_2-2)=t_{0.025}(14)=2.1448$$

$$s_w^2=\frac{(n_1-1)s_1^2+(n_2-1)s_2^2}{n_1+n_2-2}=\frac{8\times 5.88^2+6\times 7.68^2}{14}=6.71^2$$

由公式求得 $\mu_1-\mu_2$ 的一个置信水平为 0.95 的置信区间为

$$\left(\bar{x}-\bar{y}\pm t_{0.025}(n_1+n_2-2)S_w\sqrt{\frac{1}{n_1}+\frac{1}{n_2}}\right)$$

$$=(43.71-39.63\pm 2.1448\times 6.71\times\sqrt{16/63})$$

即

$$(4.08\pm 7.25)=(-3.17,11.33)$$

二、方差比的置信区间(μ_1,μ_2 未知)

已知

$$\frac{S_1^2/S_2^2}{\sigma_1^2/\sigma_2^2}\sim F(n_1-1,n_2-1) \tag{7.37}$$

取上式左端的量作为枢轴量,可得

$$P\left\{F_{1-\alpha/2}(n_1-1,n_2-1)<\frac{S_1^2/S_2^2}{\sigma_1^2/\sigma_2^2}<F_{\alpha/2}(n_1-1,n_2-1)\right\}=1-\alpha \tag{7.38}$$

得 σ_1^2/σ_2^2 的一个置信水平为 $1-\alpha$ 的置信区间为

$$\left(\frac{S_1^2}{S_2^2}\frac{1}{F_{\alpha/2}(n_1-1,n_2-1)},\frac{S_1^2}{S_2^2}\frac{1}{F_{1-\alpha/2}(n_1-1,n_2-1)}\right) \tag{7.39}$$

【例 7.15】 分别由工人和机器人操作钻孔机在钢部件上钻孔,今测得所钻的

孔的深度（以 cm 计）如下

工人操作	4.02	3.94	4.03	4.02	3.95	4.06	4.00	
机器人操作	4.01	4.03	4.02	4.01	4.00	3.99	4.02	4.00

涉及的两总体分别为 $N(\mu_1, \sigma_1^2)$，$N(\mu_2, \sigma_2^2)$，μ_1，μ_2，σ_1^2，σ_2^2 均未知，两样本相互独立. 试求 σ_1^2/σ_2^2 的置信水平为 0.90 的置信区间.

解：已知 $n_1=7$，$n_2=8$，$1-\alpha=0.9$，$\alpha/2=0.05$，$F_{0.05}(6,7)=3.87$，

$F_{1-0.05}(6,7) = \dfrac{1}{F_{0.05}(7,6)} = \dfrac{1}{4.21}$，经计算得 $S_1^2=0.00189$，$S_2^2=0.00017$，

所求得 σ_1^2/σ_2^2 的置信水平为 0.90 的一个置信区间为

$$\left(\dfrac{S_1^2}{S_2^2}\dfrac{1}{F_{0.05}(6,7)}, \dfrac{S_1^2}{S_2^2}\dfrac{1}{F_{0.95}(6,7)}\right) = (2.87, 46.81)$$

该区间的下限大于 1，在实际中，我们就认为 σ_1^2 比 σ_2^2 大。

习 题 七

1. 随机地取 8 只活塞环，测得它们的直径为（以 mm 计）

74.001　74.005　74.003　74.001　74.000　73.998　74.006　74.002

试求总体均值 μ 及方差 σ^2 的矩估计值，并求样本方差 s^2.

2. 设 X_1，X_2，$\cdots$，X_n 为总体的一个样本，x_1，x_2，$\cdots x_n$ 为一相应的样本值. 求下述各总体的密度函数或分布律中的未知参数的矩估计值和估计量.

(1) $f(x) = \begin{cases} \theta c^\theta x^{-(\theta+1)}, & x>c \\ 0, & \text{其他} \end{cases}$，其中 $c>0$ 为已知，$\theta>1$，θ 为未知参数.

(2) $P\{X=x\} = \binom{m}{x} p^x (1-p)^{m-x}$，$x=0, 1, 2, \cdots, m$，$0<p<1$，$p$ 为未知参数.

3. 求上题中各未知参数的极大似然估计值和估计量.

4. 设总体 X 具有分布律

X	1	2	3
p_k	θ^2	$2\theta(1-\theta)$	$(1-\theta)^2$

其中 $\theta(0<\theta<1)$ 为未知参数.

(1) 已知取得了样本值 $x_1=1$，$x_2=2$，$x_3=1$. 试求 θ 的矩估计值和极大似然估计值.

(2) 设 X_1，X_2，$\cdots$，X_n 是来自参数为 λ 的泊松分布总体的一个样本，试求 λ 的极大似然估计量和矩估计量.

5. 设总体 X 的概率密度为

$$f(x)=\begin{cases}\dfrac{6x(\theta-x)}{\theta^3}, & 0<x<\theta \\ 0, & 其他\end{cases}$$

$X_1, X_2, \cdots, X_n$ 是取自 X 的一个样本.

(1) 求 θ 的矩估计量 $\hat{\theta}$;(2) 求 $\hat{\theta}$ 的方差 $D\hat{\theta}$;(3) 讨论 $\hat{\theta}$ 的无偏性.

6. 设随机变量 X 服从 $[\theta_1, \theta_2]$ 上的均匀分布,试求 θ_1 及 θ_2 的极大似然估计值.

7. 设总体 X 服从参数为 m, p 的二项分布,m 已知,p 未知.$X_1, X_2, \cdots, X_n$ 为来自总体 X 的样本.试求

(1) p 的矩估计量;(2) p 与 q 之比的矩估计量,其中 $q=1-p$.

8. 设总体 X 的概率密度函数为

$$f(x;\theta,\mu)=\begin{cases}\dfrac{1}{\theta}e^{-\frac{x-\mu}{\theta}}, & x\geqslant\mu \\ 0, & x<\mu\end{cases}$$

其中参数 θ, μ 均未知,$\theta>0$,$X_1, X_2, \cdots, X_n$ 为来自总体 X 的样本.试求 θ, μ 的矩估计量.

9. 设总体 X 的密度函数为 $f(x,\sigma)=\dfrac{1}{2\sigma}e^{-\frac{|x|}{\sigma}}$ $(-\infty<x<+\infty)$,其中 $\sigma>0$ 未知,$X_1, X_2, \cdots, X_n$ 是来自总体 X 的一个样本,试求 σ 的极大似然估计量.

10. 设 $X_1, X_2, \cdots, X_n$ 是来自总体 X 的一个样本,设 $E(X)=\mu$,$D(X)=\sigma^2$.

(1) 确定常数 c,使 $c\sum\limits_{i=1}^{n-1}(X_{i+1}-X_i)^2$ 为 σ^2 的无偏估计.

(2) 确定常数 c,使 $(\overline{X})^2-cS^2$ 是 μ^2 的无偏估计 ($\overline{X}, S^2$ 是样本均值和样本方差).

11. 设 X_1, X_2, X_3, X_4 是来自均值为 θ 的指数分布总体的样本,其中 θ 未知.设有估计量

$$T_1=\dfrac{1}{6}(X_1+X_2)+\dfrac{1}{3}(X_3+X_4)$$

$$T_2=(X_1+2X_2+3X_3+4X_4)/5$$

$$T_3=(X_1+X_2+X_3+X_4)/4$$

(1) 指出 T_1, T_2, T_3 中哪几个是 θ 的无偏估计量;

(2) 在上述 θ 的无偏估计中指出哪一个较为有效.

12. 设从均值为 μ,方差为 $\sigma^2>0$ 的总体中,分别抽取容量为 n_1, n_2 的两独立样本.$\overline{X}_1$ 和 $\overline{X}_2$ 分别是两样本的样本均值.试证,对于任意常数 $a, b(a+b=1)$,

$Y = a\overline{X}_1 + b\overline{X}_2$ 都是 μ 的无偏估计，并确定常数 a，b 使 $D(Y)$ 达到最小.

13. 设 X_1，X_2，…，X_n 是来自总体 $X \sim N(0, \sigma^2)$ 的一个样本，其中 $\sigma^2 > 0$ 未知，令 $\hat\sigma^2 = \dfrac{1}{n}\sum\limits_{i=1}^{n}X_i^2$，试证 $\hat\sigma^2$ 是 σ^2 的相合估计.

14. 设某种清漆的 9 个样品，其干燥时间（以小时计）分别为

6.0　5.7　5.8　6.5　7.0　6.3　5.6　6.1　5.0

设干燥时间总体服从正态分布 $N(\mu, \sigma^2)$. 求 μ 的置信水平为 0.95 的置信区间.

(1) 若由以往经验知 $\sigma = 0.6$ (小时)；(2) 若 σ 为未知.

15. 分别使用金球和铂球测定引力常数（单位：$10^{-11}\mathrm{m}^3 \cdot \mathrm{kg}^{-1} \cdot \mathrm{s}^{-2}$）.

(1) 用金球测定观察值为

6.683　6.681　6.676　6.678　6.679　6.672

(2) 用铂球测定观察值为

6.661　6.661　6.667　6.667　6.664

设测定值总体为 $N(\mu, \sigma^2)$，μ，σ^2 均为未知. 试就 (1)，(2) 两种情况分别求 μ 的置信水平为 0.9 的置信区间，并求 σ^2 的置信水平为 0.9 的置信区间.

16. 随机地从 A 批导线中抽取 4 根，又从 B 批导线中抽取 5 根，测得电阻 (Ω) 为

A 批导线：0.143　0.142　0.143　0.137

B 批导线：0.140　0.142　0.136　0.138　0.140

设测定数据分别来自分布 $N(\mu_1, \sigma^2)$，$N(\mu_2, \sigma^2)$ 且两样本相互独立. 又设 μ_1，μ_2，σ^2 均未知. 试求 $\mu_1 - \mu_2$ 的置信水平为 0.95 的置信区间.

17. 研究两种固体燃料火箭推进器的燃烧率. 设两者都服从正态分布，并且已知燃烧率的标准差均近似地为 0.05cm/s，取样本容量为 $n_1 = n_2 = 20$. 得燃烧率的样本均值分别为 $\bar x_1 = 18\mathrm{cm/s}$，$\bar x_2 = 24\mathrm{cm/s}$，设两样本独立. 求两燃烧率总体均值差 $\mu_1 - \mu_2$ 的置信水平为 0.99 的置信区间.

18. 设两位化验员 A，B 独立地对某种聚合物含氯量用相同的方法各作 10 次测定，其测定值的样本方差依次为 $S_A^2 = 0.5419$，$S_B^2 = 0.6065$. 设 σ_A^2，σ_B^2 分别为 A，B 所测定的测定值总体的方差，设总体均为正态的，设两样本独立. 求方差比 σ_A^2/σ_B^2 的置信水平为 0.95 的置信区间.

19. 设总体 $X \sim N(\mu, \sigma^2)$，μ，σ^2 均未知. 由 X 得到容量为 16 的样本观测值 x_1，x_2，…，x_{16}，算得 $\bar x = 503.75$，$S^2 = 6.2022^2$. 试求总体标准差 σ 的置信水平为 0.95 的置信区间.

20. 设 $X \sim N(\mu, \sigma^2)$，μ 的置信区间长度为 $L = \dfrac{2S}{\sqrt{n}} t_\alpha(n-1)$，其中 $P\{t(n-1) \leqslant t_p(n-1)\} = p$，求该置信区间的置信水平.

第八章 假设检验

参数估计和假设检验是统计推断的两种形式,它们都是利用样本对总体进行某种推断,只不过推断的角度不同. 参数估计是通过样本统计量来推断总体未知参数,以及作出结论的可靠程度,总体参数在估计前是未知的. 而在假设检验中,则是预先对总体参数的取值提出一个假设,然后利用样本数据检验这个假设是否成立,如果成立,我们就接受这个假设,如果不成立就拒绝原假设. 当然由于样本的随机性,这种推断只能具有一定的可靠性. 本章介绍假设检验的基本概念,以及假设检验的一般步骤,然后重点介绍常用的参数检验方法. 由于篇幅的限制,非参数假设检验在这里就不作介绍了.

第一节 假设检验的一般问题

一、假设检验的基本概念

1. 原假设和备择假设

为了对假设检验的基本概念有一个直观的认识,不妨先看下面的例子.

【例 8.1】 某厂生产一种日光灯管,其寿命 X 服从正态分布 $N(\mu, 200^2)$,从过去的生产经验看,灯管的平均寿命为 $\mu=1550$h. 现在采用新工艺后,在所生产的新灯管中抽取 25 只,测其平均寿命为 1650h. 采用新工艺后,灯管的寿命是否有显著提高? 这是一个均值的检验问题. 灯管的寿命有没有显著变化呢? 这有两种可能:一种是没有什么变化. 即新工艺对均值没有影响,采用新工艺后, X 仍然服从 $N(1550, 200^2)$. 另一种情况可能是,新工艺的确使均值发生了显著性变化. 这样,$\overline{X}=1650$ 和 $\mu_0=1550$ 之间的差异就只能认为是采用新工艺的关系. 究竟是哪种情况与实际情况相符合,这需要作检验. 假如给定显著性水平 $\alpha=0.05$.

在上面的例子中,我们可以把涉及的两种情况用统计假设的形式表示出来. 第一个统计假设 $\mu=1550$ 表示采用新工艺后灯管的平均寿命没有显著性提高. 第二个统计假设 $\mu>1550$ 表示采用新工艺后灯管的平均寿命有显著性提高. 这第一个假设称为原假设(或零假设),记为 $H_0: \mu=1550$;第二个假设 $\mu>1550$ 称为备择假设,记为 $H_1: \mu>1550$. 至于在两个假设中,采用哪一个作为原假设,哪一个作为备择假设，要看具体的研究目的和要求而定．假如我们的目的是希望从子样观察值对某一陈述取得强有力的支持，则把该陈述的否定作为原假设，该陈述本身作为备择假设．譬如在上例中，我们的目的当然是希望新工艺对产品寿命确有提高，但又没有更多的数据可以掌握．为此，我们取"寿命没有显著性提高（$\mu=1550$）"作原假设，而以"寿命有显著性提高（$\mu>1550$）"作为备择假设．

2. 检验统计量

假设检验问题的一般提法是：在给定备择假设 H_1 下对原假设 H_0 作出判断，若拒绝原假设 H_0，那就意味着接受备择假设 H_1，否则就接受原假设 H_0．在拒绝原假设 H_0 或接受备择假设 H_1 之间作出某种判断，必须要从子样（X_1，X_2，…，X_n）出发，制订一个法则，一旦子样（x_1，x_2，…，x_n）的观察值确定之后，利用我们制订的法则作出判断：拒绝原假设 H_0 还是接受原假设 H_0．那么检验法则是什么呢？它应该是定义在子样空间上的一个函数为依据所构造的一个准则，这个函数一般称为检验统计量．如上面列举的原假设 H_0：$\mu=\mu_0$（$\mu_0=1550$），那么子样均值 $\overline{X}$ 就可以作为检验统计量，有时还可以根据检验统计量的分布进一步加工，如子样均值服从正

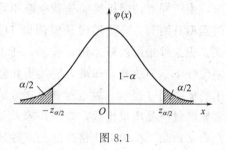

图 8.1

态分布时将其标准化，$Z=\dfrac{\overline{X}-\mu_0}{\sigma/\sqrt{n}}$ 作为检验统计量，简称 Z 检验量，如图 8.1 所示．或者在总体方差 σ^2 未知的条件下，$t=\dfrac{\overline{X}-\mu_0}{S/\sqrt{n}}$ 作为检验量，称为 t 检验量．

3. 接受域和拒绝域

假设检验中接受或者拒绝原假设 H_0 的依据是假设检验的小概率原理．所谓小概率原理，是指发生概率很小的随机事件在一次实验中几乎是不可能发生的，根据这一原理就可以作出接受或是拒绝原假设的决定．如，一家厂商声称其某种产品的合格率很高，可以达到 99%，那么从一批产品（如 100 件）中随机抽取一件，这一件恰好是次品的概率就非常之小，只有 1%．如果把厂商的宣称，即产品的次品率仅为 1% 作为一种假设，并且是真的．那么由小概率原理，随机抽取一件是次品的情形就几乎是不可能发生的．如果这种情形居然发生了，这就不能不使人们怀疑原来的假设，即产品的次品率仅为 1% 的假设的正确性，这时就可以作出原假设为伪的判断，于是否定原假设．

接受域和拒绝域是在给定的显著性水平 α 下，由检验法则所划分的样本空间的

两个互不相交的区域．原假设 H_0 为真时可以接受的可能范围称为接受域，另一区域是当原假设 H_0 为真时只有很小的概率发生，如果小概率事件确实发生，就要拒绝原假设，这一区域称为拒绝域（或否定域）．落入拒绝域是个小概率事件，一旦落入拒绝域，就要拒绝原假设而接受备择假设．那么应该确定多大的概率算作小概率呢？这要根据不同的目的和要求而定，一般选择 0.05 或者 0.01，通常用 α 表示．它说明用多大的小概率来检验原假设．显然 α 越小越不容易推翻原假设，而一旦拒绝原假设，原假设为真的可能性就越小．所以在作假设检验时通常要事先给定显著性水平 α．（$1-\alpha$ 称为置信水平）．

4. 假设检验中的两类错误

由前面已知，假设检验是在子样观察值确定之后，根据小概率原理进行推断的，由于样本的随机性，这种推断不可能有绝对的把握，不免要犯错误．所犯错误的类型有两类：一类错误是原假设 H_0 为真时却被拒绝了．这类错误称为弃真错误，犯这种错误的概率用 α 表示，所以也叫 α 错误或第一类错误．另一类错误是指原假设 H_0 为伪时，却被人们接受而犯了错误．这是一种取伪的错误，这种错误发生的概率用 β 表示，故也称 β 错误或第二类错误．在厂家出售产品给消费者时，通常要经过产品质量检验，生产厂家总是假定产品是合格的，但检验时厂家总要承担把合格产品误检为不合格产品的某些风险，生产者承担这些风险的概率就是 α，所以 α 也称为生产者风险．而在消费者一方却担心把不合格产品误检为合格品而被接受，这是消费者承担的某些风险，其概率就是 β，因此第二类错误 β 也称消费者风险．正确的决策和犯错误的概率可以归纳为表 8.1.

表 8.1 假设检验中各种可能结果的概率

	接受 H_0	拒绝 H_0，接受 H_1
H_0 为真	$1-\alpha$（正确决策）	α（弃真错误）
H_0 为伪	β（取伪错误）	$1-\beta$（正确决策）

自然，人们希望犯这两类错误的概率越小越好．但对于一定的子样容量 n，不可能同时做到犯这两类错误的概率都很小．通常的假设检验只规定第一类错误 α，即显著性水平，而不考虑第二类错误 β，并称这样的检验为显著性检验．

5. 双边检验和单边检验

根据假设的形式，可以把检验分为双边检验和单边检验，单边检验又进一步分为右检验和左检验．

（1）双边检验，检验的形式为：

$$H_0: \mu = \mu_0 \qquad H_1: \mu \neq \mu_0 \tag{8.1}$$

由于我们在这里提出的原假设是 μ 等于某一数值 μ_0，所以只要 $\mu > \mu_0$ 或 $\mu <$

μ_0. 二者之中有一个成立,就可以否定原假设,这种假设检验称为双边检验,它的拒绝域分为两个部分,有两个临界值,在给定显著性水平 α 下,每个拒绝域的概率为 $\alpha/2$.

(2) 单边检验. 在有些情况下,我们关心的假设问题带有方向性. 例如产品的次品率要求越低越好,它不能高于某一指标,当高于某一指标,就要拒绝原假设,这就是单边检验. 这时拒绝域的图形在右侧,就称作右边检验. 检验的形式可以写为:

$$H_0:\mu\leqslant\mu_0, \quad H_1:\mu>\mu_0 \tag{8.2}$$

又例如,灯管的使用寿命、药物的有效成分这类产品质量指标是越高越好,它不能低于某一标准,当低于某一标准时就要拒绝原假设,这时拒绝域的图形在左侧,就称为左边检验. 检验的形式为:

$$H_0:\mu\geqslant\mu_0, \quad H_1:\mu<\mu_0 \tag{8.3}$$

二、假设检验的一般步骤

一个完整的假设检验过程,一般包括五个主要步骤.

1. 提出原假设和备择假设

确定是双边检验还是单边检验,例如双边检验为:

$H_0:\mu=\mu_0, H_1:\mu\neq\mu_0$.

左边检验为:

$H_0:\mu\geqslant\mu_0, H_1:\mu<\mu_0$.

右边检验为:

$H_0:\mu\leqslant\mu_0, H_1:\mu>\mu_0$.

2. 建立检验统计量

建立检验统计量是假设检验的重要步骤. 譬如上例中,在总体 X 服从正态分布 $N(\mu, 200^2)$ 的假定下,当原假设 $H_0: \mu=1550$ 成立时,建立检验统计量 $Z=\dfrac{\overline{X}-1550}{200/\sqrt{n}}$,那么 Z 就服从标准正态分布 $N(0,1)$.

在具体问题里,选择什么统计量作为检验统计量,需要考虑的因素与参数估计相同. 例如,用于进行检验的样本是大样本还是小样本,总体方差是已知还是未知等,在不同条件下应选择不同的检验统计量.

3. 规定显著性水平 α,确定 H_0 的拒绝域

例如,当原假设 $H_0: \mu=\mu_0$ 成立时,检验统计量 Z 服从标准正态分布 $N(0,$

1),那么给定显著性水平 $\alpha(0<\alpha<1)$,按双边检验,在标准正态分布表中查得临界值 $z_{\alpha/2}$,使得

$$P\{|Z|\geqslant z_{\alpha/2}\}=\alpha \qquad (8.4)$$

或者

$$P\{-z_{\alpha/2}\leqslant Z\leqslant z_{\alpha/2}\}=1-\alpha \qquad (8.5)$$

若由子样 $(X_1, X_2, \cdots, X_n)$ 的一组观察值 $(x_1, x_2, \cdots, x_n)$ 算得统计量 Z 的值 z 落在 $(-\infty, -z_{\alpha/2})$ 或 $(z_{\alpha/2}, +\infty)$ 时,则拒绝或否定 H_0,$(-\infty, -z_{\alpha/2})$ 及 $(z_{\alpha/2}, +\infty)$ 组成 H_0 的拒绝域,称 $z_{\alpha/2}$ 为临界值.

4. 计算实际检验量

如在例 8.1 中,

$$z=\frac{\overline{X}-\mu_0}{\sigma/\sqrt{n}}=\frac{1650-1550}{200/\sqrt{25}}=2.5$$

5. 判断

将实际检验量的数值与临界值比较,以确定接受或拒绝 H_0. 在例 8.1 中,$z_\alpha = z_{0.05} = 1.645$. 实际检验量 z 之值大于临界值 1.645,即落入拒绝域,故拒绝 H_0:$\mu=1550$,接受假设 H_1:$\mu>1550$,即可认为采用新工艺后日光灯管的平均寿命有显著性提高.

第二节 正态总体的参数检验

一、一个总体的参数检验

1. 总体均值的检验

(1) 正态总体且方差 σ^2 已知(Z 检验法).

【例 8.2】 某厂生产一种耐高温的零件,根据质量管理资料,在以往一段时间里,零件抗热的平均温度是 1250℃,零件抗热温度的标准差是 150℃. 在最近生产的一批零件中,随机测试了 100 个零件,其平均抗热温度为 1200℃. 该厂能否认为最近生产的这批零件仍然符合产品质量要求,而承担的生产者风险为 0.05.

解:从题意分析知道,该厂检验的目的是希望这批零件的抗热温度高于 1250℃,而低于 1250℃ 的应予拒绝,因此这是一个左边检验问题.

步骤 1. 提出假设:H_0:$\mu \geqslant 1250$,H_1:$\mu < 1250$.

步骤 2. 建立检验统计量为:

$$Z = \frac{\overline{X} - \mu_0}{\sigma/\sqrt{n}}$$

步骤 3. 根据给定的显著性水平 $\alpha = 0.05$，查表得临界值 $-z_{0.05} = -1.645$，因此拒绝域为 $(-\infty, -1.645)$.

步骤 4. 计算检验量的数值

$$z = \frac{\overline{X} - \mu_0}{\sigma/\sqrt{n}} = \frac{1200 - 1250}{150/\sqrt{100}} = -3.33$$

步骤 5. 因为 $-3.33 \in (-\infty, -1.645)$，落入拒绝域，故拒绝原假设或接受备择假设，认为最近生产的这批零件的抗高温性能低于 1250℃，不能认为产品符合质量要求.

(2) 大样本，总体分布和总体方差 σ^2 未知. 在大样本的条件下，不论总体是否服从正态分布，由中心极限定理可知，样本均值 $\overline{X}$ 近似服从正态分布 $N\left(\mu, \frac{\sigma^2}{n}\right)$，$\mu$ 为总体均值，σ^2 为总体方差，n 为样本容量. 总体方差未知时，可用大样本方差 $S^2 = \frac{1}{n-1} \sum_{i=1}^{n} (X_i - \overline{X})^2$ 代替总体方差 σ^2 来估计. 所以总体均值的检验量为：

$$t = \frac{\overline{X} - \mu_0}{S/\sqrt{n}} \tag{8.6}$$

【例 8.3】 某阀门厂的零件需要钻孔，要求孔径 10cm，孔径过大过小的零件都不合格. 为了测试钻孔机是否正常，随机抽取了 100 件钻孔的零件进行检验，测得 $\overline{X} = 9.6$cm，$S = 1$cm. 给定 $\alpha = 0.05$，检验钻孔机的操作是否正常.

解：从题意可知，这是一个总体均值的双边检验问题.

步骤 1. 提出假设：H_0：$\mu = 10$，H_1：$\mu \neq 10$.

步骤 2. 建立检验统计量：

$$Z = \frac{\overline{X} - \mu_0}{S/\sqrt{n}}$$

步骤 3. 由给定的显著性水平 $\alpha = 0.05$，查表得临界值 $\pm z_{\alpha/2} = \pm 1.96$，因此拒绝域为 $(-\infty, -1.96)$ 及 $(1.96, \infty)$.

步骤 4. 计算实际检验量的数值：

$$z = \frac{\overline{X} - \mu_0}{S/\sqrt{n}} = \frac{9.6 - 10}{1/\sqrt{100}} = -4$$

步骤 5. 因为 $-4 \in (-\infty, -1.96)$，落入拒绝域，故应拒绝原假设 H_0，接受 H_1，认为零件的孔径偏离了 10cm 的合格要求，且偏小. 这说明钻孔机的操作已不正常，应进行调试.

（3）小样本，正态总体且方差 σ^2 未知（t 检验法）. 当总体服从正态分布 $N(\mu, \sigma^2)$，μ 和 σ^2 为未知参数，小样本时，要检验 H_0 时的统计量是自由度为 $n-1$ 的 t-分布（见表 8.2）：

检验统计量为
$$T = \frac{\overline{X} - \mu_0}{S/\sqrt{n}} \tag{8.7}$$

【例 8.4】 某日用化工厂用一种设备生产香皂，其厚度要求为 5cm，今欲了解设备的工作性能是否良好，随机抽取 10 块香皂，测得平均厚度为 5.3cm，标准差为 0.3cm，试分别以 0.01，0.05 的显著性水平检验设备的工作性能是否合乎要求.

解：根据题意，香皂的厚度指标可以认为是服从正态分布的，但总体方差未知，且为小样本. 这是一个总体均值的双边检验问题.

步骤 1. 提出假设：H_0：$\mu = 5$（合乎质量要求），H_1：$\mu \neq 5$（不合乎质量要求）.

步骤 2. 建立检验统计量.

由题目的条件，检验统计量为：
$$T = \frac{\overline{X} - \mu_0}{S/\sqrt{n}}$$

步骤 3. 当 $\alpha = 0.01$ 和自由度 $n - 1 = 9$，查表得 $t_{\alpha/2}(9) = 3.2498$，拒绝域为 $(-\infty, -3.2498)$ 及 $(3.2498, \infty)$，接受域为 $(-3.2498, 3.2498)$.

当 $\alpha = 0.05$ 和自由度 $n - 1 = 9$，查表得 $t_{\alpha/2}(9) = 2.2622$，拒绝域为 $(-\infty, -2.2622)$ 及 $(2.2622, \infty)$，如图 8.2 所示.

步骤 4. 计算实际检验量的值：
$$T = \frac{\overline{X} - \mu_0}{s/\sqrt{n}} = \frac{5.3 - 5}{0.3/\sqrt{10}} = 3.16$$

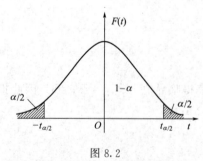

图 8.2

步骤 5. 当 $\alpha = 0.01$ 时，$3.16 \in (-3.2498, 3.2498)$，落入接受域，故接受原假设 H_0，认为在 $\alpha = 0.01$ 的显著性水平下，设备的工作性能尚属良好. 当 $\alpha = 0.05$ 时，$3.16 \in (2.2622, \infty)$，落入了拒绝域，因此要拒绝原假设 H_0，认为在 $\alpha = 0.05$ 的显著性水平下，设备的性能与良好的要求有显著性差异.

同样的检验数据，检验的结论不同，这似乎是矛盾的. 其实不然，当在显著性水平 $\alpha = 0.01$ 时接受原假设，只能是认为在规定的显著性水平下，尚不能否定原假设. 接受 H_0，并不意味着有绝对的把握保证 H_0 为真. 我们从此例看到，在 95% 的置信水平上否定原假设，但是却不能在 99% 的置信水平上否定原假设.

表 8.2 均值 μ 的检验

	H_0	H_1	统计量	拒绝域
Z 检验法(σ^2 已知)	$\mu=\mu_0$ $\mu\leqslant\mu_0$ $\mu\geqslant\mu_0$	$\mu\neq\mu_0$ $\mu>\mu_0$ $\mu<\mu_0$	$z=\dfrac{\overline{X}-\mu_0}{\sigma/\sqrt{n}}\sim N(0,1)$	$\|Z\|>z_{\alpha/2}$ $Z>z_\alpha$ $Z<-z_\alpha$
T 检验法(σ^2 未知)	$\mu=\mu_0$ $\mu\leqslant\mu_0$ $\mu\geqslant\mu_0$	$\mu\neq\mu_0$ $\mu>\mu_0$ $\mu<\mu_0$	$T=\dfrac{\overline{X}-\mu_0}{S_n/\sqrt{n}}\sim t(n-1)$	$\|T\|>t_{\alpha/2}(n-1)$ $T>t_\alpha(n-1)$ $T<-t_\alpha(n-1)$

2. 总体方差的检验

单个正态总体方差的假设检验(χ^2 检验法)

(1) 双边检验. 设总体 $X\sim N(\mu,\sigma^2)$,μ 未知,检验假设
$H_0:\sigma^2=\sigma_0^2$;$H_1:\sigma^2\neq\sigma_0^2$.
式中,σ_0^2 为已知常数.

由于样本方差 S^2 是 σ^2 的无偏估计,当 H_0 为真时,比值 $\dfrac{S^2}{\sigma_0^2}$ 一般来说应在 1 附近摆动,而不应过分大于 1 或过分小于 1,由第六章知当 H_0 为真时

$$\chi^2=\frac{(n-1)S^2}{\sigma_0^2}\sim\chi^2(n-1) \tag{8.8}$$

所以对于给定的显著性水平 α(图 8.3)有

$$p\{\chi^2_{1-\alpha/2}(n-1)\leqslant\chi^2\leqslant\chi^2_{\alpha/2}(n-1)\}=1-\alpha \tag{8.9}$$

对于给定的 α,查 χ^2 分布表可求得 χ^2 分布分位点 $\chi^2_{1-\alpha/2}(n-1)$ 与 $\chi^2_{\alpha/2}(n-1)$.

由式(8.9)知,H_0 的接受域是

$$\chi^2_{1-\alpha/2}(n-1)\leqslant\chi^2\leqslant\chi^2_{\alpha/2}(n-1) \tag{8.10}$$

H_0 的拒绝域为

$$\chi^2<\chi^2_{1-\alpha/2}(n-1) \text{ 或 } \chi^2>\chi^2_{\alpha/2}(n-1) \tag{8.11}$$

这种用服从 χ^2-分布的统计量对个单正态总体方差进行假设检验的方法,称为 χ^2 检验法.

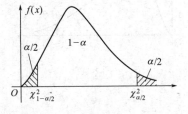

图 8.3

【例 8.5】 某厂生产的某种型号的电池,其寿命长期以来服从方差 $\sigma^2=5000$(h^2)的正态分布,现有一批这种电池,从它的生产情况来看,寿命的波动性有所改变,现随机抽取 26 只电池,测得其寿命的样本方差 $s^2=9200$(h^2). 根据这一数据能否推断这批电池的寿命的波动性较以往有显著变化(取 $\alpha=0.02$)?

解:本题要求在 $\alpha=0.02$ 下检验假设

$$H_0:\sigma^2=5000;H_1:\sigma^2\neq 5000.$$

现在 $n=26$，
$$\chi^2_{\alpha/2}(n-1)=\chi^2_{0.01}(25)=44.314$$
$$\chi^2_{1-\alpha/2}(n-1)=\chi^2_{0.99}(25)=11.524$$
$$\sigma_0^2=5000$$

由式(8.11)，拒绝域为
$$\frac{(n-1)s^2}{\sigma_0^2}>44.314$$

或
$$\frac{(n-1)s^2}{\sigma_0^2}<11.524$$

由观察值 $s^2=9200$ 得 $\frac{(n-1)s^2}{\sigma_0^2}=46>44.314$，所以拒绝 H_0，认为这批电池寿命的波动性较以往有显著的变化．

(2) 单边检验（右边检验或左边检验）．设总体 $X \sim N(\mu, \sigma^2)$，μ 未知，检验假设

$H_0: \sigma^2 \leqslant \sigma_0^2$；$H_1: \sigma^2 > \sigma_0^2$．（右检验）

由于 $X \sim N(\mu, \sigma^2)$，故随机变量
$$\chi^2=\frac{(n-1)S^2}{\sigma_0^2} \sim \chi^2(n-1) \tag{8.12}$$

当 H_0 为真时，统计量
$$\chi^2=\frac{(n-1)S^2}{\sigma_0^2} \leqslant \chi^2_\alpha(n-1) \tag{8.13}$$

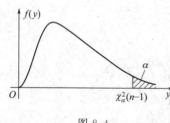

图 8.4

对于显著性水平 α（图 8.4），有
$$P\{\chi^2 < \chi^2_\alpha(n-1)\}=1-\alpha \tag{8.14}$$
于是有
$$P\{\chi^2 > \chi^2_\alpha(n-1)\}=\alpha \tag{8.15}$$

可见，当 α 很小时，$\{\chi^2 > \chi^2_\alpha(n-1)\}$ 是小概率事件，在一次的抽样中认为不可能发生，所以 H_0 的拒绝域是：

$$\chi^2=\frac{(n-1)S^2}{\sigma_0^2}>\chi^2_\alpha(n-1)（右边检验） \tag{8.16}$$

类似地，可得左边检验假设 $H_0: \sigma^2 \geqslant \sigma_0^2$，$H_1: \sigma^2 < \sigma_0^2$ 的拒绝域为
$$\chi^2 < \chi^2_{1-\alpha}(n-1)（左边检验） \tag{8.17}$$

【例 8.6】 今进行某项工艺革新，从革新后的产品中抽取 25 个零件，测量其直径，计算得样本方差为 $s^2=0.00066$，已知革新前零件直径的方差 $\sigma^2=0.0012$，

设零件直径服从正态分布，问革新后生产的零件直径的方差是否显著减小？（$\alpha = 0.05$）

解： 步骤 1. 提出假设 $H_0: \sigma^2 \geq \sigma_0^2 = 0.0012$；$H_1: \sigma^2 < \sigma_0^2$.

步骤 2. 选取统计量

$$\chi^2 = \frac{(n-1)S^2}{\sigma_0^2}$$

$$\chi^2 = \frac{(n-1)S^2}{\sigma_0^2} \sim \chi^2(n-1)，且当 H_0 为真时，\chi^2 \leq \chi_\alpha^2(n-1)$$

步骤 3. 对于显著性水平 $\alpha = 0.05$，查 χ^2 分布表得

$$\chi_{1-\alpha}^2(n-1) = \chi_{0.95}^2(24) = 13.848$$

当 H_0 为真时，

$$P\{\chi^2 < \chi_{1-\alpha}^2(n-1)\} \leq P\left\{\frac{(n-1)S^2}{\sigma^2} < \chi_{1-\alpha}^2(n-1)\right\} = \alpha$$

故拒绝域为

$$\chi^2 < \chi_{1-\alpha}^2(n-1) = 13.848$$

步骤 4. 根据样本观察值计算 χ^2 的观察值

$$\chi^2 = \frac{(n-1)s^2}{\sigma_0^2} = \frac{24 \times 0.00066}{0.0012} = 13.2$$

步骤 5. 作判断：由于 $\chi^2 = 13.2 < \chi_{1-\alpha}^2(n-1) = 13.848$，即 χ^2 落入拒绝域中，所以拒绝 $H_0: \sigma^2 \geq \sigma_0^2$，即认为革新后生产的零件直径的方差小于革新前生产的零件直径的方差.

最后我们指出，以上讨论的是在均值未知的情况下，对方差的假设检验，这种情况在实际问题中较多．至于均值已知的情况下，对方差的假设检验，其方法类似，只是所选的统计量为

$$\chi^2 = \frac{\sum_{i=1}^{n}(X_i - \mu)^2}{\sigma_0^2}$$

当 $\sigma^2 = \sigma_0^2$ 为真时，$\chi^2 \sim \chi^2(n)$（见表 8.3）．

表 8.3 方差 σ^2 的检验

	H_0	H_1	统计量	拒绝域
χ^2 检验法（μ 已知）	$\sigma^2 = \sigma_0^2$ $\sigma^2 \leq \sigma_0^2$ $\sigma^2 \geq \sigma_0^2$	$\sigma^2 \neq \sigma_0^2$ $\sigma^2 > \sigma_0^2$ $\sigma^2 < \sigma_0^2$	$\chi^2 = \dfrac{\sum_{i=1}^{n}(X_i - \mu)^2}{\sigma_0^2} \sim \chi^2(n)$	$\chi^2 > \chi_{\alpha/2}^2(n)$ 或 $\chi^2 < \chi_{1-\alpha/2}^2(n)$ $\chi^2 > \chi_\alpha^2(n)$ $\chi^2 < \chi_{1-\alpha}^2(n)$

	H_0	H_1	统计量	拒绝域
χ^2 检验法(μ 未知)	$\sigma^2=\sigma_0^2$ $\sigma^2\leqslant\sigma_0^2$ $\sigma^2\geqslant\sigma_0^2$	$\sigma^2\neq\sigma_0^2$ $\sigma^2>\sigma_0^2$ $\sigma^2<\sigma_0^2$	$\chi^2=\dfrac{(n-1)S^2}{\sigma^2}\sim\chi^2(n-1)$	$\chi^2>x_{\alpha/2}^2(n-1)$ 或 $\chi^2<x_{1-\alpha/2}^2(n-1)$ $\chi^2>x_{\alpha}^2(n-1)$ $\chi^2<x_{1-\alpha}^2(n-1)$

二、两个正态总体的参数检验

在许多实际问题和科学研究中，人们需要比较两个总体的参数，看它们是否有显著性的差别．例如，两个试验品种的农作物产量是否有明显的差异；在相同的年龄组中，高学历和低学历的职工收入是否有差异；两种农药杀虫效果的比较，等等．对此，可以利用两个正态总体的参数检验寻求答案．

1. 两个总体均值之差的抽样分布

两个总体均值之差的分布一般有三种情形．

（1）当两个总体方差已知时，两总体均值之差的抽样分布为：

$$Z=\frac{(\overline{X}_1-\overline{X}_2)-(\mu_1-\mu_2)}{\sqrt{\dfrac{\sigma_1^2}{n_1}+\dfrac{\sigma_2^2}{n_2}}}\sim N(0,1) \qquad (8.18)$$

（2）当两个总体方差未知时，两个均为大样本时，两总体均值之差的抽样分布为：

$$Z=\frac{(\overline{X}_1-\overline{X}_2)-(\mu_1-\mu_2)}{\sqrt{\dfrac{S_1^2}{n_1}+\dfrac{S_2^2}{n_2}}}\sim N(0,1) \qquad (8.19)$$

（3）当两个正态总体方差未知（但方差相等），两个均为小样本时，两总体均值之差的抽样分布为：

$$T=\frac{(\overline{X}_1-\overline{X}_2)-(\mu_1-\mu_2)}{S_w\sqrt{\dfrac{1}{n_1}+\dfrac{1}{n_2}}}\sim t(n_1+n_2-2) \qquad (8.20)$$

$$S_w^2=\frac{(n_1-1)S_1^2+(n_2-1)S_2^2}{n_1+n_2-2},\ S_w=\sqrt{S_w^2} \qquad (8.21)$$

2. 两个总体均值之差的检验

在对两个总体均值之差进行假设检验时，假设的形式一般有以下三种．

$$H_0: \mu_1=\mu_2;\ H_1: \mu_1\neq\mu_2$$
$$H_0: \mu_1\leqslant\mu_2;\ H_1: \mu_1>\mu_2$$

$$H_0: \mu_1 \geq \mu_2; \quad H_1: \mu_1 < \mu_2$$

【例 8.7】 在一项社会调查中，要比较两个地区居民的人均年收入．根据以往的资料，甲、乙两类地区居民人均年收入的标准差分别为 $\sigma_1 = 5365$ 元和 $\sigma_2 = 4740$ 元．现从两地区的居民中各随机抽选了 100 户居民，调查结果为：甲地区人均年收入 $\overline{X}_1 = 30090$ 元，乙地区人均年收入为 $\overline{X}_2 = 28650$ 元．试问，当 $\alpha = 0.05$ 时，甲、乙两类地区居民的人均年收入水平是否有显著性的差别．

解： 这是两个总体均值之差的显著性检验，没有涉及方向，所以是双边检验．由于两个样本均为大样本且总体方差已知，因而可用检验统计量：

$$Z = \frac{(\overline{X}_1 - \overline{X}_2) - (\mu_1 - \mu_2)}{\sqrt{\frac{\sigma_1^2}{n_1} + \frac{\sigma_2^2}{n_2}}} \sim N(0,1)$$

步骤 1. 提出假设：$H_0: \mu_1 = \mu_2; \quad H_1: \mu_1 \neq \mu_2$

步骤 2. 根据子样计算实际检验量的值

$$z = \frac{(\overline{X}_1 - \overline{X}_2) - (\mu_1 - \mu_2)}{\sqrt{\frac{\sigma_1^2}{n_1} + \frac{\sigma_2^2}{n_2}}} = \frac{(30090 - 28650)}{\sqrt{\frac{5365^2}{100} + \frac{4740^2}{100}}} = 2.05$$

步骤 3. 当 $\alpha = 0.05$ 时，查正态分布表得 $z_{\alpha/2} = \pm 1.96$．

步骤 4. 因为 $z = 2.05 > 1.96$，故拒绝 H_0，认为甲、乙两类地区居民的人均年收入有显著性差异（见表 8.4）．

表 8.4 两个正态总体均值的检验

	H_0	H_1	统计量	拒绝域
Z 检验法(σ_1^2, σ_2^2 已知)	$\mu_1 = \mu_2$ $\mu_1 \leq \mu_2$ $\mu_1 \geq \mu_2$	$\mu_1 \neq \mu_2$ $\mu_1 > \mu_2$ $\mu_1 < \mu_2$	$z = \dfrac{\overline{X} - \overline{Y} - (\mu_1 - \mu_2)}{\sqrt{\frac{\sigma_1^2}{n_1} + \frac{\sigma_2^2}{n_2}}}$	$\|Z\| > z_{\alpha/2}$ $Z > z_\alpha$ $Z < -z_\alpha$
T 检验法($\sigma_1^2 = \sigma_2^2 = \sigma^2$ 未知)	$\mu_1 = \mu_2$ $\mu_1 \leq \mu_2$ $\mu_1 \geq \mu_2$	$\mu_1 \neq \mu_2$ $\mu_1 > \mu_2$ $\mu_1 < \mu_2$	$T = \dfrac{\overline{X} - \overline{Y} - (\mu_1 - \mu_2)}{S_w \sqrt{\frac{1}{n_1} + \frac{1}{n_2}}}$	$\|T\| > t_{\alpha/2}(n_1 + n_2 - 2)$ $T > t_\alpha(n_1 + n_2 - 2)$ $T < -t_\alpha(n_1 + n_2 - 2)$

【例 8.8】 判断某车间比较用新、旧两种不同的工艺流程组装一种电子产品所用的时间是否有差异．已知两种工艺流程组装产品所用的时间服从正态分布，且 $\sigma_1^2 = \sigma_2^2$．第一组有 10 名技工用旧工艺流程组装产品，平均所需时间 $\overline{X}_1 = 27.66$ min，子样标准差 $s_1 = 12$ min，另一组有 8 名技工用新工艺流程组装产品，平均所需时间 $\overline{X}_2 = 17.6$ min，标准差 $s_2 = 10.5$ min．试问用新、旧两种不同工艺流程组装电子产品哪一种工艺方法所需时间更少？（$\alpha = 0.05$）

解： 由题意知，总体方差 σ_1^2，σ_2^2 未知，但两者相等．两样本均为小样本，故用 t 作检验统计量

$$T = \frac{(\overline{X}_1 - \overline{X}_2) - (\mu_1 - \mu_2)}{S_w \sqrt{\frac{1}{n_1} + \frac{1}{n_2}}} \sim t(n_1 + n_2 - 2)$$

$$S_w^2 = \frac{(n_1-1)s_1^2 + (n_2-1)s_2^2}{n_1+n_2-2}$$

步骤 1. 提出假设，若 $\mu_1 - \mu_2 = 0$，则表示两种工艺方法在所需时间上没有显著差异；若 $\mu_1 - \mu_2 \neq 0$，则表示用新工艺方法所需时间少，所以，单边右检验：

$H_0: \mu_1 - \mu_2 \leq 0$,

$H_1: \mu_1 - \mu_2 > 0$.

步骤 2. 由已知条件，

$\overline{X}_1 = 27.66, \overline{X}_2 = 17.6, s_1^2 = 12, s_2^2 = 10.5, n_1 = 10, n_2 = 8$.

计算检验量的值：

$$S_w^2 = \frac{(n_1-1)s_1^2 + (n_2-1)s_2^2}{n_1+n_2-2} = \frac{(10-1)12^2 + (8-1)10.5^2}{10+8-2} = 129.23$$

$$S_w = \sqrt{129.23} = 11.37$$

$$T = \frac{(\overline{X}_1 - \overline{X}_2) - (\mu_1 - \mu_2)}{S_w \sqrt{\frac{1}{n_1} + \frac{1}{n_2}}} = \frac{(27.66 - 17.6) - 0}{11.37 \sqrt{\frac{1}{10} + \frac{1}{8}}} = 1.867$$

步骤 3. 当 $\alpha = 0.05$ 时，t 的自由度为 $n_1 + n_2 - 2 = 10 + 8 - 2 = 16$，查 t-分布表，临界值为 $t_{0.05}(16) = 1.7459$，拒绝域为 $(1.7459, \infty)$，因 $1.867 \in (1.7459, \infty)$ 落入拒绝域，所以拒绝 H_0，接受 H_1，认为新工艺流程组装产品所用时间更少.

习 题 八

一、单项选择题

1. 某茶厂规定其盒装的茶叶每盒的平均重量不低于 500g，否则不能出厂. 现对一批盒装的茶叶进行检验，要求其规定的可靠性要达到 99%，其原假设和备择假设应该是（ ）.

A. $H_0: \mu = 500, H_1: \mu \neq 500$ B. $H_0: \mu \leq 500, H_1: \mu > 500$

C. $H_0: \mu \geq 500, H_1: \mu < 500$ D. $H_0: \mu > 500, H_1: \mu \leq 500$

2. 设正态总体，均值 μ 和方差 σ^2 未知. $H_0: \mu = \mu_0, H_1: \mu \neq \mu_0$，显著性水平为 α，采用大样本，则统计量 Z 的拒绝域（ ）.

A. $Z < -z_\alpha$ B. $Z > z_\alpha$ C. $|Z| > z_{\alpha/2}$ D. $|Z| < z_{\alpha/2}$

3. 在假设检验中，显著性水平 α 是表示（ ）.

A. 原假设为真时被拒绝的概率 B. 原假设为假时被接受的概率
C. 原假设为真时被接受的概率 D. 原假设为假时被拒绝的概率

4. 在一次假设检验中，当显著性水平 $\alpha=0.05$，H_0 被接受时，则用 $\alpha=0.01$（ ）．

A. 一定会被接受 B. 一定不会被接受
C. 可能会接受 D. 必须重新检验

5. 两个非正态总体的均值比较，采用 Z 检验时必须（ ）．

A. 两个总体的方差均已知 B. 两个样本的容量要相等
C. 两个总体的方差要相等 D. 两个样本均为大样本

二、填空题

1. 正态总体均值的假设检验，H_0：$\mu \geq \mu_0$，H_1：$\mu < \mu_0$，这种检验称作（ ）侧检验，若显著性水平为 α，大样本，其拒绝域为（ ）．

2. 正态总体均值的假设检验，H_0：$\mu \leq \mu_0$，H_1：$\mu > \mu_0$，显著性水平 α，这种检验称作（ ）侧检验，若总体方差 σ^2 已知，小样本，则检验统计量（ ），拒绝域（ ）．

3. 正态总体的假设检验，H_0：$\mu = \mu_0$，H_1：$\mu \neq \mu_0$，称作（ ）侧检验，若方差未知，小样本，则检验统计量（ ），显著性水平为 α，拒绝域（ ）．

4. 当原假设 H_0 为真而被拒绝的错误称作（ ），原假设 H_0 为假时而被接受的错误称作（ ）．

5. 假设检验中若其他条件不变，显著性水平 α 的取值越小，接受 H_0 的可能性（ ），原假设为真而被拒绝的概率（ ）．

三、应用题

1. 根据以往资料分析，某种电子元件的使用寿命服从正态分布，$\sigma=11.25$．现从一周内生产的一批电子元件中随机的抽取 9 只，测得其使用寿命为（单位：h）：

2315，2360，2340，2325，2350，2320，2335，2335，2325

问这批电子元件的平均使用寿命可否认为是 2350 小时（$\alpha=0.05$）．

2. 某厂生产的维尼纶在正常生产条件下纤度服从正态分布 $N(1.405, 0.048)$，某日抽取 5 根纤维，测得其纤维度为 1.32，1.55，1.36，1.40，1.44．问这天生产的维尼伦纤维度的均值有无显著变化．（$\alpha=0.05$）

3. 已知某种元件的寿命服从正态分布，要求该元件的平均寿命不低于 1000h，现从这批元件中随机抽取 25 只，测得平均寿命 $\overline{X}=980$h，标准差 $S=65$h，试在水平 $\alpha=0.05$ 下，确定这批元件是否合格．

4. 已知某种矿砂的含镍量 X 服从正态分布．现测定了 5 个样品，含镍量（%）测定值为：

3.25 3.27 3.24 3.26 3.24

在显著水平（$\alpha=0.01$）下能否认为这批矿砂的含镍量是 3.25%？

5. 从切割机加工的一批金属中抽取 9 段，测其长度如下（单位：cm）：

    49.6 49.3 49.7 50.3 50.6 49.8 49.7 51.0 50.2

设金属长度服从正态分布，其标准长度为 50cm．能否判断这台切割机加工的金属棒是合格品（$\alpha=0.05$）．

6. 已知某种化学纤维的抗拉度服从正态分布，标准差 $\sigma_0=1.2$．改进工艺后提高了抗拉强度，要求标准差仍为 σ_0，现从改进工艺的产品中抽取 25 根纤维测其抗拉强度，计算得到的样本标准差为 $s=1.28$．问改进工艺后纤维的抗拉强度是否符合要求（$\alpha=0.05$）．

7. 某厂生产的一种电池，其寿命长期以来服从方差 $\sigma^2=5000h^2$ 的正态分布，现有一批这种电池，从生产的情况来看，寿命的波动性有所改变，现随机地抽取 26 只电池，测得寿命的样本方差 $s^2=9200h^2$，问根据这一数据能否推断这批电池寿命的波动性较以往有显著性的变化（取 $\alpha=0.02$）．

8. 某种导线，要求其电阻的标准不得超过 0.005（Ω），今在生产的一批导线中取样品 9 根，测得 $s=0.007$（Ω），设总体为正态分布，问在水平 $\alpha=0.05$ 下，能否认为这批导线的标准差显著性地偏大？

9. 机器自动包装食盐，设每袋盐的净重服从正态分布，规定每袋盐的标准重量为 500g，标准差不超过 10g．某天开工以后，为了检查机器工作是否正常，从已包装好的食盐中随机抽取 9 袋，测得其重量（g）为：

    497, 507, 510, 475, 484, 488, 524, 491, 515

这天自动包装机工作是否正常（显著性水平 $\alpha=0.05$）？

10. 在针织品的漂白工艺过程中，要考查温度对针织品断裂程度的影响．根据经验可以认为在不同温度下断裂强度都服从正态分布，且方差相等．现在 70℃ 和 80℃ 两种温度下各做 8 次实验，得到强力的数据（单位：kg）如下：

  70℃ 20.5 18.8 19.8 20.9 21.5 19.5 21.0 21.2
  80℃ 17.7 20.3 20.0 18.8 19.0 20.1 20.2 19.1

试问在不同温度下强力是否有显著差异（$\alpha=0.05$）．

11. 抽样测定某种材料在处理后杂质含量，得到数据（%）如下：

处理前 2.51 2.42 2.95 2.23 2.45 2.30 3.02 2.57 2.72 2.28 2.64
    2.69 2.61
处理后 2.06 2.19 2.43 2.35 2.06 2.25 2.34 2.26 2.32

设处理前后杂质含量都服从正态分布且方差不变，问处理前后杂质含量是否有显著差异（$\alpha=0.01$）．

12. 市场研究机构用一组被调查者样本来给某特定商品的潜在购买力打分．样本中每个人都分别在看过该产品的新的电视广告之前与之后打分．潜在购买力的分值在 0～10 分，分值越高表示潜在购买力越高．零假设认为"看后"平均得分小于或等于"看前"平均得分.拒绝该假设就表明广告提高了平均潜在购买力得分.对 $\alpha=0.05$,用表 8.5 中数据检验该假设,并对该广告给予评价.

表 8.5 购买力调查结果

个人	购买力得分 之前	购买力得分 之后	个人	购买力得分 之前	购买力得分 之后
1	6	5	5	3	5
2	6	4	6	9	8
3	7	7	7	7	5
4	4	3	8	6	6

第九章　方差分析

在上一章的假设检验中，我们研究了两个总体的均值的差异是否显著的问题．但是如果需要检验两个以上总体的均值是否相等，上一章所介绍的方法就不再适用了．这需要用方差分析的方法来解决．

方差分析主要用来检验两个以上正态总体的均值差异的显著程度．方差分析对于比较不同生产工艺或设备条件下产量、质量的差异，分析不同计划方案效果的好坏和比较不同地区、不同人员有关的数量指标差异是否显著时，是非常有用的．

第一节　单因素方差分析

一、问题的提出

【例 9.1】　某灯泡厂用四种不同的配料方案制成的灯丝，生产了四批灯泡．在每批灯泡中随机抽取若干灯泡测得其使用寿命（单位：h）数据如表 9.1 所示：

表 9.1

灯丝类别	灯泡的使用寿命						
甲	1600	1610	1650	1680	1700	1720	1800
乙	1580	1640	1640	1700	1750		
丙	1460	1550	1600	1640	1660	1740	1620	1820
丁	1510	1520	1530	1570	1600	1680		

要求根据上述试验结果，在显著性水平 α 下，检验用不同灯丝生产的灯泡使用寿命是否有显著差异．从统计的角度看，就是要检验用四种不同灯丝生产的灯泡使用寿命的均值是否一致．

通常，在方差分析中，我们把对试验结果发生影响和起作用的自变量称为因素．如果方差分析研究的是一个因素对于试验结果的影响和作用，就称为单因素方差分析．在本例中，因素就是可能影响使用寿命的灯丝．因素的不同选择方案称之为因素的水平．上例中灯丝有四种不同的选择就说因素有四个水平．方差分析要检验的问题就是当因素选不同的水平时，对结果有无显著的影响．若无显著影响，则随便选择哪一种材料都无所谓．否则就要选择最终产品寿命最长的一种材料．

一般地，我们假定所检验的结果受某一因素 A 的影响，它可以取 m 个不同的水平：$A_1, A_2, \cdots, A_m$. 在因素 A 的各个水平 A_i 下进行 n_i 次试验，结果分别为 $x_{i1}, x_{i2}, \cdots, x_{in_i}$，我们把这一组样本记作 X_i，且假定 $X_i \sim N(\mu_i, \sigma^2)$，即对于因素的每一个水平，所得到的结果都服从正态分布，且方差相等.

用统计的语言来表达，要检验的假设就是：

H_0：$\mu_1 = \mu_2 = \cdots = \mu_m$，

H_1：不是所有的μ_i都相等（$i=1,2,\cdots,m$）.

由此可见，方差分析是研究一个或多个可分组的变量（称为自变量）与一个连续变量（因变量）之间的统计关系，并测定自变量在取各种不同水平时对因变量的影响和作用的一种统计分析方法．方差分析通过比较和检验在因素的不同水平下均值之间是否存在显著的统计差异的方法来测定因素的不同水平对因变量的影响和作用的差异．

二、方差分析的基本原理和步骤

方差分析的基本思路是一方面确定因素的不同水平下均值之间的方差，把它作为对由所有试验数据所组成的全部总体的方差的一个估计值．另一方面，再考虑在同一水平下不同试验数据对于这一水平的均值的方差．由此，计算出对由所有试验数据所组成的全部数据的总体方差的第二个估计值；最后，比较上述两个估计值．如果这两个方差的估计值比较接近就说明因素的不同水平下的均值间的差异并不大，就接受原假设．否则，就说明因素的不同水平下的均值间的差异比较大，就接受备择假设．

根据上述思路我们可以得到方差分析的方法和步骤．

1. 提出假设

H_0：$\mu_1 = \mu_2 = \cdots = \mu_m$，即因素的不同水平对试验结果无显著影响.

H_1：μ_i不全相等（$i=1,2,\cdots,m$），即因素的不同水平对试验结果有显著影响.

2. 方差分解

我们先定义总离差平方和为各样本观察值与总均值的离差平方和，记作

$$\text{SST} = \sum_{i=1}^{m} \sum_{j=1}^{n_i} (x_{ij} - \bar{x})^2 \tag{9.1}$$

式中，$\bar{x}$是样本总均值，即$\bar{x} = \frac{1}{n} \sum_{i=1}^{m} \sum_{j=1}^{n_i} x_{ij}$，$n = n_1 + n_2 + \cdots + n_i$.

将总离差平方和分解为两部分：

$$\text{SST} = \sum_{i=1}^{m} \sum_{j=1}^{n_i} (x_{ij} - \bar{x})^2 = \sum_{i=1}^{m} \sum_{j=1}^{n_i} [(x_{ij} - \bar{x}_i) + (\bar{x}_i - \bar{x})]^2$$

$$= \sum_{i=1}^{m}\sum_{j=1}^{n_i}(x_{ij}-\bar{x}_{i.})^2 + \sum_{i=1}^{m}n_i \cdot (\bar{x}_{i.}-\bar{x})^2$$

其中
$$\bar{x}_{i.} = \frac{1}{n_i}\sum_{j=1}^{n_i}x_{ij}$$

记
$$\text{SSE} = \sum_{i=1}^{m}\sum_{j=1}^{n_i}(x_{ij}-\bar{x}_{i.})^2 \tag{9.2}$$

表示同一样本组内，由于随机因素影响所产生的离差平方和，简称为组内平方和．

记
$$\text{SSR} = \sum_{i=1}^{m}n_i \cdot (\bar{x}_{i.}-\bar{x})^2 \tag{9.3}$$

表示不同的样本组之间，由于变异因素的不同水平影响所产生的离差平方和，简称为组间平方和．

由此可以得到
$$\text{SST} = \text{SSR} + \text{SSE}$$

对应于 SST，SSR 和 SSE 的自由度分别为：
$$n-1,\ m-1,\ n-m$$

相应的自由度之间的关系也有：
$$n-1 = (m-1)+(n-m)$$

3. F 检验

将 SSR 和 SSE 分别除以其自由度，即得各自的均方差：

组间均方差　　　　$\text{MSR} = \text{SSR}/(m-1)$

组内的均方差　　　$\text{MSE} = \text{SSE}/(n-m)$

统计上可以证明：
$$E(\text{MSE}) = \sigma^2 \tag{9.4}$$

$$E(\text{MSR}) = \sigma^2 + \frac{1}{m-1}\sum_{i=1}^{k}n \cdot (\mu_i - \mu)^2 \tag{9.5}$$

由此可见，如果原假设 $H_0: \mu_1 = \mu_2 = \cdots = \mu_m$ 成立，则 $E(\text{MSE}) = E(\text{MSR}) = \sigma^2$；否则 $E(\text{MSR}) > \sigma^2$．

根据 F 分布，如果原假设 $H_0: \mu_1 = \mu_2 = \cdots = \mu_m$ 成立，那么 MSR 和 MSE 均是 σ^2 的无偏估计，因而 MSR/MSE 就服从自由度为 $(m-1)$ 和 $(n-m)$ 的 F 分布．

检验统计量
$$F = \frac{\text{MSR}}{\text{MSE}} \tag{9.6}$$

如上所述，当原假设 $H_0: \mu_1 = \mu_2 = \cdots = \mu_m$ 成立时，$E(\text{MSE}) = E(\text{MSR}) = \sigma^2$．此时 MSR 较小，$F$ 值也较小．反之 H_0 不成立时，MSR 较大，F 值也较大．

对于给定的显著性水平 α 查 F 分布表得到 $F_\alpha(m-1, n-m)$. 如果 $F > F_\alpha(m-1, n-m)$，则原假设不成立，即 m 个组的总体均值之间有显著的差异，就拒绝 H_0. 若 $F \leqslant F_\alpha(m-1, n-m)$，则原假设成立，即 m 个组的总体均值之间没有显著的差异，就接受 H_0.

容易证明，在方差分析中，对所有试验数据 x_{ij} 进行线性变换 $x'_{ij} = k x_{ij} + b$（k 和 b 为常数），用 x'_{ij} 替代 x_{ij}，检验统计量 F 的值不变.

4. 方差分析表

上述方差分析的方法可以用一张标准形式的表格来实现，这种表格称为方差分析表（见表 9.2），它将方差分析的计算方法以简洁的形式进行总结. 表格分为五列，第一列表示方差的来源，第二列表示方差的离差的平方和，第三列表示自由度，第四列为均方差，第五列为统计检验量 F. 表格又分为三行. 第一行是组间的方差 SSR 和均方差 MSR，表示因素的不同水平的影响所产生的方差，其值作为计算统计检验量 F 时的分子；第二行是组内方差 SSE 和均方差 MSE，表示随机误差所引起的方差，其值作为计算统计检验量 F 的分母，第三行是检验行，表示总的方差 SST.

由于方差分析表概括了方差分析中统计量之间的关系，我们在进行方差分析时就可以直接按照方差分析表来逐行，逐列地计算出有关的统计量，最后得到检验量 F 的值，并把这一 F 值与查表所得到的一定显著性水平下的 F 检验的临界值进行比较，以得出接受或拒绝原假设的结论.

表 9.2

方差来源	离差平方和	自由度	均方差	检验统计量 F
组间	SSR	$m-1$	$\text{MSR} = \dfrac{\text{SSR}}{m-1}$	$F = \dfrac{\text{MSR}}{\text{MSE}}$
组内	SSE	$n-m$	$\text{MSE} = \dfrac{\text{SSE}}{n-m}$	
总方差	SST	$n-1$		

下面对于本节的例 9.1 进行方差分析.

记 X_1, X_2, X_3, X_4 分别为四种灯泡的使用寿命，且 $X_i \sim N(\mu_i, \sigma^2)$, $i = 1, 2, 3, 4$. 则问题归结为判断原假设 $H_0: \mu_1 = \mu_2 = \mu_3 = \mu_4$ 是否成立.

将例 9.1 中所有寿命数据都减去 1600（仍记为 x_{ij}）后计算可得表 9.3.

表 9.3

水平	n_i	$\sum_{j=1}^{n_i} x_{ij}$	$\left(\sum_{j=1}^{n_i} x_{ij}\right)^2 / n_i$	$\sum_{j=1}^{n_i} x_{ij}^2$
甲	7	560	44800	73400
乙	5	310	19220	36100

续表

水平	n_i	$\sum_{j=1}^{n_i} x_{ij}$	$\left(\sum_{j=1}^{n_i} x_{ij}\right)^2 / n_i$	$\sum_{j=1}^{n_i} x_{ij}^2$
丙	8	290	10512.5	95700
丁	6	−190	6016.67	26700
Σ	26	970	80549.17	231900

于是有

$$\text{SST} = 231900 - \frac{970^2}{26} = 195712, \quad \text{SSR} = 80549.17 - \frac{970^2}{26} = 44560.7$$

$$\text{SSE} = \text{SST} - \text{SSR} = 151351.3$$

从而得方差分析表如表 9.4 所示.

表 9.4

方差来源	离差平方和	自由度	均方差	检验统计量 F
组间	44360.71	3	14786.9	2.15
组内	151350.83	22	6879.6	
总方差	195711.54	25		

对显著性水平 $\alpha = 0.05$,查表得到 $F_{0.05}(3, 22) = 3.05$. 因为 $F = 2.15 < 3.05$,所以在显著性水平 $\alpha = 0.05$ 下接受 H_0,即配料方案对灯泡的使用寿命没有显著的影响.

【例 9.2】 有三台机器,生产同一种规格的铝合金薄板.测量三台机器所生产的薄板厚度(单位:mm),得结果如表 9.5 所示.

表 9.5

机器	薄板厚度				
1	0.236	0.238	0.248	0.245	0.243
2	0.257	0.253	0.255	0.254	0.261
3	0.258	0.264	0.259	0.267	0.262

试分析机器对薄板厚度有无显著的影响($\alpha = 0.05$).

解: 设各机器生产的薄板厚度 $X_i \sim N(\mu_i, \sigma^2)$,$i = 1, 2, 3$. 则问题归结为判断原假设 $H_0: \mu_1 = \mu_2 = \mu_3$ 是否成立.
经计算得表 9.6.

表 9.6

水平	n_i	$\sum_{j=1}^{n_i} x_{ij}$	$\left(\sum_{j=1}^{n_i} x_{ij}\right)^2 / n_i$	$\sum_{j=1}^{n_i} x_{ij}^2$
1	5	1.21	0.29282	0.292918
2	5	1.28	0.32768	0.32772
3	5	1.31	0.34322	0.343274
Σ	15	3.8	0.96372	0.963912

于是
SST＝0.963912－3.8²/15＝0.0012453，SSR＝0.96372－3.8²/15＝0.0010533
SSE＝SST－SSR＝0.000192

从而得方差分析表如表 9.7 所示.

表 9.7

方差来源	离差平方和	自由度	均方差	检验统计量 F
组间	0.0010533	2	0.00052665	32.92
组内	0.000192	12	0.000016	
总方差	0.0012453	14		

对显著性水平 $\alpha=0.05$，查表得到 $F_{0.05}(2,12)=3.89$. 因为 $F=32.92>3.89$，所以在显著性水平 $\alpha=0.05$ 下拒绝 H_0，即机器对薄板厚度的影响显著.

第二节 双因素方差分析

前面所研究的是试验结果仅受一个因素影响的情形. 要求检验的是当因素取不同水平时对结果所产生的影响是否显著. 但在实践中，某种试验结果往往受到两个或两个以上因素的影响. 例如，产品的合格率可能与所用的设备以及操作人员有关，企业的利润可能与市场的潜力、产品的式样和所投入的广告费用有关等. 如果我们研究的是两个因素的不同水平对试验结果的影响是否显著的问题，就称作双因素方差分析. 双因素方差分析中两个因素的影响既可能是相互联系、相互影响的，也可能是相互独立的. 因此，在分析的方法和步骤上要比单因素时来得复杂一些.

双因素方差分析的基本思想与单因素方差分析基本相同. 首先分别计算出总变差、各个因素的变差以及随机误差的变差. 其次根据各变差相应的自由度求出均方差，最后计算出 F 值并作 F 检验.

双因素方差分析根据两个因素相互之间是否有交互影响而分为无交互影响的和有交互影响的两种情形.

一、无交互影响的双因素方差分析

在双因素试验中，为了考察两个因素 A，B 对试验指标值的影响，取因素 A 的 m 个不同水平 A_1，A_2，…，A_m，取因素 B 的 r 个不同水平 B_1，B_2，…，B_r，假定两个因素无交互影响，通常采用不重复试验，即对于两个因素每一种水平的组合只进行一次试验，在每种组合（A_i，B_j）下各进行一次试验，得到 $m\times r$ 个试验指标值 X_{ij}（$i=1,2,\cdots,m$，$j=1,2,\cdots,r$），如表 9.8 所示. 双因素方差分析实际上就是要比较因素 A 的 m 个水平的均值之间是否存在显著差异，因素 B 的 r 个水平的均值之间是否存在显著差异. 目的是要检验试验中这两个因素所起的作用有多大，是仅仅一个因素在起作用，还是两个因素起作用或者是两个因素的作用都不显著.

表 9.8 双因素方差分析数据

A\B	B_1	B_2	...	B_r
A_1	x_{11}	x_{12}	...	x_{1r}
A_2	x_{21}	x_{22}	...	x_{2r}
...	...	...	...	...
A_m	x_{m1}	x_{m2}	...	x_{mr}

记

$A_i = \sum_{j=1}^{r} x_{ij}$ $(i=1, 2, \cdots, m)$ 是因素 A 在水平下 A_i 下的所有观察值的总和

$B_j = \sum_{i=1}^{m} x_{ij}$ $(j=1, 2, \cdots, r)$ 是因素 B 在水平下 B_j 下的所有观察值的总和

$\overline{A}_i = \frac{1}{r} \sum_{j=1}^{r} x_{ij} = \frac{A_i}{r}$ 是因素 A 在水平下 A_i 的平均值

$\overline{B}_j = \sum_{i=1}^{m} x_{ij} = \frac{B_j}{m}$ 是因素 B 在水平下 B_j 的平均值

$T = \sum_{i=1}^{m} \sum_{j=1}^{r} x_{ij} = \sum_{i=1}^{m} A_i = \sum_{j=1}^{r} B_j$ 是所有观察值的总和

$\bar{x} = \frac{1}{n} \sum_{i=1}^{m} \sum_{j=1}^{r} x_{ij} = \frac{T}{n}$ 是所有观察值的平均值

$n = mr$ 是所有观测值的总数.

双因素的方差分析问题实际上也是一个假设检验问题. 对于无交互影响的双因素方差分析其方法和步骤如下.

1. 形成假设

由于两因素相互独立，因此可以分别对每一个因素进行检验.

对于因素 A　H_0：因素 A 的各个水平的影响无显著差异.

H_1：因素 A 的各个水平的影响有显著差异.

对于因素 B　H_0：因素 B 的各个水平的影响无显著差异.

H_1：因素 B 的各个水平的影响有显著差异.

2. 进行离差平方和的分解

$$\text{SST} = \sum_{i=1}^{k} \sum_{j=1}^{m} (x_{ij} - \bar{x})^2$$

$$= \sum_{i=1}^{m} \sum_{j=1}^{r} [(x_{ij} - \overline{A}_i - \overline{B}_j + \bar{x}) + (A_i - \bar{x}) + (\overline{B}_j - \bar{x})]^2 \quad (9.7)$$

上式展开式中三个二倍乘积项均为零．我们令

$$SSE = \sum_{i=1}^{m}\sum_{j=1}^{r}(x_{ij}-\overline{A}_i-\overline{B}_j+\bar{x})^2$$

$$SSA = r \cdot \sum_{i=1}^{m}(\overline{A}_i-\bar{x})^2$$

$$SSB = m \cdot \sum_{j=1}^{r}(\overline{B}_j-\bar{x})^2$$

于是就有：SST＝SSA＋SSB＋SSE．

SST 的自由度为 $n-1$，SSA 和 SSB 的自由度分别为 $m-1$ 和 $r-1$，而 SSE 的自由度为 $n-1-(m-1)-(r-1)=n-m-r+1=(m-1)(r-1)$

3. 编制方差分析表，进行 F 检验

从方差分解式所得到的 SSA、SSB 和 SSE 除以各自的自由度，就得到各自相应的均方差，然后与单因素方差分析时一样，我们可以得到无交互影响时双因素方差分析表如表 9.9 所示：

表 9.9

方差来源	离差平方和	自由度	均方差	检验统计量 F
因素 A	SSA	$m-1$	$MSA=\dfrac{SSA}{m-1}$	$F_A=\dfrac{MSA}{MSE}$
因素 B	SSB	$r-1$	$MSB=\dfrac{SSB}{r-1}$	$F_B=\dfrac{MSB}{MSE}$
误差 E	SSE	$(m-1)(r-1)$	$MSE=\dfrac{SSE}{(m-1)(r-1)}$	
总方差	SST	$n-1$		

根据方差分析表计算得到 F_A 和 F_B 以后，再根据问题的显著性水平 α，查表得到 $F_\alpha\{(m-1),(m-1)(r-1)\}$．于是我们可以分别检验因素 A 和 B 的影响是否显著．对于因素 A 而言，若 $F_A>F_\alpha\{(r-1),(m-1)(r-1)\}$，我们就拒绝关于因素 A 的原假设，说明因素 A 对结果有显著的影响．否则，就接受原假设，说明因素 A 对结果没有显著的影响．对于因素 B 而言，若 $F_B>F_\alpha\{(r-1),(m-1)(r-1)\}$，我们就拒绝关于因素 B 的原假设，说明因素 B 对结果有显著的影响．否则，就接受原假设，说明因素 B 对结果没有显著的影响．

【例 9.3】 某商品有五种不同的包装方式（因素 A），在五个不同地区销售（因素 B），现从每个地区随机抽取一个规模相同的超级市场，得到该商品不同包装的销售资料如表 9.10．

表 9.10

地区(B)	包装方式(A)				
	A_1	A_2	A_3	A_4	A_5
B_1	20	12	20	10	14
B_2	22	10	20	12	6
B_3	24	14	18	18	10
B_4	16	4	8	6	18
B_5	26	22	16	20	10

现欲检验包装方式和销售地区对该商品销售是否有显著性影响.($\alpha=0.05$)

解：若五种包装方式销售的均值相等，则表明不同的包装方式在销售上没有差别.

(1) 建立假设.

对因素 A：

H_0：包装方式之间无差别.

H_1：包装方式之间有差别.

对因素 B：

H_0：地区之间无差别.

H_1：地区之间有差别.

(2) 计算 F 值. 由表 9.10 中的数据计算得，因素 A 的列均值分别为：

$$\bar{x}_{\cdot 1}=21.6,\ \bar{x}_{\cdot 2}=12.4,\ \bar{x}_{\cdot 3}=16.4,\ \bar{x}_{\cdot 4}=13.2,\ \bar{x}_{\cdot 5}=11.6$$

因素 B 的行均值分别为：

$$\bar{x}_{1\cdot}=15.2,\ \bar{x}_{2\cdot}=14,\ \bar{x}_{3\cdot}=16.8,\ \bar{x}_{4\cdot}=10.4,\ \bar{x}_{5\cdot}=18.8$$

总均值$=15.04$.

于是，有：

$$\text{SST}=(20-15.04)^2+\cdots+(10-15.04)^2=880.96$$
$$\text{SSA}=5(21.6-15.04)^2+\cdots+5(11.6-15.04)^2=335.36$$
$$\text{SSB}=5(15.2-15.04)^2+\cdots+5(18.8-15.04)^2=199.36$$
$$\text{SSE}=880.96-335.36-199.36=346.24$$

于是有

$$\text{MSA}=\frac{335.36}{5-1}=83.84,\ \text{MSB}=\frac{199.36}{5-1}=49.84$$

$$\text{MSE}=\frac{346.24}{(5-1)(5-1)}=21.64$$

因此

$$F_A=\frac{83.84}{21.64}=3.8743,\ F_B=\frac{49.84}{21.64}=2.3031$$

（3）统计决策．对于因素 A，因为
$$F_A = 3.8743 > F_{0.05}(4, 16) = 3.01$$
故拒绝 H_0，接受 H_1，说明不同的包装方式对该商品的销售产生显著的影响．

对于因素 B，因为
$$F_B = 2.3031 < F_{0.05}(4, 16) = 3.01$$
故接受 H_0，说明不同地区之间在该商品的销售上没有显著的差异．

二、有交互作用的两因素方差分析

前面假定因素 A 与因素 B 之间相互独立，不存在相互影响，但有时两个因素会产生交互作用，从而使因素 A 的某些水平与因素 B 的另一些水平相结合时对结果产生更大的影响．

对于有交互作用的两因素之间方差分析的步骤几乎与前一种情形一样，不同的是当两因素之间存在交互作用时情形，先要剔除交互作用的影响，因此比较复杂．同时在有交互作用的影响时对于每一种试验条件要进行多次重复试验以便将因素间交互作用的平方和从误差平方和中分离出来，因此重复试验数据量就大大增加了．

有交互作用的两因素方差分析的方法和步骤同前面一样，关键是对总离差平方和进行分解时必须考虑两因素的交互作用．

设因素 A 有 m 个水平，因素 B 有 r 个水平，试验的重复次数记作 n．记 x_{ijk} 为在因素 A 的第 i 个水平，因素 B 的第 j 个水平下进行第 k 次试验时的观察值（$i=1,2,\cdots,m$；$j=1,2,\cdots,r$；$k=1,2,\cdots,n$）．记

$$(AB)_{ij} = \sum_{j=1}^{n} x_{ijk} \tag{9.8}$$

为在因素 A 的第 i 个水平，因素 B 的第 j 个水平下进行各次重复试验的所有观察值的总和．记

$$\overline{(AB)}_{ij} = \frac{(AB)_{ij}}{n} = \frac{1}{n}\sum_{j=1}^{n} x_{ijk} \quad (i=1,2,\cdots,m; j=1,2,\cdots,r) \tag{9.9}$$

为在因素 A 的第 i 个水平，因素 B 的第 j 个水平下进行各次重复试验的所有观察值的平均值．记

$$A_i = \sum_{j=1}^{r} (AB)_{ij} \tag{9.10}$$

$$\overline{A}_i = \frac{1}{nr} A_i \, (i=1,2,\cdots,m) \tag{9.11}$$

$$B_j = \sum_{i=1}^{m} (AB)_{ij} \tag{9.12}$$

$$\overline{B}_i = \frac{1}{nm} A_j \, (j=1,2,\cdots,r) \tag{9.13}$$

$$T = \sum_{i=1}^{m}\sum_{j=1}^{r}\sum_{k=1}^{n} x_{ijk} = \sum_{i=1}^{m}\sum_{j=1}^{r} (AB)_{ij} \tag{9.14}$$

$\bar{x} = \dfrac{T}{N}$ 是所有观察值的平均值

式中，$N = mrn$ 是所有观测值的总数.

利用上面所引入的符号，我们可以得到有交互作用的两因素方差分析的步骤如下.

1. 提出假设

由于两因素有交互影响，因此除了分别检验两因素单独对试验结果的影响外，还需要检验两因素交互作用的影响是否显著.

对于因素 A　　H_0：因素 A 的各个水平的影响无显著差异.

　　　　　　　H_1：因素 A 的各个水平的影响有显著差异.

对于因素 B　　H_0：因素 B 的各个水平的影响无显著差异.

　　　　　　　H_1：因素 B 的各个水平的影响有显著差异.

对于因素 AB 的交互作用　　H_0：因素 AB 的各个水平的交互作用无显著影响.

　　　　　　　　　　　　　H_1：因素 AB 的各个水平的交互作用有显著影响.

2. 进行离差平方和的分解

有交互作用的两因素方差分析的这时总离差平方和可以分解为四项：

$$\begin{aligned}
\text{SST} &= \sum_{i=1}^{m}\sum_{j=1}^{r}\sum_{k=1}^{n}(x_{ijk} - \bar{x})^2 \\
&= \sum_{i=1}^{m}\sum_{j=1}^{r}\sum_{k=1}^{n}\{[x_{ijk} - \overline{(AB)}_{ij}] + [\overline{(AB)}_{ij} - \overline{A}_i - \overline{B}_j + \bar{x}] + (\overline{A}_i - \bar{x}) + (\overline{B}_j - \bar{x})\}^2 \\
&= \sum_{i=1}^{m}\sum_{j=1}^{r}\sum_{k=1}^{n}[x_{ijk} - \overline{(AB)}_{ij}]^2 + n\sum_{i=1}^{m}\sum_{j=1}^{r}[\overline{(AB)}_{ij} - \overline{A}_i - \overline{B}_j + \bar{x}]^2 \\
&\quad + nr \cdot \sum_{i=1}^{m}(\overline{A}_i - \bar{x})^2 + nm \cdot \sum_{j=1}^{r}(\overline{B}_j - \bar{x})^2
\end{aligned} \tag{9.15}$$

总离差平方和 SST 的自由度为 $N-1$.

分别记

$$\text{SSA} = nr \cdot \sum_{i=1}^{m}(\overline{A}_i - \bar{x})^2 \tag{9.16}$$

为因素 A 的离差平方和，自由度为 $m-1$.

$$\text{SSB} = nm \cdot \sum_{j=1}^{r}(\overline{B}_j - \bar{x})^2 \tag{9.17}$$

为因素 B 的离差平方和，自由度为 $r-1$.

$$\text{SSE} = \sum_{i=1}^{m}\sum_{j=1}^{r}\sum_{k=1}^{n}[x_{ijk} - \overline{(AB)}_{ij}]^2 \tag{9.18}$$

表示随机误差的离差平方和，自由度为 $N-mr=mrn-mr=mr(n-1)$．

$$\mathrm{SSAB}=n\sum_{i=1}^{m}\sum_{j=1}^{r}[\overline{(AB)}_{ij}-\overline{A}_i-\overline{B}_j+\bar{x}]^2 \tag{9.19}$$

表示因素间交互作用的离差平方和，自由度为

$$(N-1)-(m-1)-(r-1)-(n-1)mr=(m-1)(r-1)$$

3. 编制方差分析表，进行 F 检验

从方差分解式所得到的 SSA、SSB、SSAB 和 SSE 除以各自的自由度，就得到各自相应的均方差，然后我们对因素 A、因素 B 和因素 AB 的交互作用分别作 F 检验．与前面所讨论的情形一样的，这一过程也可以用表格来表示，就得到有交互影响时双因素方差分析表如表 9.11 所示．

表 9.11

方差来源	离差平方和	自由度	均方差	检验统计量 F
因素 A	SSA	$m-1$	$\mathrm{MSA}=\dfrac{\mathrm{SSA}}{m-1}$	$F_A=\dfrac{\mathrm{MSA}}{\mathrm{MSE}}$
因素 B	SSB	$r-1$	$\mathrm{MSB}=\dfrac{\mathrm{SSB}}{r-1}$	$F_B=\dfrac{\mathrm{MSB}}{\mathrm{MSE}}$
交互作用	SSAB	$(m-1)(r-1)$	$\mathrm{MSB}=\dfrac{\mathrm{SSAB}}{(m-1)(r-1)}$	$F_{AB}=\dfrac{\mathrm{MSAB}}{\mathrm{MSE}}$
误差 E	SSE	$N-mr$	$\mathrm{MSE}=\dfrac{\mathrm{SSE}}{N-mr}$	
总方差	SST	$N-1$		

与前面所讨论过的一样，根据方差分析表计算得到 F_A，F_B 和 F_{AB} 以后，根据问题的显著性水平 α，查表分别得到 $F_\alpha\{(m-1),(N-mr)\}$，$F_\alpha\{(r-1),(N-mr)\}$ 和 $F_\alpha\{(m-1)(r-1),(N-mr)\}$．于是我们可以分别检验因素 A 和 B 的影响，以及两因素的交互作用的影响是否显著．

对于因素 A 而言，若 $F_A>F_\alpha\{(m-1),(N-mr)\}$，我们就拒绝关于因素 A 的原假设，说明因素 A 对结果有显著的影响．否则，就接受原假设，说明因素 A 对结果没有显著的影响．对于因素 B 而言，若 $F_B>F_\alpha\{(r-1),(N-mr)\}$，我们就拒绝关于因素 B 的原假设，说明因素 B 对结果有显著的影响．否则，就接受原假设，说明因素 B 对结果没有显著的影响．对于两因素的交互作用，若 $F_{AB}>F_\alpha\{(m-1)(r-1),(N-mr)\}$，我们就拒绝关于两因素交互作用的原假设，说明因素 A 和因素 B 对结果有显著交互影响．否则，就接受原假设，说明两因素对结果没有显著的交互影响．

习 题 九

1. 表 9.12 给出了小白鼠在接种三种不同菌型伤寒杆菌后的存活日数：

表 9.12

菌型	存活日数									
A_1	2	4	3	2	4	7	7	2	5	4
A_2	5	6	8	5	10	7	12	6	6	
A_3	7	11	6	6	7	9	5	10	6	3	10

设小白鼠存活日数服从方差相等的正态分布,则三种菌型的平均存活日数有无显著差异?($\alpha=0.01$)

2. 设有三个车间以不同的工艺生产同一种产品,为考察不同工艺对产品产量的影响,现对每个车间各纪录 5 天的日产量,如表 9.13 所示,三个车间的日产量是否有显著差异?(取 $\alpha=0.05$)

表 9.13

序号	A_1	A_2	A_3
1	44	50	47
2	45	51	44
3	47	53	44
4	48	55	50
5	46	51	45

将最终的计算结果填入表 9.14 所示的单因素方差分析表.

表 9.14

差异来源	离差平方和	自由度	平均平方和	F
组间				
组内				
总计				

3. 有三种钢筋加工机的下料长度抽样,分别用 A_1,A_2,A_3 表示,分别测得它们的寿命,如表 9.15 所示,问这三种钢筋加工机的下料长度是否有显著性差异?(取 $\alpha=0.05$)

表 9.15

序号	A_1	A_2	A_3
1	40	39	39
2	47	40	37
3	42	50	32
4	38	45	33
5	46	50	35

将最终的计算结果填入表 9.16 所示的单因素方差分析表.

表 9.16

差异来源	离差平方和	自由度	平均平方和	F
组间				
组内				
总计				

4. 某单位为研究其商品的广告费用（x）对其销售量（y）的影响，收集了过去 12 年的有关数据. 通过分析得到方差分析表（表 9.17）.

表 9.17

变差来源	SS	df	MS	F	Sig.
组间	A	B	C	D	0.000
组内	205158.07	E	F	—	—
总计	1642866.67	11	—	—	—

要求：

(1) 计算上面方差分析表中 A，B，C，D，E，F 处的值.

(2) 商品销售量的变差中有多少是由广告费用的差异引起的？

(3) 销售量与广告费用之间的相关系数是多少？

5. 某企业使用 3 种方法组装一种新的产品，为确定哪种方法生产效率最高，随机抽取 30 名工人，并指定每人使用其中的一种方法. 通过对每个工人生产的产品数进行分析得到如表 9.18 所示的方差分析表. 请完成方差分析表.

表 9.18

变差来源	SS	df	MS	F	Sig.
组间			210		0.000
组内	3836			—	—
总计		29	—	—	—

第十章　SPSS在概率统计计算中的应用

第一节　分布律、概率密度函数和分布函数的计算

一、分布律和概率密度函数的计算

以二项分布为例，设 $X \sim b(6, 0.3)$，在 SPSS 中，二项分布随机变量分布律的计算过程如下.

（1）在 SPSS 中新建一个数据文件，在变量视图中添加一个变量 x，如图 10.1 所示．然后切换到数据视图，输入 x 的取值，由于 $X \sim b(6, 0.3)$，其所有可能取值为 0，1，2，3，4，5，6，如图 10.2 所示：

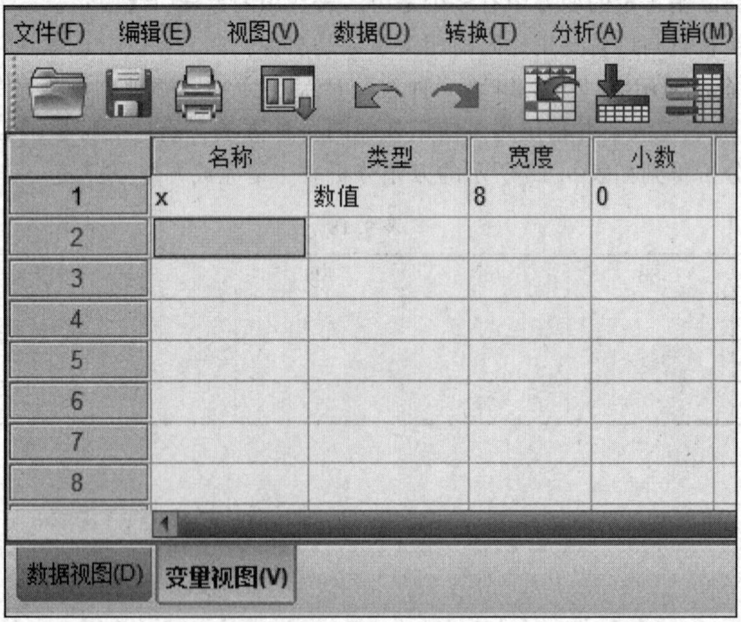

图 10.1　变量视图

（2）在菜单栏上依次点击"转换"→"计算变量"，出现对话框，如图 10.3 所示．

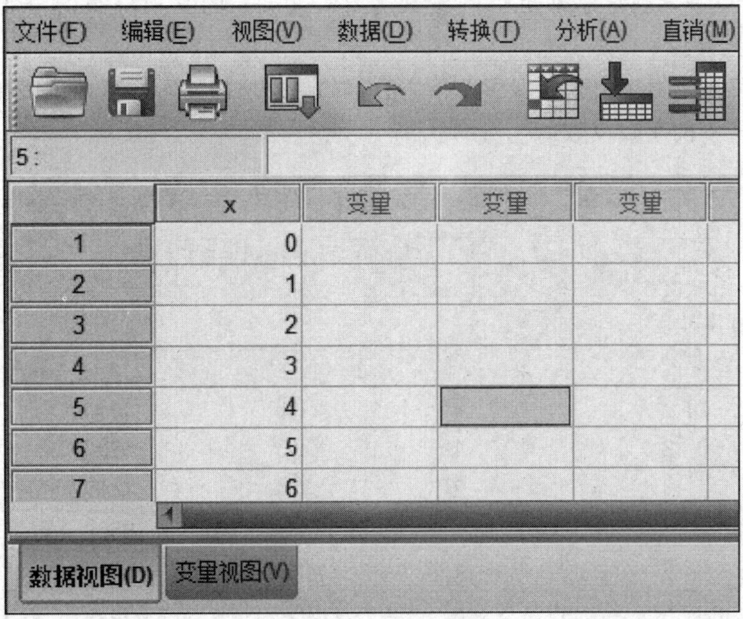

第十章 SPSS在概率统计计算中的应用

图 10.2 数据视图

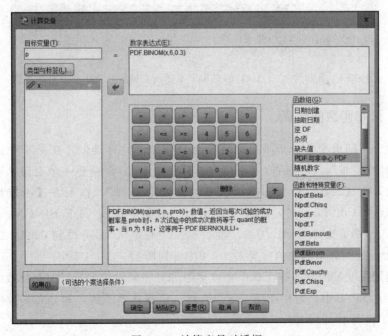

图 10.3 计算变量对话框

在目标变量中输入 p，即新建一个变量来存放分布律的值，在【函数组】中选择"PDF 与非中心 PDF"，在下方【函数和特殊变量】中双击"Pdf.Binom"，此时【数字表达式】中出现 PDF.BINOM（?,?,?），三个"?"分别替换为 x，6，

161

0.3，最后点击"确定"即可得到参数为（6，0.3）的二项分布的分布律，如图 10.4 中 p 列所示．

计算得到的概率值默认保留 2 位小数，如果想增加显示位数，可以在变量视图中修改变量 p 的小数位数．

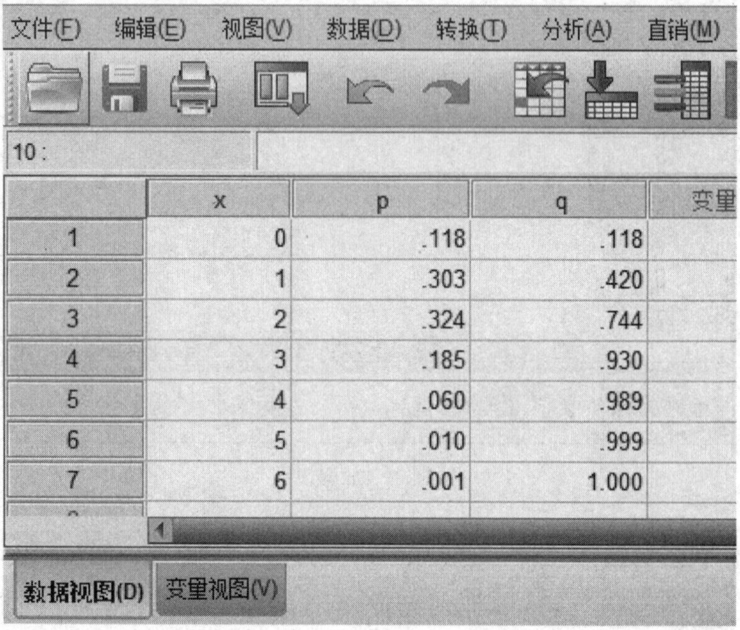

图 10.4　参数为（6，0.3）的二项分布随机变量的分布律和分布函数值

二、分布函数的计算

二项分布随机变量分布函数的计算与分布律的计算类似，在菜单栏点击"转换"→"计算变量"，在对话框【目标变量】里输入 q，即新建一个变量来存放分布函数的值，在【函数组】中选择"CDF 与非中心 CDF"，在下方【函数和特殊变量】中双击"Cdf.Binom"，此时【数字表达式】中出现 CDF.BINOM（?,?,?），三个"?"分别替换为 x，6，0.3，最后点击"确定"，即可得到 0，1，2，3，4，5，6 七个点处的分布函数值．见图 10.4 中 q 列所示．

其他随机变量的分布律、概率密度函数和分布函数的计算只需要修改函数的名字即可．在 SPSS 中，常用随机变量分布律（概率密度函数）和分布函数的函数名如表 10.1 和表 10.2 所示．

表 10.1　SPSS 中常用分布分布律或概率密度函数

分布	分布律（概率密度函数）	含义
0-1 分布	PDF.BERNOULLI(quant,prob)	返回参数为 prob 的 0-1 分布在 quant 处的概率值

第十章 SPSS在概率统计计算中的应用

续表

分布	分布律(概率密度函数)	含义
二项分布	PDF.BINOM(quant,n,prob)	返回参数为(n,prob)的二项分布在quant处的概率值
泊松分布	PDF.POISSON(quant,mean)	返回均值为mean的泊松分布在quant处的概率值
均匀分布	PDF.UNIFORM(quant,min,max)	返回区间[min,max]上均匀分布在quant处的密度函数值
指数分布	PDF.EXP(quant,shape)	返回参数为shape的指数分布在quant处的密度函数值
正态分布	PDF.NORMAL(quant,mean,stddev)	返回均值为mean,标准差为stddev的正态分布在quant处的密度函数值
卡方分布	PDF.CHISQ(quant,df)	返回自由度为df的卡方分布在quant处的密度函数值
T分布	PDF.T(quant,df)	返回自由度为df的T分布在quant处的密度函数值
F分布	PDF.F(quant,df1,df2)	返回自由度分别为df1,df2的F分布在quant处的密度函数值

表10.2 SPSS中常用分布的分布函数

分布	分布函数	含义
0-1分布	CDF.BERNOULLI(quant,prob)	返回参数为prob的0-1分布在quant处的分布函数值
二项分布	CDF.BINOM(quant,n,prob)	返回参数为(n,prob)的二项分布在quant处的分布函数值
泊松分布	CDF.POISSON(quant,mean)	返回均值为mean的泊松分布在quant处的分布函数值
均匀分布	CDF.UNIFORM(quant,min,max)	返回区间[min,max]上均匀分布在quant处的分布函数值
指数分布	CDF.EXP(quant,shape)	返回参数为shape的指数分布在quant处的分布函数值
正态分布	CDF.NORMAL(quant,mean,stddev)	返回均值为mean,标准差为stddev的正态分布在quant处的分布函数值
卡方分布	CDF.CHISQ(quant,df)	返回自由度为df的卡方分布在quant处的分布函数值
T分布	CDF.T(quant,df)	返回自由度为df的T分布在quant处的分布函数值
F分布	CDF.F(quant,df1,df2)	返回自由度分别为df1,df2的F分布在quant处的分布函数值

第二节 分布律和概率密度函数的绘制

一、分布律的绘制

以二项分布为例,根据图10.4中计算得到的参数为(6,0.3)二项分布各点的概率值（p 列）来绘制分布律条形图．绘制过程为：在菜单栏点击"图形"→"旧对话框"→"条形图"，出现条形图类型选项，如图 10.5 所示．选择"简单"→"个案组摘要"，点击"定义"，出现条形图绘图选项对话框，如图 10.6 所示．在【条的表征】中选择"其他统计"，然后将变量 p 添加到【变量】框中，将变量 x 添加到【类别轴】框中，点击"确定"，得到参数为（6，0.3）的二项分布分布律图，如图 10.7 所示．

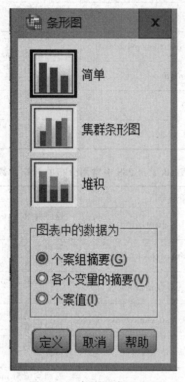

图 10.5　条形图类型选项

二、概率密度曲线的绘制

概率密度曲线的绘制：以标准正态分布为例，虽然标准正态分布随机变量的取值为（-∞，+∞），但是根据"3σ"法则知，标准正态分布随机变量取值在 [-3,3] 概率为 99.74%，因此建立变量 x，取值从 -3 开始，每隔 0.1 取一个点，直到 3 结束．然后计算 x 的概率密度函数值，结果保存在变量 p 中．

绘制概率密度函数折线图的过程为：在菜单栏上点击"图形"→"旧对话框"→"折线图"，弹出的折线图类型选项，选择"简单"→"个案组摘要"，点击"定义"，弹出折线图绘图选项，在【条的表征】中选择"其他统计"，然后将变量 p 添加到【变量】框中，将变量 x 添加到【类别轴】框中，点击"确定"，得到标准正态分布概率密度曲线图，如图 10.8 所示．

第十章　SPSS在概率统计计算中的应用

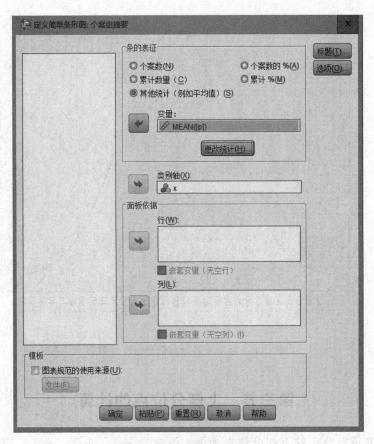

图 10.6　条形图绘制选项

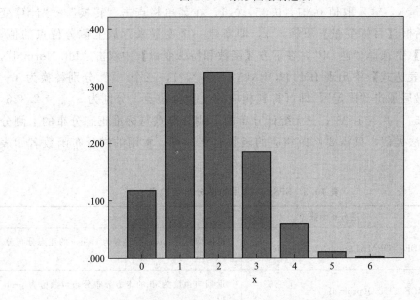

图 10.7　参数为 (6, 0.3) 的二项分布分布律图

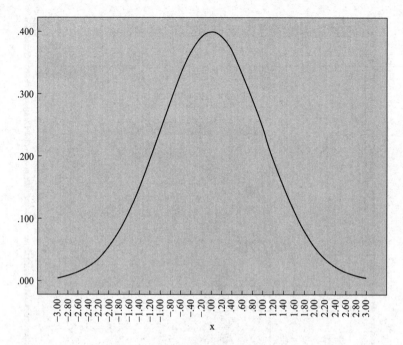

图 10.8 标准正态分布概率密度函数图

第三节 上侧分位点的计算

以标准正态分布的上侧分位点为例,设要求 $z_{0.01}$,$z_{0.05}$,$z_{0.1}$,具体过程如下,建立变量 x,输入取值 0.01,0.05,0.1,在菜单栏点击"转换"→"计算变量",在对话框【目标变量】里输入 z,即新建一个变量来存放上侧分位点的值,在【函数组】中选择"逆 DF",在下方【函数和特殊变量】中双击"Idf. Normal",此时【数字表达式】中出现 IDF. NORMAL(?,?,?),三个"?"分别替换为 $1-$ x,0,1,最后点击"确定",即可得到相应的上侧分位点,分别为 $z_{0.01}=2.326$,$z_{0.05}=1.645$,$z_{0.1}=1.282$. 三大统计分布的上侧分位点与标准正态分布的上侧分位点计算方法类似,只需要修改相应的函数名字即可,常用的逆分布函数名如表 10.3 所示.

表 10.3 SPSS 中常用的逆分布函数名

分布	逆分布函数	含义
正态分布	IDF. NORMAL(prob,mean,stddev)	返回均值为 mean,标准差为 stddev 的正态分布分布函数值为 prob 的值
卡方分布	IDF. CHISQ(prob,df)	返回自由度为 df 的卡方分布分布函数值为 prob 的值

续表

分布	逆分布函数	含义
T 分布	IDF.T(prob,df)	返回自由度为 df 的 T 分布分布函数值为 prob 的值
F 分布	IDF.F(prob,df1,df2)	返回自由度分别为 df1,df2 的 F 分布分布函数值为 prob 的值

由于本书所提分位点为上侧分位点，所以当求上 0.05 分为点时，prob 的值应该填 0.95，即 1−0.05.

第四节　数据的描述性统计分析

数据的描述性统计主要计算数据的常用统计量并绘制直方图，常用的统计量有反映数据集中趋势的平均数、中位数和众数，也有反映数据离散程度的方差、标准差、极差、最小值、最大值等.

SPSS 中数据的描述性统计分析是通过"频率"过程来实现的，以某班 30 名同学 2018—2019 学年第 1 学期线性代数期末考试成绩为例. 首先建立变量 x，再输入该班级 30 名同学的线性代数成绩，然后在菜单栏点击"分析"→"描述统计"→"频率"，出现"频率"过程的主对话框，如图 10.9 所示.

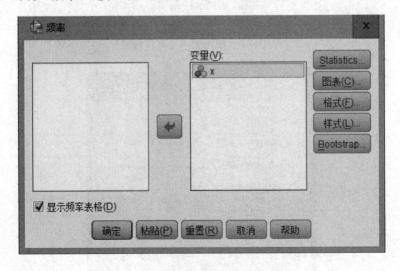

图 10.9　频率对话框

将左侧的变量 x 选入到右侧的【变量】框中，点击"Statistics"，出现统计量选择对话框，如图 10.10 所示，勾选想要计算的统计量，点击"继续".

点击"继续"之后返回到"频率"过程的主对话框，点击"图表"，出现图表选项对话框，如图 10.11 所示，在【图表类型】中选"直方图"，并勾选"在直方

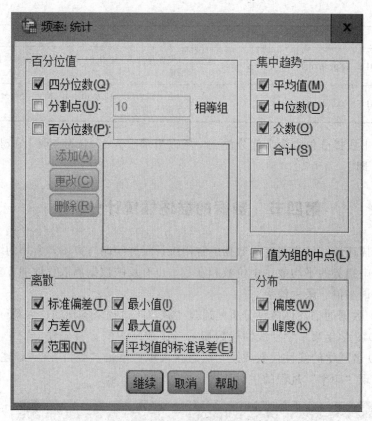

图 10.10　描述性统计分析选项

图 10.11　图表选项

图上显示正态分布曲线",点击"继续".返回到"频率"过程的主对话框后,再点击"确定",即可得到分数的描述性统计结果(如表 10.4 所示)和分数的直方图(如图 10.12 所示).

表 10.4 描述性统计分析表

统计量	取值	统计量	取值	统计量	取值
平均值	74.03	偏度	−0.553	最小值	45
中位数	75.50	标准偏度误差	0.427	最大值	93
众数	62	峰度	−0.247	25%百分位数	65.75
标准偏差	12.257	标准峰度误差	0.833	50%百分位数	75.50
方差	150.240	极差	48	75%百分位数	83.25

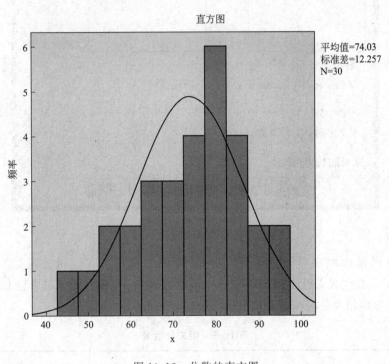

图 10.12 分数的直方图

数据的描述性统计分析也可以通过 SPSS 的其他过程实现,例如"描述"过程、"探索"过程.

第五节 相关系数的计算

在 SPSS 中相关系数的计算及显著性检验由"双变量相关分析"过程来实现,以某班 30 名同学 2018—2019 学年第 1 学期线性代数和大学物理 2 的考试成绩为样本，计算线性代数成绩与大学物理 2 成绩之间的相关性，具体过程：新建一个数据文件，定义两个变量，记为 x 和 y，分别表示线性代数成绩和大学物理 2 成绩，将成绩输入到 SPSS 中，然后点击菜单上的"分析"→"相关"→"双变量"，得到"双变量相关分析"对话框，如图 10.13 所示．

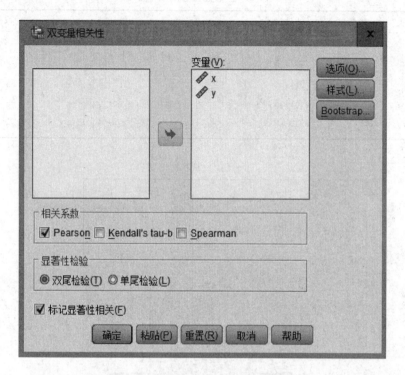

图 10.13 双变量相关分析对话框

将左侧框中的变量 x 和 y 添加到"变量"框中，在"相关系数"中勾选"Pearson"，在"显著性检验"中点选"双尾检验"，勾选"标记显著性相关"，点击"确定"得相关分析结果，如表 10.5 所示．

表 10.5 相关分析表

变量		x	y
x	Pearson 相关性	1	0.862
	显著性（双尾）		0.000
y	Pearson 相关性	0.862	1
	显著性（双尾）	0.000	

从表中可以看出，线性代数成绩和大学物理 2 成绩的相关系数为 0.862，说明二者有明显的正相关关系，双尾显著性值为 0.000＜0.001，说明在显著性水平为 0.001 的水平下，相关系数显著不等于 0．

第六节 正态总体均值的假设检验

一、数据的正态性检验

在进行正态总体均值的假设检验之前首先要判断题目中多给出的数据是否来自正态分布的总体，即数据的正态性检验．正态性检验可以通过 Kolmogorov-Smirnov 检验来完成，以某班 30 名同学 2018—2019 学年第 1 学期线性代数期末考试成绩为例，具体过程如下．

首先建立变量 x，输入该班级 30 名同学的线性代数成绩，然后在菜单栏点击"分析"→"非参数检验"→"旧对话框"→"1-样本 K-S"，出现单样本 K-S 检验的对话框，如图 10.14 所示．

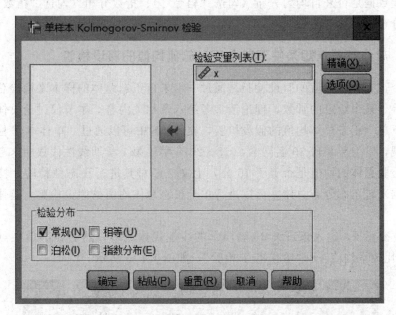

图 10.14 Kolmogorov-Smirnov 检验选项

将变量 x 选入【检验变量列表】，在【检验分布】中勾选"常规"，点击"确定"即可得到 Kolmogorov-Smirnov 检验的结果，如表 10.6 所示．

表 10.6 Kolmogorov-Smirnov 检验

变量		x
样本容量		30
正态参数	平均值	74.03
	标准差	12.257

续表

变量		x
最极端差分	绝对	0.099
	正	0.063
	负	−0.099
检验统计量		0.099
渐近显著性(双尾)		0.200

根据表 10.5 中渐近显著性（双尾）的值可以判断这组数据是否来自正态分布．对于给定显著性水平 α，当双尾渐近显著性的值如果大于 α，说明没有足够的理由拒绝"数据来自于正态分布"的假设，所以只能接受"数据来自正态分布"结论．

Kolmogorov-Smirnov 检验过程中除了可以检验数据是否来自正态总体外，还可以检验数据是否来自均匀分布（勾选"相等"）、指数分布（勾选"指数分布"）和泊松分布（勾选"泊松"）．

二、总体方差未知条件下单个正态总体均值的假设检验

单个正态总体均值的假设检验是通过一组来自正态总体的样本来检验总体的均值是否等于某个给定的常数，理论请参考第八章相关内容．本节仅讨论总体方差未知条件下单个正态总体均值的假设检验，在 SPSS 中可以通过"单样本 T 检验"过程来实现，以上节某班 30 名同学 2018—2019 学年第 1 学期线性代数期末考试成绩为例，检验总体的均值是否等于 76 分，上文已经对其进行正态性检验，检验结果表明数据来自正态分布总体，可以进行单个正态总体均值的假设检验，具体的过程如下：

建立变量 x，输入该班级 30 名同学的线性代数成绩，然后在菜单栏点击"分析"→"比较平均值"→"单样本 T 检验"，如图 10.15 所示．

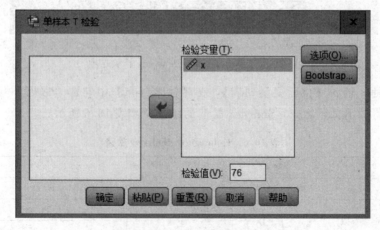

图 10.15　单样本 T 检验对话框

将变量 x 选入【检验变量】，将【检验值】设置为 76，点击"确定"，得到单样本 T 检验的结果如表 10.7 和表 10.8 所示.

表 10.7 变量的描述性统计分析

变量	样本容量	平均值	标准差	标准误差平均值
x	30	74.03	12.257	2.238

表 10.8 单样本 T 检验结果

变量	检验值=76					
	T	自由度	显著性(双尾)	平均差	差值的95%置信区间	
					下限	上限
x	−0.879	29	0.387	−1.967	−6.54	2.61

表 10.7 给出变量 x 的主要描述性统计量，从表 10.8 中可以看出 T 检验统计量的值为 −0.879，T 分布的自由度为 29，双尾显著性值为 0.387，平均差（检验值与样本均值的差）为 −1.967，差值的 95% 置信区间为（−6.54，2.61）. 由于双尾显著性值大于 0.05，所以在显著性水平为 0.05 下，可以认为总体的平均分为 76 分.

3. 总体方差未知条件下两个正态总体均值差的假设检验

两个正态总体均值差的假设检验是检验两个正态总体均值是否相等，本节选取两个自然班（每班 30 人）2018—2019 学年第 1 学期线性代数期末考试成绩为研究对象，检验两个班班级的平均成绩是否相等. 具体过程如下.

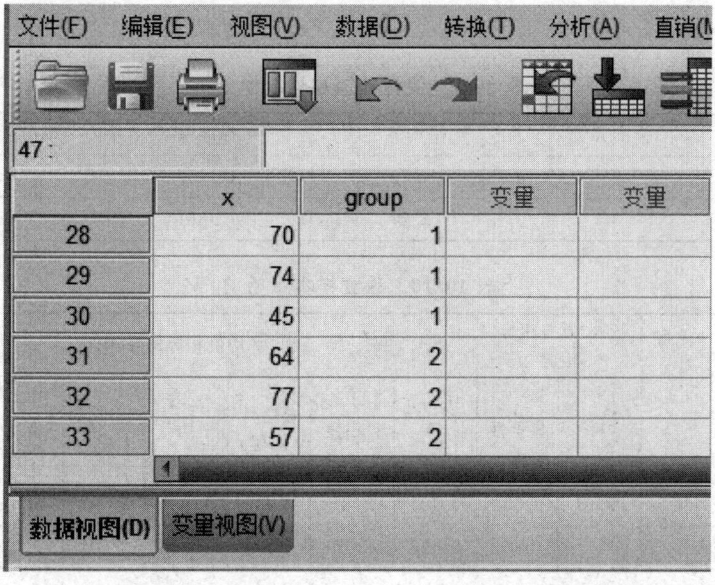

图 10.16 两个正态总体均值差检验的数据样式

建立变量 x，存放两个班级 60 名同学线性代数的成绩，建立分类变量 group，存放每个同学的分组情况，group 仅可以取 1 或者 2，取值为 1 说明来自第一个班，取值为 2 说明来自第二个班，如图 10.16 所示．

在菜单栏上点击"分析"→"比较平均值"→"独立样本 T 检验"，出现对话框如图 10.17 所示．

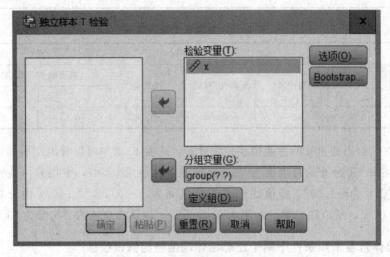

图 10.17 独立样本 T 检验选项

将 x 选入【检验变量】，将 group 选入【分组变量】，然后点击"定义组"，在弹出的对话框中"值 1"框输入 1，在"值 2"框中输入 2，然后点击继续回到主对话框，最后点击"确定"，得到独立样本 T 检验的结果，如表 10.9 和表 10.10 所示．

表 10.9 变量的描述性统计分析

分组变量	样本容量	平均值	标准差	标准误差平均值
1	30	74.03	12.257	2.238
2	30	72.77	10.881	1.987

表 10.10 独立样本 T 检验

	列文方差相等检验		平均值相等的 T 检验						
	F	显著性	T	自由度	显著性（双尾）	平均差	标准误差差值	差值95%置信区间	
								下限	上限
已假设方差齐性	0.391	0.534	0.423	58	0.674	1.267	2.992	−4.723	7.257
未假设方差齐性			0.423	57.196	0.674	1.267	2.992	−4.725	7.258

表 10.9 中给出两个班级成绩的常用描述性统计量，表 10.10 给出两种情况下

平均成绩是否相等的检验：一种是假设方差相等，另一种是不假设方差相等．在假设方差相等时，对此假设进行了检验，检验的显著性值大于 0.05，说明在显著性水平 0.05 下，可以认为两个总体的方差相等．表中两种情况下双尾显著性值均大于 0.05，说明在显著性水平 0.05 下，可以认为两个班级的平均成绩相等．

习题参考答案

习题一

1. $P(AB)=p+q-r$, $P(\overline{A}\cap\overline{B})=1-r$, $P(A\overline{B})=r-q$.

2. (1) $AB\overline{C}=\{$抽到的是不戴眼镜的大一女生$\}$,$A\overline{B}C=\{$抽到的是戴眼镜的女生,不是大一的$\}$;

(2) 学校里所有女生都戴眼镜,而且都是大一的;

(3) 当学校里所有女生都不戴眼镜时成立;

(4) 同时成立,当学校里所有女生全体也是一年级学生全体,学校里所有男生全体也是戴眼镜时学生全体时成立.

3. (1) 若事件 A 发生,则事件 B 与事件 C 必同时发生;

(2) 事件 B 发生或事件 C 发生,均导致事件 A 发生;

(3) 事件 A 与事件 B 同时发生必导致事件 C 发生;

(4) 事件 A 发生,则事件 B 与事件 C 至少有一不发生.

4. $P(AB\cup C)=0.9$.

5. (1) $P($只订丙报纸$)=0.2$; (4) $P($只订一种报纸$)=0.73$;

(2) $P($只订乙、丙报纸$)=0.02$; (5) $P($不订阅任何报纸$)=0.1$.

(3) $P($同时订两种报纸$)=0.14$;

6. (1) $P(A\cup B\cup C)=\dfrac{5}{8}$; (2) $P(\overline{ABC})=\dfrac{3}{8}$.

7. $P(A\cup B\cup C)=0.625$.

8. $P($甲胜$)=\dfrac{\alpha}{1-(1-\alpha)(1-\beta)}$; $P($乙胜$)=\dfrac{\beta(1-\alpha)}{1-(1-\alpha)(1-\beta)}$.

9. $P(A\cup B)=0.98$.

10. $P(A)=0.305$.

11. $P(A)=0.97$.

12. 事件 A:"任取一件为合格品",事件 B:"任取一件为一等品", $P(B|A)=0.625$.

13. $P(A_k) = \dfrac{k^n - (k-1)^n}{N^n}$.

14. $P(A) = 5/33$.

15. $P(A) = \dfrac{C_n^{m_1} C_n^{m_2} C_n^{m_3}}{C_{3n}^{m}}$.

16. $P(A) = 8.6 \times 10^{-5}$.

17. $P(B) = \dfrac{4C_4^4 C_{48}^9}{C_{52}^{13}} = 0.0106$.

18. 提示：令 $BC = C_1$，$C(A-B) = C_2$.
$P(AC_1) = P(AB) = P(A)P(B) \geqslant P(A)P(C_1)$
$P(AC_2) = P(C_2) \geqslant P(A)P(C_2)$
$AC_1 \cap AC_2 = A \cap C \cap C_2 = A \cap \phi = \phi$
$P(AC_1 \cup AC_2) = P(AC_1) + P(AC_2)$
$P(AC) = P\{A(C_1 \cup C_2)\} = P(AC_1 \cup AC_2)$

19. (1) $P(\text{打满 3 局比赛还未停止}) = \dfrac{1}{4}$；

(2) $P(\text{丙}) = \dfrac{2}{7}$，$P(\text{甲}) = \dfrac{5}{14}$.

20. $P(A) = 0.71$.

21. 事件 $A =$ "第一次砸的金蛋有奖"，事件 $B =$ "第二次砸的金蛋有奖".
$P(A|B) = \dfrac{6}{39}$.

22. A.

23. D.

24. $P(A|B) = 15\%$.

25. $P(A_3) = \dfrac{155}{429}$.

26. (1) $P(B) = \dfrac{3}{5}$；(2) $P(A/\overline{B}) = \dfrac{3}{4}$.

习题二

1. $a = 1$，$b = -1$，$P\{|X| < 2\} = 1 - e^{-2}$.

2.

X	3	4	5
p_k	1/10	3/10	6/10

3.

X	0	1	2
p	0.3	0.6	0.1

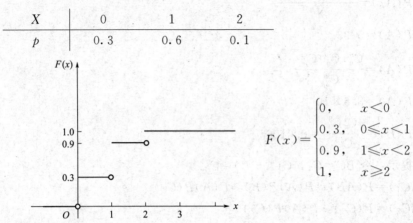

$$F(x)=\begin{cases}0, & x<0\\ 0.3, & 0\leqslant x<1\\ 0.9, & 1\leqslant x<2\\ 1, & x\geqslant 2\end{cases}$$

4. $P\{X\geqslant 2\}=0.9972$.

5. (1) $P\{X=k\}=C_6^k\left(\dfrac{1}{3}\right)^k\left(\dfrac{2}{3}\right)^{6-k}\quad k=0,1,\cdots,6$; (2) $P\{X\geqslant 5\}=\dfrac{13}{729}$.

6. $P\{X=k\}=C_{5000}^k(0.001)^k(0.999)^{5000-k}\quad k=0,1,2,\cdots,5000$;

$P\{X>1\}=0.9596$.

7. $P\{X\geqslant 4\}=\dfrac{1}{64}$.

8. $P\{X\geqslant 3\}=1-e^{-0.8}\left(\dfrac{0.8^0}{0!}+\dfrac{0.8^1}{1!}+\dfrac{0.8^2}{2!}\right)\approx 0.04743$.

9. $P\{X=4\}=\dfrac{2}{3}e^{-2}$.

10. $P\{X\leqslant N\}\approx\sum_{k=0}^{N}\dfrac{3^k e^{-3}}{k!}\geqslant 0.99$，查表可知，满足上式的最小的 N 是 8.

11. (1) $A=\dfrac{1}{2}$; (2) $P\{0<X<1\}=\dfrac{1}{2}\int_0^1 e^{-x}dx=\dfrac{1}{2}(1-e^{-1})$;

(3) $F(x)=\begin{cases}\dfrac{1}{2}e^x, & x<0\\ 1-\dfrac{1}{2}e^{-x}, & x\geqslant 0\end{cases}$.

12. (1) $p_1=[P\{X>150\}]^3=\left(\dfrac{2}{3}\right)^3=\dfrac{8}{27}$; (2) $p_2=\dfrac{4}{9}$.

(3) $F(x)=\begin{cases}1-\dfrac{100}{x}, & x\geqslant 100\\ 0, & x<0\end{cases}$.

13. $p=\dfrac{20}{27}$.

14. $P\{X\leqslant 100\}=0.1813$.

15. $P\{|X|<1.54\}=2\Phi(1.54)-1=0.8764$, $P\{X\leqslant 2.35\}=\Phi(2.35)=0.9906$.

16. $P\{8<X<14\}=\Phi(2)-\Phi(-1)=0.8186$.

17. $P\{X\geqslant x_0\}=1-\Phi\left(\dfrac{x_0-65}{10}\right)=0.1, x_0=77.9$.

18. (1) $f_Y(y)=\dfrac{\mathrm{d}F_Y(y)}{\mathrm{d}y}=\dfrac{1}{y}f_x(\ln y)=\begin{cases}\dfrac{1}{y}\dfrac{1}{\sqrt{2\pi}}e^{-\frac{\ln^2 y}{2}}, & y>0\\ 0, & y\leqslant 0\end{cases}$.

(2) $f_Y(y)=\dfrac{\mathrm{d}}{\mathrm{d}y}F_Y(y)=\begin{cases}\dfrac{1}{2}\sqrt{\dfrac{2}{y-1}}\dfrac{1}{\sqrt{2\pi}}e^{-(y-1)/4}, & y>1\\ 0, & y\leqslant 1\end{cases}$.

(3) $f_Y(y)=\dfrac{\mathrm{d}}{\mathrm{d}y}F_Y(y)=f_X(y)+f_X(-y)=\begin{cases}\dfrac{2}{\sqrt{2\pi}}e^{-y^2/2}, & y>0\\ 0, & y\leqslant 0\end{cases}$.

19. (1) $f_Y(y)=\begin{cases}\dfrac{1}{y}, & 1<y<e\\ 0, & \text{其他}\end{cases}$. (2) $f_Z(z)=\begin{cases}\dfrac{1}{2}e^{-z/2}, & z>0\\ 0, & z\leqslant 0\end{cases}$.

20. $f_Y(y)=\begin{cases}\dfrac{2}{\pi}\dfrac{1}{\sqrt{1-y^2}}, & 0<y<1\\ 0, & \text{其他}\end{cases}$.

21. $f_Y(y)=\begin{cases}\dfrac{1}{2y}, & e^2<y<e^4\\ 0, & \text{其他}\end{cases}$.

22. $f_Y(y)=\begin{cases}\dfrac{1}{y^2}, & y\geqslant 1\\ 0, & y<1\end{cases}$.

习题三

一、1. $F(x_2,y_2)-F(x_2,y_1)+F(x_1,y_1)-F(x_1,y_2)$.

2. $0, F(x,y), F_X(x)$.

3. $\dfrac{1}{8}$.

4. 1.

5. 0.

6. $\alpha+\beta=\dfrac{1}{18}$, 2/9, 1/9.

7. $\frac{1}{2\pi}e^{-\frac{x^2+y^2}{2}}$, $\frac{1}{2\sqrt{\pi}}e^{-\frac{z^2}{4}}$.

8. 0.4, 0.1.

9. 1.

10. 1/9.

二、1. (1) $P\{X\leqslant 1\}=\frac{7}{12}$; (2) $P\{X=Y\}=\frac{11}{48}$; (3) $P\{X\geqslant Y\}=\frac{19}{24}$.

2.

Y \ X	1	2
1	0	$\frac{1}{3}$
2	$\frac{1}{3}$	$\frac{1}{3}$

3.

Y \ X	1	2	3	4
1	1/4	1/8	1/12	1/16
2	0	1/8	1/12	1/16
3	0	0	1/12	1/16
4	0	0	0	1/16

4. $F_X(x)=\begin{cases}6(x-x^2), & 0\leqslant x\leqslant 1\\ 0, & \text{其他}\end{cases}$, $F_Y(y)=\begin{cases}6(\sqrt{y}-y), & 0\leqslant y\leqslant 1\\ 0, & \text{其他}\end{cases}$.

5. (1) $k=12$;

(2) $F(x,y)=\begin{cases}(1-e^{-3x})(1-e^{-4y}), & x>0, y>0\\ 0, & \text{其他}\end{cases}$;

(3) $P\{0<X\leqslant 1, 0<Y\leqslant 2\}=F(1,2)+F(0,0)-F(1,0)-F(0,2)$
$=(1-e^{-3})(1-e^{-8})$.

6. (1) $A=4$;

(2) $F(x,y)=\begin{cases}(1-e^{-2x})(1-e^{-2y}), & x>0, y>0\\ 0, & \text{其他}\end{cases}$;

(3) $F_X(x)=F(x,\infty)=\begin{cases}1-e^{-2x}, & x>0\\ 0, & \text{其他}\end{cases}$, 故 $f_X(x)=F'_X(x)=\begin{cases}2e^{-2x}, & x>0\\ 0, & \text{其他}\end{cases}$,

同理 $f_Y(y)=\begin{cases}2e^{-2y}, & y>0\\ 0, & \text{其他}\end{cases}$;

(4) $P\{X<1, Y<2\}=F(1,2)=(1-e^{-2})(1-e^{-4})$;

(5) $P\{X+Y<1\}=1-3e^{-2}$.

7. $f(x,y)=\begin{cases}\dfrac{1}{\pi^2},0\leqslant x,y\leqslant\pi,\\ 0,\quad\text{其他}\end{cases}$

$P\{\cos(X+Y)<0\}=P\left\{\dfrac{\pi}{2}<X+Y<\dfrac{3\pi}{2}\right\}=\dfrac{3}{4}$.

8. $f(x,y)=f_{Y|X}(y|x)f_X(x)=\begin{cases}\dfrac{1}{1-x},x<y<1,\\ 0,\quad\text{其他}\end{cases}$

$f_Y(Y)=\displaystyle\int_{-\infty}^{+\infty}f(x,y)\mathrm{d}x=\begin{cases}-\ln(1-y),0<y<1\\ 0,\quad\text{其他}\end{cases}$.

9. (1) $f(x,y)=\begin{cases}\dfrac{3}{8},-1\leqslant x\leqslant 1,x^2-1\leqslant y\leqslant -x^2+1\\ 0,\quad\text{其他}\end{cases}$;

(2) $f_X(x)=\displaystyle\int_{-\infty}^{+\infty}f(x,y)\mathrm{d}y=\begin{cases}\dfrac{3}{8}\displaystyle\int_{x^2-1}^{-x^2+1}\mathrm{d}y=\dfrac{3}{8}(2-2x^2),-1\leqslant x\leqslant 1,\\ 0,\quad\text{其他}\end{cases}$

$f_Y(y)=\displaystyle\int_{-\infty}^{+\infty}f(x,y)\mathrm{d}x=\begin{cases}\dfrac{3}{8}\displaystyle\int_{-\sqrt{1-y}}^{\sqrt{1-y}}\mathrm{d}x=\dfrac{3}{4}(\sqrt{1-y}),0\leqslant y\leqslant 1\\ \dfrac{3}{8}\displaystyle\int_{-\sqrt{1+y}}^{\sqrt{1+y}}\mathrm{d}x=\dfrac{3}{4}(\sqrt{1+y}),-1\leqslant y\leqslant 0\\ 0,\quad\text{其他}\end{cases}$;

(3) $f_X(x)\cdot f_Y(y)\neq\dfrac{3}{8}$，所以 X 和 Y 不相互独立.

10. $P_Z(z)=\begin{cases}e^{-\frac{z}{3}}(1-e^{-\frac{z}{6}}),z\geqslant 0\\ 0,\quad z<0\end{cases}$.

11.
$f(z)=\begin{cases}\dfrac{1}{15000}(600z-60z^2+z^3),0\leqslant z<10\\ \dfrac{1}{15000}(20-z)^3,\quad 10\leqslant z<20\\ 0\quad\text{其他}\end{cases}$

12. (1) $1=\displaystyle\iint_D f(x,y)\mathrm{d}x\mathrm{d}y=\displaystyle\int_0^1\mathrm{d}x\displaystyle\int_0^{+\infty}be^{-(x+y)}\mathrm{d}y=b\left(1-\dfrac{1}{e}\right)$，得 $b=\dfrac{e}{e-1}$;

(2) 当 $0<x<1$ 时,

$$f_X(x) = \int_{-\infty}^{+\infty} f(x,y)\mathrm{d}y = \int_0^{+\infty} \frac{e}{e-1}e^{-(x+y)}\mathrm{d}y = \frac{e}{e-1}e^{-x};$$

当 $x \leq 0$ 或 $x \geq 1$ 时，$f_X(x)=0$；当 $y>0$ 时，$f_Y(y)=e^{-y}$；当 $y \leq 0$ 时，$f_Y(y)=0$.

$$f_X(x) = \begin{cases} \dfrac{e}{e-1}e^{-x}, & 0<x<1 \\ 0, & 其他 \end{cases}, \quad f_Y(y) = \begin{cases} e^{-y}, & y>0 \\ 0, & 其他 \end{cases}.$$

13.

(1)

$Z_1=X+Y$	0	1	2	3
p	1/4	1/4	9/20	1/20

(2)

$Z_2=XY$	0	1	2
p	4/5	3/20	1/20

(3)

$Z_3=\min\{X,Y\}$	0	1
p	4/5	1/5

14. (1) $f_M(z) = \begin{cases} 0, & z \geq 0 \\ 3e^{-3z}(1-e^{-4z})+4e^{-4z}(1-e^{-3z}), & z<0 \end{cases}$

$ = \begin{cases} 0, & z \geq 0 \\ 3e^{-3z}+4e^{-4z}-7e^{-7z}, & z<0 \end{cases}.$

(2) $f_M(z) = \begin{cases} 0, & z \geq 0 \\ 7e^{-7z}, & z<0 \end{cases} = \begin{cases} 0, & z \geq 0 \\ 3e^{-3z}+4e^{-4z}-7e^{-7z}, & z<0 \end{cases}.$

习题四

1. $E(X)=13000$；选择股票投资.

2. (1)

X	45	45	45	45
p_k	0.1	0.4	0.3	0.2

$E(X)=45 \times 0.1+45 \times 0.4+45 \times 0.3+45 \times 0.2=45$；

(2)

Y	42	48	48	48
p_k	0.1	0.4	0.3	0.2

$E(X)=42 \times 0.1+48 \times 0.4+48 \times 0.3+48 \times 0.2=47.4$；

(3)

Z	39	45	51	51
p_k	0.1	0.4	0.3	0.2

$E(X) = 39 \times 0.1 + 45 \times 0.4 + 51 \times 0.3 + 51 \times 0.2 = 47.4$;

(4)

R	36	42	48	54
p_k	0.1	0.4	0.3	0.2

$E(X) = 36 \times 0.1 + 42 \times 0.4 + 48 \times 0.3 + 54 \times 0.2 = 45.6$,

故选择方案 2 或 3,可使期望利润最大.

3.

X	1	2	3	4	5	7	8	9	10	11	12
p_k	$\frac{1}{6}$	$\frac{1}{6}$	$\frac{1}{6}$	$\frac{1}{6}$	$\frac{1}{6}$	$\frac{1}{36}$	$\frac{1}{36}$	$\frac{1}{36}$	$\frac{1}{36}$	$\frac{1}{36}$	$\frac{1}{36}$

$E(X) = \frac{49}{12}$.

4. $\int_{-\infty}^{+\infty} |x| f(x) \mathrm{d}x = \int_{-\infty}^{+\infty} |x| \frac{1}{\pi(1+x^2)} \mathrm{d}x = +\infty$,故 $E(X)$ 不存在.

5. $E(X) = \int_{-\infty}^{+\infty} x f(x) \mathrm{d}x = 4$.

6. $\sum_{j=1}^{+\infty} (-1)^{j+1} \frac{3^j}{j} P\left\{X = (-1)^{j+1} \frac{3^j}{j}\right\} = \sum_{j=1}^{+\infty} (-1)^{j+1} \frac{3^j}{j} \cdot \frac{2}{3^j} = 2 \sum_{j=1}^{+\infty} \frac{(-1)^{j+1}}{j}$

不绝对收敛,按定义 X 的数学期望不存在.

7. $E(3X^2 - 2) = 6.4$.

8. $E(X) = \sum_{i=1}^{3} \sum_{j=1}^{3} x_i p_{ij} = 2$; $E(Y) = \sum_{i=1}^{3} \sum_{j=1}^{3} y_j p_{ij} = 0$;

$E(XY) = 0.2$; $E(X-Y) = 2$; $E(3X+2Y) = 0$

9. $E(Y) = E\left(\frac{1}{6}\pi X^3\right) = \frac{\pi}{6(b-a)} \int_a^b x^3 \mathrm{d}x = \frac{\pi}{24}(a+b)(a^2+b^2)$.

10. $E[g(X)] = \int_{-\infty}^{+\infty} g(x) f(x) \mathrm{d}x = \frac{1}{1000}(-y^2 + 7000y - 4 \times 10^6)$.

当 $y = 3500$ 吨时,最大收益为 8250 万元.

11. $E(X) = 8.38$.

12. $E(X) = E(X_1) + E(X_2) + \cdots + E(X_n) = n\left[1 - \left(1 - \frac{1}{N}\right)^n\right]$.

13. $E(XY) = \int_{-\infty}^{+\infty} \int_{-\infty}^{+\infty} xy f_1(x) f_2(y) \mathrm{d}x \mathrm{d}y = \int_0^1 \mathrm{d}x \int_5^{+\infty} xy \cdot 2x \cdot \mathrm{e}^{-(y-5)} \mathrm{d}y = 4$.

14. $F(x) = \begin{cases} 0, & x < 0 \\ \frac{1}{2}(x^2 + x), & 0 \leq x < 1. \\ 1, & x \geq 1 \end{cases}$

15. 提示：设 X 是随机变量，求 $E(X-x)^2$ 的最小值. 令 $f(x)=E(X-x)^2$
$=E(X^2-2xX+x^2)=E(X^2)-2xE(X)+x^2$ 当 $x=E(X)$ 时为 $f(x)$ 的极值点.

16. $E(X)=2\times\dfrac{1}{8}+3\times\dfrac{5}{8}+4\times\dfrac{1}{8}+9\times\dfrac{1}{8}=\dfrac{15}{4}$,

$D(X)=E(X^2)-[E(X)]^2=\dfrac{67}{16}$.

17. $\lambda=1$.

18. $D(2X+3)=4D(X)=4E(X^2)-4[E(X)]^2=\dfrac{71}{81}$.

19. 平均收益分别为 $E(X)=40$，$E(Y)=40$，方差分别为 $D(X)=6$，$D(Y)=5400$.

两种投资的平均收益是一样的，而投资生产普通凉鞋所承担的风险小得多，故应投资生产普通凉鞋.

20. $E(Z)=24$，$D(Z)=68$.

21. $D(X+Y)=85$，$D(X-Y)=37$.

22. $E(X)=\int_0^2 dx\int_0^2 x\dfrac{1}{8}(x+y)dy=\dfrac{7}{6}$；

$E(Y)=\int_0^2 dx\int_0^2 y\dfrac{1}{8}(x+y)dy=\dfrac{7}{6}$；

$E(XY)=\int_0^2 dx\int_0^2 xy\dfrac{1}{8}(x+y)dy=\dfrac{4}{3}$；

$E(X^2)=\int_0^2 dx\int_0^2 x^2\dfrac{1}{8}(x+y)dy=\dfrac{5}{3}$；$D(X)=E(X^2)-E^2(X)=\dfrac{11}{36}$；

$E(Y^2)=\int_0^2 dx\int_0^2 y^2\dfrac{1}{8}(x+y)dy=\dfrac{5}{3}$；$D(Y)=E(Y^2)-E^2(Y)=\dfrac{11}{36}$；

$\text{Cov}(X,Y)=E(XY)-E(X)E(Y)=-\dfrac{1}{36}$；$\rho_{XY}=\dfrac{\text{Cov}(X,Y)}{\sqrt{DX}\sqrt{DY}}=-\dfrac{1}{11}$.

23. $\text{Cov}(X,Y)=E(XY)-E(X)E(Y)=0$；而 $P\{X=0\}P\{Y=0\}=\dfrac{1}{16}\neq 0$，

24. $E(X)=\dfrac{2}{3}$，$E(Y)=0$，$\text{Cov}(X,Y)=0$.

25. (1) $E(Z)=\dfrac{1}{3}$，$D(Z)=3$；(2) $\rho_{XZ}=\dfrac{\text{Cov}(X,Z)}{\sqrt{D(X)}\sqrt{D(Z)}}=0$.

26. $\text{Cov}(U,V)=\text{Cov}(X+Y,X-2Y)=-1.25$.

习题五

一、1. $1/9$.

2. $\Phi(x)$.

3. $\dfrac{1}{12}$.

4. $\dfrac{1}{2}$.

二、1. C.

2. B.

3. A.

4. A.

三、1. $P\{10<X<18\}=P\{10-14<X-14<18-14\}$
$$=P\{|X-14|<4\}\geqslant 1-\dfrac{35/3}{4^2}\approx 0.271.$$

2. $P\{20-1<T<20+1\}=P\{T<21\}-P\{T<19\}=\Phi\left(\dfrac{21-20}{\sqrt{2.5}}\right)-\Phi\left(\dfrac{19-20}{\sqrt{2.5}}\right)$
$$=2\Phi\left(\dfrac{1}{\sqrt{2.5}}\right)-1=2\Phi(0.63)-1=2\times 0.7357-1=0.4714.$$

3. $n=25$.

4. (1) $P\{\eta_n>120\}=1-P\left\{\dfrac{\eta_n-np}{\sqrt{npq}}\leqslant \dfrac{120-np}{\sqrt{npq}}=b\right\}\approx 0$;

(2) $P\{\eta_n\leqslant 80\}\approx 0.995$.

5. $\lim\limits_{n\to\infty}P\left\{\sum\limits_{i=1}^{n}X_i<n\right\}=\lim\limits_{n\to\infty}P\left\{\dfrac{1}{n}\sum\limits_{i=1}^{n}X_i<1\right\}=1.$

习题六

一、1. $N\left(\mu,\dfrac{\sigma^2}{n}\right)$.

2. $a=0.05$, $b=0.01$, 2.

3. $t(9)$.

4. $F(9,16)$.

5. $a=5$, $b=-5$ 或者 $a=-5$, $b=5$.

二、1. A.

2. B.

3. C.

4. D.

5. C.

6. C.

三、1. $P\{29<X<31\}=0.9544.$

2. $P\{\overline{X}<940\}=P\{T>1.8\}=0.056.$

3. $P\left\{\sum_{i=1}^{7}X_i^2>4\right\}=P\left\{4\sum_{i=1}^{7}X_i^2>16\right\}\approx 0.025.$

4. $C=\dfrac{1}{3}.$

5. n 至少应取 35.

6. $E(Y)=\sum_{i=1}^{2n}E(X_i^2)-4nE(\overline{X}^2)+2\sum_{i=1}^{n}E(X_i)E(X_{n+i})=2(n-1)\sigma^2.$

习题七

1. $\hat{\mu}=74.002,\ \hat{\sigma}^2=6\times 10^{-6}\quad s^2=6.86\times 10^{-6}.$

2. (1) $\hat{\theta}=\dfrac{\overline{X}}{\overline{X}-c},\ \hat{\theta}=\dfrac{\bar{x}}{\bar{x}-c}$; (2) $\hat{p}=\dfrac{\overline{X}}{m},\hat{p}=\dfrac{\bar{x}}{m}.$

3. (1) θ 的极大似然估计值为 $\hat{\theta}=1\Big/\left(\dfrac{1}{n}\sum_{i=1}^{n}\ln x_i-\ln c\right)$,

θ 的极大似然估计量为 $\hat{\theta}=1\Big/\left(\dfrac{1}{n}\sum_{i=1}^{n}\ln X_i-\ln c\right)$;

(2) p 的极大似然估计量为 $\hat{p}=\dfrac{\sum_{i=1}^{n}x_i}{nm}=\dfrac{\bar{x}}{m}$,

p 的极大似然估计量为 $\hat{p}=\dfrac{\overline{X}}{m}.$

4. (1) θ 的矩估计值为 $\hat{\theta}=\dfrac{5}{6}$. θ 的极大似然估计值为 $\hat{\theta}=\dfrac{5}{6}$;

(2) λ 的极大似然估计值为 $\hat{\lambda}=\dfrac{1}{n}\sum_{i=1}^{n}x_i=\bar{x}$,$\lambda$ 的极大似然估计量为 $\hat{\lambda}=\overline{X}$. λ 的矩估计量也为 $\hat{\lambda}=\overline{X}.$

5. (1) $\hat{\theta}=2\overline{X}$; (2) $D(\hat{\theta})=\dfrac{1}{5n}\theta^2$; (3) $\hat{\theta}=2\overline{X}$ 为 θ 的无偏估计量.

6. $\hat{\theta}_1=x_1^*=\min(x_1,x_2,\cdots,x_n),\ \hat{\theta}_2=x_n^*=\max(x_1,x_2,\cdots,x_n).$

7. (1) $\hat{p}=\dfrac{\overline{X}}{m}$ 为 p 的矩估计量; (2) $\widehat{g(p)}=\dfrac{\hat{p}}{1-\hat{p}}=\dfrac{\frac{\overline{X}}{m}}{1-\frac{\overline{X}}{m}}=\dfrac{\overline{X}}{m-\overline{X}}.$

8. $\hat{\theta}=\sqrt{\dfrac{1}{n}\sum_{i=1}^{n}(X_i-\overline{X})^2}$,$\hat{\mu}=\overline{X}-\sqrt{\dfrac{1}{n}\sum_{i=1}^{n}(X_i-\overline{X})^2}.$

9. $\hat{\sigma}=\dfrac{1}{n}\sum_{i=1}^{n}|X_i|.$

10. (1) $c=\dfrac{1}{2(n-1)}$; (2) $c=\dfrac{1}{n}$.

11. (1) T_1, T_3 是 θ 的无偏估计量，T_2 不是 θ 的无偏估计量；

(2) $D(T_1) > D(T_3)$，故统计量 T_3 较 T_1 有效.

12. $a=\dfrac{n_1}{n_1+n_2}$，$b=\dfrac{n_2}{n_1+n_2}$ 时，$D(Y)$ 达到最小.

13. $D(\hat{\sigma}^2)=D\left(\dfrac{1}{\sigma^2}\sum\limits_{i=1}^{n}X_i^2\right)\cdot\dfrac{\sigma^4}{n^2}=\dfrac{2\sigma^4}{n}$，$\hat{\sigma}^2$ 是 σ^2 的相合估计.

14. (1) 置信区间 (5.608, 6.392)；(2) 置信区间 (5.558, 6.442).

15. (1) μ 置信区间 (6.675, 6.681)，σ^2 置信区间 (6.8×10^{-6}, 6.5×10^{-5})；

(2) μ 置信区间为 (6.661, 6.667)，σ^2 置信区间 (3.8×10^{-6}, 5.06×10^{-5}).

16. (−0.002, 0.006).

17. (−6.04, −5.96).

18. (0.222, 3.601).

19. (4.58, 9.60).

20. $2\alpha - 1$.

习题八

一、1. B.

2. C.

3. A.

4. A.

5. D.

二、1. 双侧，$Z < z_\alpha$.

2. 右侧，$Z=\dfrac{\overline{X}-\mu_0}{\alpha/\sqrt{n}}$，$Z > z_\alpha$.

3. 双侧，$t=\dfrac{\overline{X}-\mu_0}{s/\sqrt{n}}$，$|t| > t_{\alpha/2}(n-1)$.

4. 弃真错误，又称第一类错误；取伪错误，又称第二类错误.

5. 越大，越小.

三、1. $u=\dfrac{2333.89-2350}{11.25/\sqrt{9}}=-4.296$，$u$ 值落入了拒绝域内.

2. $u=\dfrac{1.414-1.405}{0.048/\sqrt{5}}=0.419$，$u$ 值没有落入拒绝域内.

3. $|t|=1.7109$. 即接受原假设 H_0.

4. $t=\dfrac{3.252-3.25}{0.013038/\sqrt{5}}=0.343$，$t$ 值没有落入拒绝域内.

5. $t=\dfrac{50.0222-50}{0.542627/\sqrt{9}}=0.1227$，$t$ 值没有落入拒绝域内.

6. $\chi^2=\dfrac{24\times1.28^2}{(1.2)^2}=27.3067$，$\chi^2$ 值没有落入拒绝域内.

7. $\chi^2=\dfrac{(n-1)S^2}{\sigma^2}=46>\chi^2_{0.01}(25)=44.314$，故拒绝原假设 H_0.

8. $\chi^2=\dfrac{(n-1)S^2}{\sigma^2}=15.68>\chi^2_{0.05}(8)=15.507$，故拒绝原假设 H_0.

9. 检验假设 H_{01}：$|t|\dfrac{|\bar{x}-u_0|}{S}\sqrt{n}=\dfrac{|499-500|}{16.03}\sqrt{9}=0.187<t_{0.025}(8)=2.306$

即接受原假设 H_{01}；

检验假设 H_{02}：$\chi^2=\dfrac{(n-1)S^2}{\sigma^2}=20.56>\chi^2_{0.05}(8)=15.5$，故拒绝原假设 H_{02}.

10. $t=\dfrac{20.4-19.4}{0.9258\times\sqrt{\dfrac{1}{8}+\dfrac{1}{8}}}=2.1603$，$t$ 值落入了拒绝域内.

11. $t=\dfrac{2.5685-2.2511}{0.204286\times\sqrt{\dfrac{1}{13}+\dfrac{1}{9}}}=3.583$，$t$ 值落入了拒绝域内.

12. $t=-0.18069<t_{0.05}(14)=1.7613$，接受原假设.

习题九

1. $F_{0.05}(2,12)$ 且 $F=6.909>3.35$，拒绝原假设.

2.

差异来源	离差平方和	自由度	平均平方和	F
组间	120	2	60	13.85
组内	52	12	4.33	
总计	172	14		

$F>F_{0.05}(2,12)$ 存在显著差异。

3.

差异来源	离差平方和	自由度	平均平方和	F
组间	252..933	2	126.467	7.483
组内	202.8	12	16.9	
总计	455.733	14		

$F=7.483 < F_\alpha(12,2)=19.41$，无显著差异.

4.（1）方差分析表

变差来源	SS	df	MS	F	Sig.
组间	1437708.60	1	1437709.60	70.078	0.000
组内	205158.07	10	20515.81	—	—
总计	1642866.67	11	—	—	—

（2）$R^2 = \dfrac{SSA}{SST} = 0.875122$ 商品销售量的变差中有 87.51% 是由价格引起；

（3）$r = \sqrt{R^2} = \sqrt{0.875122} = 0.9355$.

5.

变差来源	SS	df	MS	F	Sig.
组间	420	2	210	1.478	0.000
组内	3836	27	142.07	—	—
总计	4256	29	—	—	—

附录　常用数理统计表

附表1　常用分布的分布及数字特征

分布	符号	参数	分布律或概率密度	数学期望	方差
0—1分布	$b(1,p)$	$0<p<1$	$P\{X=k\}=p^k(1-p)^{1-k}$ $k=0,1$	p	$p(1-p)$
二项分布	$B(n,p)$	$n\geq 1$ $0<p<1$	$P\{X=k\}=C_n^k p^k(1-p)^{n-k}$ $k=0,1,\cdots,n$	np	$np(1-p)$
几何分布	$P(\lambda)$	$0<p<1$	$P\{X=k\}=p(1-p)^{k-1}$ $k=1,2,\cdots$	$\dfrac{1}{p}$	$\dfrac{1-p}{p^2}$
超几何分布	$H(N,M,n)$	N,M,n $n\leq M$	$P\{X=k\}=\dfrac{C_M^k C_{N-M}^{n-k}}{C_N^n}$ $k=0,1,\cdots,n$	$\dfrac{nM}{N}$	$\dfrac{nM}{N}\left(1-\dfrac{M}{N}\right)\left(\dfrac{N-n}{N-1}\right)$
泊松分布	$\pi(\lambda)$	$\lambda>0$	$P\{X=k\}=\dfrac{\lambda^k e^{-\lambda}}{k!}$ $k=0,1,\cdots$	λ	λ
均匀分布	$U(a,b)$	$a<b$	$f(x)=\begin{cases}\dfrac{1}{b-a}, & a<x<b\\ 0, & \text{其他}\end{cases}$	$\dfrac{a+b}{2}$	$\dfrac{(b-a)^2}{12}$
指数分布	$e(\lambda)$	$\lambda>0$	$f(x)=\begin{cases}\lambda e^{-\lambda x}, & x>0\\ 0, & \text{其他}\end{cases}$	$\dfrac{1}{\lambda}$	$\dfrac{1}{\lambda^2}$
正态分布	$N(\mu,\sigma^2)$	μ,σ^2 $\sigma>0$	$f(x)=\dfrac{1}{\sqrt{2\pi}\sigma}e^{-\frac{(x-\mu)^2}{2\sigma^2}}$	μ	σ^2

附表2　二维离散型随机变量和连续型随机变量相关定义的对照

离散型随机变量的分布律	设离散型随机变量 X 的可能取值为 $x_k(k=1,2,\cdots)$ 且取各个值的概率,即事件$(X=x_k)$的概率为 $P\{X=x_k\}=p_k, k=1,2,\cdots,$ 则称上式为离散型随机变量 X 的概率分布或分布律. 有时也用分布列的形式给出: $\dfrac{X}{P\{X=x_k\}}\bigg\vert\dfrac{x_1,x_2,\cdots,x_k,\cdots}{p_1,p_2,\cdots,p_k,\cdots}$ 显然分布律应满足下列条件: (1) $p_k\geq 0, k=1,2,\cdots$, (2) $\displaystyle\sum_{k=1}^{\infty}p_k=1$

续表

连续型随机变量的分布密度	设 $F(x)$ 是随机变量 X 的分布函数,若存在非负函数 $f(x)$,对任意实数 x,有 $F(x)=\int_{-\infty}^{x}f(x)\mathrm{d}x$, 则称 X 为连续型随机变量. $f(x)$ 称为 X 的概率密度函数或密度函数,简称概率密度. 密度函数具有下面 4 个性质: (1) $f(x)\geqslant 0$　　(3) $P\{x_1<X\leqslant x_2\}=F(x_2)-F(x_1)=\int_{x_1}^{x_2}f(x)\mathrm{d}x(x_1\leqslant x_2)$ (2) $\int_{-\infty}^{+\infty}f(x)\mathrm{d}x=1$ (4) 若 $f(x)$ 在点 x 处连续,则有 $F'(x)=f(x)$
离散与连续型随机变量的关系	$P\{X=x\}\approx P\{x<X\leqslant x+\mathrm{d}x\}\approx f(x)\mathrm{d}x$ 积分元 $f(x)\mathrm{d}x$ 在连续型随机变量理论中所起的作用与 $P(X=x_k)=p_k$ 在离散型随机变量理论中所起的作用相类似
分布函数	设 X 为随机变量, x 是任意实数,则函数 $F(x)=P\{X\leqslant x\}$ 称为随机变量 X 的分布函数,其本质上是一个累积函数. $P\{a<X\leqslant b\}=F(b)-F(a)$ 可以得到 X 落入区间 $(a,b]$ 的概率. 分布函数 $F(x)$ 表示随机变量落入区间 $(-\infty,x]$ 内的概率. 分布函数具有如下性质: (1) $0\leqslant F(x)\leqslant 1, -\infty<x<+\infty$; (2) $F(x)$ 是单调不减的函数,即 $x_1<x_2$ 时,有 $F(x_1)\leqslant F(x_2)$; (3) $F(-\infty)=\lim_{x\to -\infty}F(x)=0, F(+\infty)=\lim_{x\to +\infty}F(x)=1$; (4) $F(x+0)=F(x)$,即 $F(x)$ 是右连续的; (5) $P\{X=x\}=F(x)-F(x-0)$. 对于离散型随机变量, $F(x)=\sum_{x_k\leqslant x}p_k$; 对于连续型随机变量, $F(x)=\int_{-\infty}^{x}f(x)\mathrm{d}x$

附表 3　标准正态分布函数 $\Phi(x)=\dfrac{1}{\sqrt{2\pi}}\int_{-\infty}^{x}\mathrm{e}^{-\frac{u^2}{2}}\mathrm{d}u$ 数值表

x	0.00	0.01	0.02	0.03	0.04	0.05	0.06	0.07	0.08	0.09
0.0	0.5000	0.5040	0.5080	0.5120	0.5160	0.5199	0.5239	0.5279	0.5319	0.5359
0.1	0.5398	0.5438	0.5478	0.5517	0.5557	0.5596	0.5636	0.5675	0.5714	0.5753
0.2	0.5793	0.5832	0.5871	0.5910	0.5948	0.5987	0.6026	0.6064	0.6103	0.6141
0.3	0.6179	0.6217	0.6255	0.6293	0.6331	0.6368	0.6406	0.6443	0.6480	0.6517
0.4	0.6554	0.6591	0.6628	0.6664	0.6700	0.6736	0.6772	0.6808	0.6844	0.6879
0.5	0.6915	0.6950	0.6985	0.7019	0.7054	0.7088	0.7123	0.7157	0.7190	0.7224
0.6	0.7257	0.7291	0.7324	0.7357	0.7389	0.7422	0.7454	0.7485	0.7517	0.7549
0.7	0.7580	0.7611	0.7642	0.7673	0.7703	0.7734	0.7764	0.7794	0.7823	0.7852
0.8	0.7881	0.7910	0.7939	0.7967	0.7995	0.8023	0.8051	0.8078	0.8106	0.8133
0.9	0.8159	0.8186	0.8212	0.8238	0.8264	0.8289	0.8315	0.8340	0.8365	0.8389
1.0	0.8413	0.8438	0.8461	0.8485	0.8508	0.8531	0.8554	0.8577	0.8599	0.8621
1.1	0.8643	0.8665	0.8686	0.8708	0.8729	0.8749	0.8770	0.8790	0.8810	0.8830
1.2	0.8849	0.8869	0.8888	0.8907	0.8925	0.8944	0.8962	0.8980	0.8997	0.9015
1.3	0.9032	0.9049	0.9066	0.9082	0.9099	0.9115	0.9131	0.9147	0.9162	0.9177
1.4	0.9192	0.9207	0.9222	0.9236	0.9251	0.9265	0.9278	0.9292	0.9306	0.9319

续表

x	0.00	0.01	0.02	0.03	0.04	0.05	0.06	0.07	0.08	0.09
1.5	0.9932	0.9345	0.9357	0.9370	0.9382	0.9394	0.9406	0.9418	0.9430	0.9441
1.6	0.9452	0.9465	0.9474	0.9484	0.9495	0.9505	0.9515	0.9525	0.9535	0.9545
1.7	0.9554	0.9564	0.9573	0.9582	0.9591	0.9599	0.9608	0.9616	0.9625	0.9633
1.8	0.9641	0.9648	0.9656	0.9664	0.9671	0.9678	0.9686	0.9693	0.9700	0.9706
1.9	0.9712	0.9719	0.9726	0.9732	0.9738	0.9744	0.9750	0.9756	0.9762	0.9767
2.0	0.9772	0.9778	0.9783	0.9788	0.9793	0.9798	0.9803	0.9808	0.9812	0.9817
2.1	0.9821	0.9826	0.9830	0.9834	0.9838	0.9842	0.9864	0.9850	0.9854	0.9857
2.2	0.9861	0.9864	0.9868	0.9871	0.9874	0.9878	0.9881	0.9884	0.9887	0.9890
2.3	0.9893	0.9896	0.9898	0.9901	0.9904	0.9906	0.9909	0.9911	0.9913	0.9916
2.4	0.9918	0.9920	0.9922	0.9925	0.9927	0.9929	0.9931	0.9932	0.9934	0.9936
2.5	0.9938	0.9940	0.9941	0.9943	0.9945	0.9946	0.9948	0.9940	0.9951	0.9952
2.6	0.9953	0.9955	0.9956	0.9957	0.9959	0.9960	0.9961	0.9962	0.9963	0.9964
2.7	0.9965	0.9966	0.9967	0.9968	0.9969	0.9970	0.9971	0.9972	0.9973	0.9974
2.8	0.9974	0.9975	0.9976	0.9977	0.9977	0.9978	0.9979	0.9979	0.9980	0.9981
2.9	0.9981	0.9982	0.9982	0.9983	0.9984	0.9984	0.9985	0.9985	0.9986	0.9986
3.0	0.9987	0.9987	0.9987	0.9988	0.9988	0.9989	0.9989	0.9989	0.9990	0.9990
3.1	0.9990	0.9991	0.9991	0.9991	0.9992	0.9992	0.9992	0.9992	0.9993	0.9993
3.2	0.9993	0.9993	0.9994	0.9994	0.9994	0.9994	0.9994	0.9995	0.9995	0.9995
3.3	0.9995	0.9995	0.9995	0.9996	0.9996	0.9996	0.9996	0.9996	0.9996	0.9997
3.4	0.9997	0.9997	0.9997	0.9997	0.9997	0.9997	0.9997	0.9997	0.9997	0.9998
3.6	0.9998	0.9998	0.9999	0.9999	0.9999	0.9999	0.9999	0.9999	0.9999	0.9999

附表 4 标准正态分布分位数表

P	0.000	0.001	0.002	0.003	0.004	0.005	0.006	0.007	0.008	0.009
0.50	0.0000	0.0025	0.0050	0.0075	0.0100	0.0125	0.0150	0.0175	0.0201	0.0226
0.51	0.0251	0.0276	0.0301	0.0326	0.0351	0.0376	0.0401	0.0426	0.0451	0.0476
0.52	0.0502	0.0527	0.0552	0.0577	0.0602	0.0627	0.0652	0.0677	0.0702	0.0728
0.53	0.0753	0.0778	0.0803	0.0828	0.0853	0.0878	0.0904	0.0929	0.0954	0.0979
0.54	0.1004	0.1030	0.1055	0.1080	0.1105	0.1130	0.1156	0.1181	0.1206	0.1231
0.55	0.1257	0.1282	0.1307	0.1332	0.1358	0.1383	0.1408	0.1434	0.1459	0.1484
0.56	0.1510	0.1535	0.1560	0.1586	0.1611	0.1637	0.1662	0.1687	0.1713	0.1738
0.57	0.1764	0.1789	0.1815	0.1840	0.1866	0.1891	0.1917	0.1942	0.1968	0.1993
0.58	0.2019	0.2045	0.2070	0.2096	0.2121	0.2147	0.2173	0.2198	0.2224	0.2250
0.59	0.2275	0.2301	0.2327	0.2353	0.2378	0.2404	0.2430	0.2456	0.2482	0.2508
0.60	0.2533	0.2559	0.2585	0.2611	0.2637	0.2663	0.2689	0.2715	0.2741	0.2767
0.61	0.2793	0.2819	0.2845	0.2871	0.2898	0.2924	0.2950	0.2976	0.3002	0.3029
0.62	0.3055	0.3081	0.3107	0.3134	0.3160	0.3186	0.3213	0.3239	0.3266	0.3292
0.63	0.3319	0.3345	0.3372	0.3398	0.3425	0.3451	0.3478	0.3505	0.3531	0.3558
0.64	0.3585	0.3611	0.3638	0.3665	0.3692	0.3719	0.3745	0.3772	0.3799	0.3826

续表

P	0.000	0.001	0.002	0.003	0.004	0.005	0.006	0.007	0.008	0.009
0.65	0.3853	0.3880	0.3907	0.3934	0.3961	0.3989	0.4016	0.4043	0.4070	0.4097
0.66	0.4125	0.4152	0.4179	0.4207	0.4234	0.4261	0.4289	0.4316	0.4344	0.4372
0.67	0.4399	0.4427	0.4454	0.4482	0.4510	0.4538	0.4565	0.4593	0.4621	0.4649
0.68	0.4677	0.4705	0.4733	0.4761	0.4789	0.4817	0.4845	0.4874	0.4902	0.4930
0.69	0.4959	0.4987	0.5015	0.5044	0.5072	0.5101	0.5129	0.5158	0.5187	0.5215
0.70	0.5244	0.5273	0.5302	0.5330	0.5359	0.5388	0.5417	0.5446	0.5476	0.5505
0.71	0.5534	0.5563	0.5592	0.5622	0.5651	0.5681	0.5710	0.5740	0.5769	0.5799
0.72	0.5828	0.5858	0.5888	0.5918	0.5948	0.5978	0.6008	0.6038	0.6068	0.6098
0.73	0.6128	0.6158	0.6189	0.6219	0.6250	0.6280	0.6311	0.6341	0.6372	0.6403
0.74	0.6433	0.6464	0.6495	0.6526	0.6557	0.6588	0.6620	0.6651	0.6682	0.6713
0.75	0.6745	0.6776	0.6808	0.6840	0.6871	0.6903	0.6935	0.6967	0.6999	0.7031
0.76	0.7063	0.7095	0.7128	0.7160	0.7192	0.7225	0.7257	0.7290	0.7323	0.7356
0.77	0.7388	0.7421	0.7454	0.7488	0.7521	0.7554	0.7588	0.7621	0.7655	0.7688
0.78	0.7722	0.7756	0.7790	0.7824	0.7858	0.7892	0.7926	0.7961	0.7995	0.8030
0.79	0.8064	0.8099	0.8134	0.8169	0.8204	0.8239	0.8274	0.8310	0.8345	0.8381
0.80	0.8416	0.8452	0.8488	0.8524	0.8560	0.8596	0.8633	0.8669	0.8705	0.8742
0.81	0.8779	0.8816	0.8853	0.8890	0.8927	0.8965	0.9002	0.9040	0.9078	0.9116
0.82	0.9154	0.9192	0.9230	0.9269	0.9307	0.9346	0.9385	0.9424	0.9463	0.9502
0.83	0.9542	0.9581	0.9621	0.9661	0.9701	0.9741	0.9782	0.9822	0.9863	0.9904
0.84	0.9945	0.9986	1.0027	1.0069	1.0110	1.0152	1.0194	1.0237	1.0279	1.0322
0.85	1.0364	1.0407	1.0450	1.0494	1.0537	1.0581	1.0625	1.0669	1.0714	1.0758
0.86	1.0803	1.0848	1.0893	1.0939	1.0985	1.1031	1.1077	1.1123	1.1170	1.1217
0.87	1.1264	1.1311	1.1359	1.1407	1.1455	1.1503	1.1552	1.1601	1.1650	1.1700
0.88	1.1750	1.1800	1.1850	1.1901	1.1952	1.2004	1.2055	1.2107	1.2160	1.2212
0.89	1.2265	1.2319	1.2372	1.2426	1.2481	1.2536	1.2591	1.2646	1.2702	1.2759
0.90	1.2816	1.2873	1.2930	1.2988	1.3047	1.3106	1.3165	1.3225	1.3285	1.3346
0.91	1.3408	1.3469	1.3532	1.3595	1.3658	1.3722	1.3787	1.3852	1.3917	1.3984
0.92	1.4051	1.4118	1.4187	1.4255	1.4325	1.4395	1.4466	1.4538	1.4611	1.4684
0.93	1.4758	1.4833	1.4909	1.4985	1.5063	1.5141	1.5220	1.5301	1.5382	1.5464
0.94	1.5548	1.5632	1.5718	1.5805	1.5893	1.5982	1.6072	1.6164	1.6258	1.6352
0.95	1.6449	1.6546	1.6646	1.6747	1.6849	1.6954	1.7060	1.7169	1.7279	1.7392
0.96	1.7507	1.7624	1.7744	1.7866	1.7991	1.8119	1.8250	1.8384	1.8522	1.8663
0.97	1.8808	1.8957	1.9110	1.9268	1.9431	1.9600	1.9774	1.9954	2.0141	2.0335
0.98	2.0537	2.0749	2.0969	2.1201	2.1444	2.1701	2.1973	2.2262	2.2571	2.2904

附表 5 对应于概率 $P\{\chi^2 > \chi_\alpha^2\} = \alpha$ 及自由度 k 的 χ_α^2 的数值表

k \ α	0.995	0.99	0.975	0.95	0.90	0.75	0.50	0.25	0.10	0.05	0.025	0.01	0.005
1	$0.0^4 4$	$0.0^3 2$	0.001	0.004	0.016	0.102	0.455	1.32	2.71	3.84	5.02	6.64	7.88
2	0.010	0.020	0.051	0.103	0.211	0.575	1.39	2.77	4.61	5.99	7.38	9.21	10.6
3	0.072	0.115	0.216	0.352	0.584	1.21	2.37	4.11	6.25	7.82	9.35	11.3	12.8
4	0.207	0.297	0.484	0.711	1.06	1.92	3.36	5.39	7.78	9.49	11.1	13.3	14.9
5	0.412	0.554	0.831	1.15	1.61	2.67	4.35	6.63	9.24	11.1	12.8	15.1	16.7
6	0.676	0.872	1.24	1.64	2.20	3.45	5.35	7.84	10.6	12.6	14.4	16.8	18.5
7	0.989	1.24	1.69	2.17	2.83	4.25	6.35	9.04	12.0	14.1	16.0	18.5	20.3
8	1.34	1.65	2.18	2.73	3.49	5.07	7.34	10.2	13.4	15.5	17.5	20.1	22.0
9	1.73	2.09	2.70	3.33	4.17	5.90	8.34	11.4	14.7	16.9	19.0	21.7	23.6
10	2.16	2.56	3.25	3.94	4.87	6.74	9.34	12.5	16.0	18.3	20.5	23.2	25.2
11	2.60	3.05	3.82	4.57	5.58	7.58	10.3	13.7	17.3	19.7	21.9	24.7	26.8
12	3.07	3.57	4.40	5.23	6.30	8.44	11.3	14.8	18.5	21.0	23.3	26.2	28.3
13	3.57	4.11	5.01	5.89	7.04	9.30	12.3	16.0	19.8	22.4	24.7	27.7	29.8
14	4.07	4.66	5.63	6.57	7.79	10.2	13.3	17.1	21.1	23.7	26.1	29.1	31.3
15	4.60	5.23	6.26	7.26	8.55	11.0	14.3	18.2	22.3	25.0	27.5	30.6	32.8
16	5.14	5.81	6.91	7.96	9.31	11.9	15.3	19.4	23.5	26.3	28.8	32.0	34.3
17	5.70	6.41	7.56	8.67	10.1	12.8	16.3	20.5	24.8	27.6	30.2	33.4	35.7
18	6.26	7.02	8.23	9.39	10.9	13.7	17.3	21.6	26.0	28.9	31.5	34.8	37.2
19	6.84	7.63	8.91	10.1	11.7	14.6	18.3	22.7	27.2	30.1	32.9	36.2	38.6
20	7.43	8.26	9.59	10.9	12.4	15.5	19.3	23.8	28.4	31.4	34.2	37.6	40.0
21	8.03	8.90	10.3	11.6	13.2	16.3	20.3	24.9	29.6	32.7	35.5	38.9	41.4
22	8.64	9.54	11.0	12.3	14.0	17.2	21.3	26.0	30.8	33.9	36.8	40.3	42.8
23	9.26	10.2	11.7	13.1	14.8	18.1	22.3	27.1	32.0	35.2	38.1	41.6	44.2
24	9.89	10.9	12.4	13.8	15.7	19.0	23.3	28.2	33.2	36.4	39.4	43.0	45.6
25	10.5	11.5	13.1	14.6	16.5	19.9	24.3	29.3	34.4	37.7	40.6	44.3	46.9
26	11.2	12.2	13.8	15.4	17.3	20.8	25.3	30.4	35.6	38.9	41.9	45.6	48.3
27	11.8	12.9	14.6	16.2	18.1	21.7	26.3	31.5	36.7	40.1	43.2	47.0	49.6
28	12.5	13.6	15.3	16.9	18.9	22.7	27.3	32.6	37.9	41.3	44.5	48.3	51.0
29	13.1	14.3	16.0	17.7	19.8	23.6	28.3	33.7	39.1	42.6	45.7	49.6	52.3
30	13.8	15.0	16.8	18.5	20.6	24.5	29.3	34.8	40.3	43.8	47.0	50.9	53.7
40	20.7	22.2	24.4	26.5	29.1	33.7	39.3	45.6	51.8	55.8	59.3	63.7	66.8
50	28.0	29.7	32.4	34.8	37.7	42.9	49.3	56.3	63.2	67.5	71.4	76.2	79.5
60	33.5	37.5	40.5	43.2	46.5	52.3	59.3	67.0	74.4	79.1	83.3	88.4	92.0

附表 6 对应于概率 $P\{t \geq t_\alpha\} = \alpha$ 及自由度 k 的 t_α 的数值表

k \ α	0.45	0.40	0.35	0.30	0.25	0.20	0.15	0.10	0.05	0.025	0.01	0.005
1	0.158	0.325	0.510	0.727	1.000	1.376	1.963	3.08	6.31	12.71	31.8	63.7
2	142	289	445	617	0.816	1.061	1.386	1.886	2.92	4.30	6.96	9.92
3	137	277	424	584	765	0.978	1.250	1.638	2.35	3.18	4.54	5.84
4	134	271	414	569	741	941	1.190	1.533	2.13	2.78	3.75	4.60
5	132	267	408	559	727	920	1.156	1.476	2.02	2.57	3.36	4.03
6	131	265	404	553	718	906	1.134	1.440	1.943	2.45	3.14	3.71

续表

k \ α	0.45	0.40	0.35	0.30	0.25	0.20	0.15	0.10	0.05	0.025	0.01	0.005
7	130	263	402	549	711	896	1.119	1.415	1.895	2.36	3.00	3.50
8	130	262	399	546	706	889	1.108	1.397	1.860	2.31	2.90	3.36
9	129	261	398	543	703	883	1.100	1.383	1.833	2.26	2.82	3.25
10	129	260	397	542	700	879	1.093	1.372	1.812	2.23	2.76	3.17
11	129	260	396	540	697	876	1.088	1.363	1.796	2.20	2.72	3.11
12	128	259	395	539	695	873	1.083	1.356	1.782	2.18	2.68	3.06
13	128	259	394	538	694	870	1.079	1.350	1.771	2.16	2.65	3.01
14	128	258	393	537	692	868	1.076	1.345	1.761	2.14	2.62	2.98
15	128	258	393	536	691	866	1.074	1.341	1.753	2.13	2.60	2.95
16	128	258	392	535	690	865	1.071	1.337	1.746	2.12	2.58	2.92
17	128	257	392	534	689	863	1.069	1.333	1.770	2.11	2.57	2.90
18	127	257	392	534	688	862	1.067	1.330	1.734	2.10	2.55	2.88
19	127	257	391	533	688	861	1.066	1.328	1.729	2.09	2.54	2.86
20	127	257	391	533	687	860	1.064	1.325	1.725	2.09	2.53	2.85
21	127	257	391	532	686	859	1.063	1.323	1.721	2.08	2.52	2.83
22	127	256	390	532	686	858	1.061	1.321	1.717	2.07	2.51	2.82
23	127	256	390	532	685	858	1.060	1.319	1.714	2.07	2.50	2.81
24	127	256	390	531	685	857	1.059	1.318	1.711	2.06	2.49	2.80
25	127	256	390	531	684	856	1.058	1.316	1.708	2.06	2.48	2.79
26	127	256	390	531	684	856	1.058	1.315	1.706	2.06	2.48	2.78
27	127	256	389	531	684	855	1.057	1.314	1.703	2.05	2.47	2.77
28	127	256	389	530	683	855	1.056	1.313	1.701	2.05	2.47	2.76
29	127	256	389	530	683	854	1.055	1.311	1.699	2.04	2.46	2.76
30	127	256	389	530	683	854	0.055	1.310	1.697	2.04	2.46	2.75
40	126	255	388	529	681	851	0.050	1.303	1.684	2.02	2.42	2.70
60	126	254	387	527	679	848	0.046	1.296	1.671	2.00	2.39	2.66
120	126	254	386	526	677	845	1.041	1.289	1.658	1.980	2.36	2.62
∞	0.126	0.253	0.385	0.524	0.674	0.842	1.036	1.282	1.645	1.960	2.33	2.58

附表7 对应于概率 $P\{F \geqslant F_\alpha\} = \alpha$ 及自由度 (k_1, k_2) 的 F_α 的数值表

$\alpha = 0.05$

k_2 \ k_1	1	2	3	4	5	6	7	8	9	10	12	15	20	24	30	40	60	120	∞
1	161.4	199.5	215.7	224.6	230.2	234.0	236.8	238.9	240.5	241.9	243.9	245.9	248.0	249.1	250.1	251.1	252.2	253.3	254.3
2	18.51	19.00	19.16	19.25	19.30	19.33	19.35	19.37	19.38	19.40	19.41	19.43	19.45	19.45	19.46	19.47	19.48	19.49	19.50
3	10.13	9.55	9.28	9.12	9.01	8.94	8.89	8.85	8.81	8.79	8.74	8.70	8.66	8.64	8.62	8.59	8.57	8.55	8.53
4	7.71	6.94	6.59	6.39	6.26	6.16	6.09	6.04	6.00	5.96	5.91	5.86	5.80	5.77	5.75	5.72	5.69	5.66	5.63
5	6.61	5.79	5.41	5.19	5.05	4.95	4.88	4.82	4.77	4.74	4.68	4.62	4.56	4.53	4.50	4.46	4.43	4.40	4.36
6	5.99	5.14	4.76	4.53	4.39	4.28	4.21	4.15	4.10	4.06	4.00	3.94	3.87	3.84	3.81	3.77	3.74	3.70	3.67
7	5.59	4.74	4.35	4.12	3.97	3.87	3.79	3.73	3.68	3.64	3.57	3.51	3.44	3.41	3.38	3.34	3.30	3.27	3.23
8	5.32	4.46	4.07	3.84	3.69	3.58	3.50	3.44	3.39	3.35	3.28	3.22	3.15	3.12	3.08	3.04	3.01	2.97	2.93
9	5.12	4.26	3.86	3.63	3.48	3.37	3.29	3.23	3.18	3.14	3.07	3.01	2.94	2.90	2.86	2.83	2.79	2.75	2.71
10	4.96	4.10	3.71	3.48	3.33	3.22	3.14	3.07	3.02	2.98	2.91	2.85	2.77	32.74	2.70	2.66	2.62	2.58	2.54

续表

k_2\k_1	1	2	3	4	5	6	7	8	9	10	12	15	20	24	30	40	60	120	∞
11	4.84	3.68	3.59	3.36	3.20	3.09	3.01	2.95	2.90	2.85	2.79	2.72	2.65	2.61	2.57	2.53	2.49	2.45	2.40
12	4.75	3.74	3.49	3.26	3.11	3.00	2.91	2.85	2.80	2.75	2.69	2.62	2.54	2.51	2.47	2.43	2.38	2.34	2.30
13	4.67	3.81	3.41	3.18	3.03	2.92	2.83	2.77	2.71	2.67	2.60	2.53	2.46	2.42	2.38	2.34	2.30	2.25	2.21
14	4.60	3.89	3.34	3.11	2.96	2.85	2.76	2.70	2.65	2.6	2.53	2.46	2.39	2.35	2.31	2.27	2.22	2.18	2.13
15	4.54	3.98	3.29	3.06	2.90	2.79	2.71	2.64	2.59	2.54	2.48	2.40	2.33	2.29	2.25	2.20	2.16	2.11	2.07
16	4.49	3.63	3.24	3.01	2.85	2.74	2.66	2.59	2.54	2.49	2.42	2.35	2.28	2.24	2.19	2.15	2.11	2.06	2.01
17	4.45	3.59	3.20	2.96	2.81	2.70	2.61	2.55	2.49	2.45	2.38	2.31	2.23	2.19	2.15	2.10	2.06	2.01	1.96
18	4.41	3.55	3.16	2.93	2.77	2.66	2.58	2.51	2.46	2.41	2.34	2.27	2.19	2.15	2.11	2.06	2.02	1.97	1.92
19	4.38	3.52	3.13	2.90	2.74	2.63	2.54	2.48	2.42	2.38	2.31	2.23	2.16	2.11	2.07	2.03	1.98	1.93	1.88
20	4.35	3.49	3.10	2.87	2.71	2.60	2.51	2.45	2.39	2.35	2.28	2.20	2.12	2.08	2.04	1.99	1.95	1.90	1.84
21	4.32	3.47	3.07	2.84	2.68	2.57	2.49	2.42	2.37	2.32	2.25	2.18	2.10	2.05	2.01	1.96	1.92	1.87	1.81
22	4.30	3.44	3.05	2.82	2.66	2.55	2.46	2.40	2.34	2.30	2.23	2.15	2.07	2.03	1.98	1.94	1.89	1.84	1.78
23	4.28	3.42	3.03	2.80	2.64	2.53	2.44	2.37	2.32	2.27	2.20	2.13	2.05	2.01	1.96	1.91	1.86	1.81	1.76
24	4.26	3.40	3.01	2.78	2.62	2.51	2.42	2.36	2.30	2.25	2.18	2.11	2.03	1.98	1.94	1.89	1.84	1.79	1.73
25	4.24	3.39	2.99	2.76	2.60	2.49	2.40	2.34	2.28	2.24	2.16	2.09	2.01	1.96	1.92	1.87	1.82	1.77	1.71
26	4.23	3.37	2.98	2.74	2.59	2.47	2.39	2.32	2.27	2.22	2.15	2.07	1.99	1.95	1.90	1.85	1.80	1.75	1.69
27	4.21	3.35	2.96	2.73	2.57	2.46	2.37	2.31	2.25	2.20	2.13	2.06	1.97	1.93	1.88	1.84	1.79	1.73	1.67
28	4.20	3.34	2.95	2.71	2.56	2.45	2.36	2.29	2.24	2.19	2.12	2.04	1.96	1.91	1.87	1.82	1.77	1.71	1.65
29	4.18	3.33	2.93	2.70	2.55	2.43	2.35	2.28	2.22	2.18	2.10	2.03	1.94	1.90	1.85	1.81	1.75	1.70	1.64
30	4.17	3.32	2.92	2.69	2.53	2.42	2.33	2.27	2.21	2.16	2.09	2.01	1.93	1.89	1.84	1.79	1.74	1.68	1.62
40	4.08	3.23	2.84	2.61	2.45	2.34	2.25	2.18	2.12	2.08	2.00	1.92	1.84	1.79	1.74	1.69	1.64	1.58	1.51
60	4.00	3.15	2.76	2.53	2.37	2.25	2.17	2.10	2.04	1.99	1.92	1.84	1.75	1.70	1.65	1.59	1.53	1.47	1.39
120	3.92	3.07	2.68	2.45	2.29	2.17	2.09	2.02	1.96	1.91	1.83	1.75	1.66	1.61	1.55	1.50	1.43	1.35	1.25
∞	3.84	3.00	2.60	2.37	2.21	2.10	2.01	1.94	1.88	1.83	1.75	1.67	1.57	1.52	1.46	1.39	1.32	1.22	1.00

$$\alpha = 0.025$$

k_2\k_1	1	2	3	4	5	6	7	8	9	10	12	15	20	24	30	40	60	120	∞
1	647.8	799.5	864.2	899.6	921.8	937.1	948.2	956.7	963.3	968.6	976.7	984.9	993.1	997.2	1001	1006	1010	1014	1018
2	38.51	39.00	39.17	39.25	39.30	39.33	39.36	39.37	39.39	39.40	39.41	39.43	39.45	39.46	39.46	39.47	39.48	39.49	39.50
3	17.44	16.04	15.44	15.10	14.88	14.73	14.62	14.54	14.47	14.42	44.34	14.25	14.17	14.12	14.08	14.04	13.99	13.95	13.90
4	12.22	10.65	9.98	9.60	9.36	9.20	9.07	8.98	8.90	8.84	8.75	8.66	8.56	8.51	8.46	8.41	8.36	8.31	8.26
5	10.01	8.43	7.76	7.39	7.15	6.98	6.85	6.76	6.68	6.62	6.52	6.43	6.33	6.28	6.23	6.18	6.12	6.07	6.02
6	8.81	7.26	6.60	6.23	5.99	5.82	5.70	5.60	5.52	5.46	5.37	5.27	5.17	5.12	5.07	5.01	4.96	4.90	4.85
7	8.07	6.54	5.89	5.52	5.29	5.12	4.99	4.90	4.80	4.76	4.67	4.57	4.47	4.42	6.36	4.31	4.25	4.20	4.14
8	7.57	6.06	5.42	5.05	4.82	4.65	4.53	4.43	4.36	4.30	4.20	4.10	4.00	3.95	3.89	3.84	3.78	3.73	3.67
9	7.21	5.71	5.08	4.72	4.48	4.32	4.20	4.10	4.03	3.96	3.87	3.77	3.67	3.61	3.56	3.51	3.45	3.39	3.33
10	6.94	5.46	4.83	4.47	4.24	4.07	3.95	3.85	3.78	3.72	3.62	3.52	3.42	3.37	3.31	3.26	3.20	3.14	3.08
11	6.72	5.26	4.63	4.28	4.04	3.88	3.76	3.66	3.59	3.53	3.43	3.33	3.23	3.17	3.12	3.06	3.00	2.94	2.88
12	6.55	5.10	4.47	4.12	3.89	3.73	3.61	3.51	3.44	3.37	3.28	3.18	3.07	3.02	2.96	2.91	2.85	2.79	2.72
13	6.41	4.97	4.35	4.00	3.77	3.60	3.48	3.39	3.31	3.25	3.15	3.05	2.95	2.89	2.84	2.78	2.72	2.66	2.60
14	6.30	4.86	4.24	3.89	3.66	3.50	3.38	3.29	3.21	3.15	3.05	2.95	2.84	2.79	2.73	2.67	2.61	2.55	2.49
15	6.20	4.77	4.15	3.80	3.58	3.41	3.29	3.20	3.12	3.06	2.96	2.86	2.76	2.70	2.64	2.59	2.52	2.46	2.40
16	6.12	4.69	4.08	3.73	3.50	3.34	3.22	3.12	3.05	2.99	2.89	2.79	2.68	2.63	2.57	2.51	2.45	2.38	2.32

续表

k_2\k_1	1	2	3	4	5	6	7	8	9	10	12	15	20	24	30	40	60	120	∞
17	6.04	4.62	4.01	3.66	3.44	3.28	3.16	3.06	2.98	2.92	2.82	2.72	2.62	2.56	2.50	2.44	2.38	2.32	2.25
18	5.98	4.56	3.95	3.61	3.38	3.22	3.10	3.01	2.93	2.87	2.77	2.67	2.56	2.50	2.44	2.38	2.32	2.66	2.19
19	5.92	4.51	3.90	3.56	3.33	3.17	3.05	2.96	2.88	2.80	2.72	2.62	2.51	2.45	2.39	2.33	2.27	2.20	2.13
20	5.87	4.46	3.86	3.51	3.29	3.13	3.01	2.91	2.84	2.77	2.68	2.57	2.46	2.41	2.35	2.29	2.22	2.16	2.09
21	5.83	4.42	3.82	3.48	3.25	3.09	2.97	2.87	2.80	2.73	2.64	2.53	2.42	2.37	2.31	2.25	2.18	2.11	2.04
22	5.79	4.38	3.78	3.44	3.22	3.05	2.93	2.84	2.76	2.70	2.60	2.50	2.39	2.33	2.27	2.21	2.14	2.08	2.00
23	5.75	4.35	3.75	3.41	3.18	3.02	2.90	2.81	2.73	2.67	2.57	2.47	2.36	2.30	2.24	2.18	2.11	2.04	1.97
24	5.72	4.32	3.72	3.38	3.15	2.99	2.87	2.78	2.70	2.64	2.54	2.44	2.33	2.27	2.21	2.15	2.08	2.01	1.94
25	5.69	4.29	3.69	3.35	3.13	2.97	2.85	2.75	2.68	2.61	2.51	2.41	2.30	2.24	2.18	2.12	2.05	1.98	1.91
26	5.66	4.27	3.67	3.33	3.10	2.94	2.82	2.73	2.65	2.59	2.49	2.39	2.28	2.22	2.16	2.09	2.03	1.95	1.88
27	5.63	4.24	3.65	3.31	3.08	2.92	2.80	2.71	2.63	2.57	2.47	2.36	2.25	2.19	2.13	2.07	2.00	1.93	1.85
28	5.61	4.22	3.63	3.29	3.06	2.90	2.78	2.69	2.61	2.55	2.45	2.34	2.23	2.17	2.11	2.05	1.98	1.91	1.83
29	5.59	4.20	3.61	3.27	3.04	2.88	2.76	2.67	2.59	2.53	2.43	2.32	2.21	2.15	2.09	2.03	1.96	1.89	1.81
30	5.57	4.18	3.59	3.25	3.03	2.87	2.75	2.65	2.57	2.51	2.41	2.31	2.20	2.14	2.07	2.01	1.94	1.87	1.79
40	5.42	4.05	3.46	3.13	2.90	2.74	2.62	2.53	2.45	2.39	2.29	2.18	2.07	2.01	1.94	1.88	1.80	1.72	1.64
60	5.29	3.93	3.34	3.01	2.79	2.63	2.51	2.41	2.33	2.27	2.17	2.06	1.94	1.88	1.82	1.74	1.67	1.58	1.48
120	5.15	3.80	3.23	2.89	2.67	2.52	2.39	2.30	2.22	2.16	2.05	1.94	1.82	1.76	1.69	1.61	1.53	1.43	1.31
∞	5.02	3.69	3.12	2.79	2.57	2.41	2.29	2.19	2.11	2.05	1.94	1.83	1.71	1.64	1.57	1.48	1.39	1.27	1.00

$\alpha = 0.01$

k_2\k_1	1	2	3	4	5	6	7	8	9	10	12	15	20	24	30	40	60	120	∞
1	4052	4999.5	5403	5625	5764	5859	5928	5982	6022	6156	6106	6157	6209	6235	6261	6287	6313	6339	6366
2	98.50	99.00	99.17	99.25	99.30	99.33	99.36	99.37	99.39	99.40	99.42	99.43	99.45	99.46	99.47	99.47	99.48	99.49	99.50
3	34.12	30.82	29.46	28.71	28.24	27.91	27.67	27.49	27.35	27.23	27.05	26.87	26.69	26.60	26.50	26.41	26.32	26.22	26.13
4	21.20	18.00	16.69	15.98	15.52	15.21	14.98	14.80	14.66	14.55	14.37	14.20	14.02	13.93	13.84	13.75	13.65	13.56	13.46
5	16.26	13.27	12.06	11.39	10.97	10.67	10.46	10.29	10.16	10.05	9.89	9.72	9.55	9.47	9.38	9.29	9.20	9.11	9.02
6	13.75	10.92	9.78	9.15	8.75	8.47	8.26	8.10	7.98	7.87	7.72	7.56	7.40	7.31	7.23	7.14	7.06	6.97	6.88
7	12.25	9.55	8.45	7.85	7.46	7.19	6.99	6.84	6.72	6.62	6.47	6.31	6.16	6.07	5.99	5.91	5.82	5.74	5.65
8	11.26	8.65	7.59	7.01	6.63	6.37	6.18	6.03	5.91	5.81	5.67	5.52	5.36	5.28	5.20	5.12	5.03	4.95	4.86
9	10.56	8.02	6.99	6.42	6.06	5.80	5.61	5.47	5.35	5.26	5.11	4.96	4.81	4.73	4.65	4.57	4.48	4.40	4.31
10	10.04	7.56	6.55	5.99	5.64	5.39	5.20	5.06	4.94	4.85	4.71	4.56	4.41	4.33	4.25	4.17	4.08	4.00	3.91
11	9.65	7.21	6.22	5.67	5.32	5.07	4.89	4.74	4.63	4.54	4.40	4.25	4.10	4.02	3.94	3.86	3.78	3.69	3.60
12	9.33	6.93	5.95	5.41	5.06	4.82	4.64	4.50	4.39	4.30	4.16	4.01	3.86	3.78	3.70	3.62	3.54	3.45	3.36
13	9.07	6.70	5.74	5.21	4.86	4.62	4.44	4.30	4.19	4.10	3.96	3.82	3.66	3.59	3.51	3.43	3.34	3.25	3.17
14	8.86	6.51	5.56	5.04	4.69	4.46	4.28	4.14	4.03	3.94	3.80	3.66	3.51	3.43	3.35	3.27	3.18	3.09	3.00
15	8.68	6.36	5.42	4.89	4.56	4.32	4.14	4.00	3.89	3.80	3.67	3.52	3.37	3.29	3.21	3.13	3.05	2.96	2.87
16	8.53	6.23	5.29	4.77	4.44	4.20	4.03	3.89	3.78	3.69	3.55	3.41	3.26	3.18	3.10	3.02	2.93	2.84	2.75
17	8.40	6.11	5.18	4.67	4.34	4.10	3.93	3.79	3.68	3.59	3.46	3.31	3.16	3.08	3.00	2.92	2.83	2.75	2.65
18	8.29	6.01	5.09	4.58	4.25	4.01	3.84	3.71	3.60	3.51	3.37	3.23	3.08	3.00	2.92	2.84	2.75	2.66	2.57
19	8.18	5.93	5.01	4.50	4.17	3.94	3.77	3.63	3.52	3.43	3.30	3.15	3.00	2.92	2.84	2.76	2.67	2.58	2.49
20	8.10	5.85	4.94	4.43	4.10	3.87	3.70	3.56	3.46	3.37	3.23	3.09	2.94	2.86	2.78	2.69	2.61	2.52	2.42
21	8.02	5.78	4.87	4.37	4.04	3.81	3.64	3.51	3.40	3.31	3.17	3.03	2.88	2.80	2.72	2.64	2.55	2.46	2.36
22	7.95	5.72	4.82	4.31	3.99	3.76	3.59	3.45	3.35	3.26	3.12	3.98	2.83	2.75	2.67	2.58	2.50	2.40	2.31
23	7.88	5.66	4.76	4.26	3.94	3.71	3.54	3.41	3.30	3.21	3.07	3.93	2.78	2.70	2.62	2.54	2.45	2.35	2.26

续表

k_2 \ k_1	1	2	3	4	5	6	7	8	9	10	12	15	20	24	30	40	60	120	∞
24	7.82	5.61	4.72	4.22	3.90	3.67	3.50	3.36	3.26	3.17	3.03	3.89	2.74	2.66	2.58	2.49	2.40	2.31	2.21
25	7.77	5.57	4.68	4.18	3.85	3.63	3.46	3.32	3.22	3.13	2.99	3.85	2.70	2.62	2.54	2.45	2.36	2.27	2.17
26	7.72	5.53	4.64	4.14	3.82	3.59	3.42	3.29	3.18	3.09	2.96	2.81	2.66	2.58	2.50	2.42	2.33	2.23	2.13
27	7.68	5.49	4.60	4.11	3.78	3.56	3.39	3.26	3.15	3.06	2.93	2.78	2.63	2.55	2.47	2.38	2.29	2.20	2.10
28	7.64	5.45	4.57	4.07	3.75	3.53	3.36	3.23	3.12	3.03	2.90	2.75	2.60	2.52	2.44	2.35	2.26	2.17	2.06
29	7.60	5.42	4.54	4.04	3.73	3.50	3.33	3.20	3.09	3.00	2.87	2.73	2.57	2.49	2.41	2.33	2.26	2.14	2.03
30	7.56	5.39	4.51	4.02	3.70	3.47	3.30	3.17	3.07	2.98	2.84	2.70	2.55	2.47	2.39	2.30	2.21	2.11	2.01
40	7.31	5.18	4.31	3.83	3.51	3.29	3.12	2.99	2.89	2.80	2.66	2.52	2.37	2.29	2.20	2.11	2.02	1.92	1.80
60	7.08	4.98	4.13	3.65	3.34	3.12	2.95	2.82	2.72	2.63	2.50	2.35	2.20	2.12	2.03	1.94	1.84	1.73	1.60
120	6.85	4.79	3.95	3.48	3.17	2.96	2.79	2.66	2.56	2.47	2.34	2.19	2.03	1.95	1.86	1.76	1.66	1.53	1.38
∞	6.63	4.61	3.78	3.32	3.02	2.80	2.64	2.51	2.41	2.32	2.18	2.04	1.88	1.79	1.70	1.59	1.47	1.32	1.00

$\alpha = 0.005$

k_2 \ k_1	1	2	3	4	5	6	7	8	9	10	12	15	20	24	30	40	60	120	∞
1	16211	20000	21615	22500	23056	23437	23715	23925	24091	24224	24426	24630	24836	24940	25044	25148	25253	25359	25465
2	198.5	199	199.2	199.2	199.3	199.3	199.4	199.4	199.4	199.4	199.4	199.4	199.4	199.5	199.5	199.5	199.5	199.5	199.5
3	55.55	49.80	47.47	46.19	45.39	44.84	44.43	44.13	43.88	43.69	43.39	43.08	42.78	42.62	42.47	42.31	42.15	41.99	41.83
4	31.33	26.28	24.26	23.65	22.46	21.97	21.62	21.35	21.14	20.97	20.70	20.44	20.17	20.03	19.89	19.75	19.61	19.47	19.32
5	22.78	18.31	16.53	15.56	14.94	14.51	14.20	13.96	13.77	13.62	13.38	13.15	12.90	12.78	12.66	12.53	12.40	12.27	12.14
6	18.63	14.54	12.92	12.03	11.46	11.07	10.79	10.57	10.39	10.25	10.03	9.81	9.59	9.47	9.36	9.24	9.12	9.00	8.88
7	16.24	12.42	10.88	10.05	9.52	9.16	8.88	8.68	8.51	8.38	8.18	7.97	7.75	7.65	7.53	7.42	7.31	7.19	7.08
8	14.69	11.04	9.60	8.81	8.30	7.95	7.69	7.50	7.34	7.21	7.01	6.81	6.61	6.50	6.40	6.29	6.18	6.06	5.95
9	13.61	10.11	8.72	7.96	7.47	7.13	6.88	6.69	6.54	6.42	6.23	6.03	5.83	5.73	5.62	5.52	5.41	5.30	5.19
10	12.83	9.43	8.08	7.34	6.87	6.54	6.30	6.12	5.97	5.85	5.66	5.47	5.27	5.17	5.07	4.97	4.86	4.75	4.64
11	12.23	8.91	7.60	6.88	6.42	6.10	5.86	5.68	5.54	5.42	5.24	4.05	4.86	4.76	4.65	4.55	4.44	4.34	4.23
12	11.75	8.51	7.23	6.52	6.07	5.76	5.52	5.35	5.20	5.09	4.91	4.72	4.53	4.43	4.33	4.23	4.12	4.01	3.90
13	11.37	8.19	6.93	6.23	5.79	6.48	5.25	5.08	4.94	4.82	4.64	4.46	4.27	4.17	4.07	3.97	3.87	3.76	3.65
14	11.06	7.92	6.68	6.00	5.56	5.26	5.03	4.86	4.72	4.60	4.43	4.25	4.06	3.96	3.86	3.76	3.66	3.55	3.44
15	10.80	7.70	6.48	5.80	5.37	5.07	4.85	4.67	4.54	4.42	4.25	4.07	3.88	3.79	3.69	3.58	3.48	3.37	3.26
16	10.58	7.51	6.30	5.64	5.21	4.91	4.69	4.52	4.38	4.27	4.10	3.92	3.73	3.64	3.54	3.44	3.33	3.22	3.11
17	10.38	7.35	6.16	5.50	5.07	4.78	4.56	4.39	4.25	4.14	3.97	3.79	3.61	3.51	3.41	3.31	3.21	3.10	2.98
18	10.22	7.21	6.03	5.37	4.96	4.66	4.44	4.28	4.14	4.03	3.86	3.68	3.50	3.40	3.30	3.20	3.10	2.99	2.87
19	10.07	7.09	5.92	5.27	4.85	4.56	4.34	4.18	4.04	3.93	3.76	3.59	3.40	3.31	3.21	3.11	3.00	2.89	2.78
20	9.94	6.99	5.82	5.17	4.76	4.47	4.26	4.09	3.96	3.85	3.68	3.50	3.32	3.22	3.12	3.02	2.92	2.81	2.69
21	9.83	6.89	5.73	5.09	4.68	4.39	4.18	4.01	3.88	3.77	3.60	3.43	3.24	3.15	3.05	2.95	2.84	2.73	2.61
22	9.73	6.81	5.65	5.09	4.61	4.32	4.11	3.94	3.81	3.70	3.54	3.36	3.18	3.08	2.98	2.88	2.77	2.66	2.55
23	9.63	6.73	5.58	4.95	4.54	4.26	4.05	3.88	3.75	3.64	3.47	3.30	3.12	3.02	2.92	2.82	2.71	2.60	2.48
24	9.55	6.66	5.52	4.89	4.49	4.20	3.99	3.83	3.69	3.59	3.42	3.25	3.06	2.97	2.87	2.77	2.66	2.55	2.43
25	9.48	6.60	5.46	4.84	4.43	4.15	3.94	3.78	3.64	3.54	3.37	3.20	3.01	2.92	2.82	2.72	2.61	2.50	2.38
26	9.41	6.54	5.41	4.79	4.38	4.10	3.89	3.73	3.60	3.49	3.33	3.15	2.97	2.87	2.77	2.67	2.56	2.45	2.33
27	9.34	6.49	5.36	4.74	4.34	4.06	3.85	3.69	3.56	3.45	3.28	3.11	2.93	2.83	2.73	2.63	2.52	2.41	2.29
28	9.28	6.44	5.32	4.70	4.30	4.02	3.81	3.65	3.52	3.41	3.25	3.07	2.89	2.79	2.69	2.59	2.48	2.37	2.25
29	9.23	6.40	5.28	4.66	4.26	3.98	3.77	3.61	3.48	3.38	3.21	3.04	2.86	2.76	2.66	2.56	2.45	2.33	2.21
30	9.18	6.35	5.24	4.62	4.23	3.95	3.74	3.58	3.45	3.34	3.18	3.01	2.82	2.73	2.63	2.52	2.42	2.30	2.18
40	8.83	6.07	4.98	4.37	3.99	3.71	3.51	3.35	3.22	3.12	2.95	2.78	2.60	2.50	2.40	2.30	2.18	2.06	1.93
60	8.49	5.79	4.73	4.14	3.76	3.49	3.29	3.13	3.01	2.90	2.74	2.57	2.39	2.29	2.19	2.08	1.96	1.83	1.69
120	8.18	5.54	4.50	3.92	3.55	3.28	3.09	2.93	2.81	2.71	2.54	2.37	2.19	2.09	1.98	1.87	1.75	1.61	1.43
∞	7.88	5.30	4.28	3.72	3.35	3.09	2.90	2.74	2.62	2.52	2.36	2.19	2.00	1.90	1.79	1.67	1.53	1.36	1.00